高等职业教育**通信类**专业系列教材

5G无线网络优化

5G Wireless Network Optimization

期俊玲 主编　　徐皓波 董晓丹 副主编

化学工业出版社

·北京·

内容简介

本书按照“岗课赛证”职业教育人才培养理念进行编写，从网络规划开始，紧扣5G网规网优的主题，对5G移动通信无线网络优化工作的整体流程进行了详细的介绍，使学生的知识、技能、职业素质更贴近5G移动通信网优各种岗位的要求。

本书包含六个项目：5G网络规划、5G网络数据采集、5G网络测试、5G网络信息管理、5G网络端到端优化、5G无线全网优化。本书内容丰富、实用，讲解详细、清晰，着重对应用知识讲解，操作步骤简洁，精心设计的说明、提示起到画龙点睛的作用。每个项目后设有项目总结、赛事模拟、练习题，起到加深理解的作用。本书配套电子课件及题库，可登录化工教育网站免费下载。

本书适合作为职业教育通信类专业学生的教材，也可作为5G工程技术人员的参考用书。

图书在版编目（CIP）数据

5G无线网络优化 / 期俊玲主编；徐皓波，董晓丹副主编 .—北京：化学工业出版社，2024.4

ISBN 978-7-122-44880-4

Ⅰ.①5… Ⅱ.①期…②徐…③董… Ⅲ.①第五代移动通信系统-无线电通信-移动网 Ⅳ.①TN929.538

中国国家版本馆CIP数据核字（2024）第052685号

责任编辑：葛瑞祎　　文字编辑：宋　旋

责任校对：边　涛　　装帧设计：史利平

出版发行：化学工业出版社

（北京市东城区青年湖南街13号　邮政编码100011）

印　装：河北京平诚乾印刷有限公司

787mm×1092mm　1/16　印张13¾　字数354千字

2024年6月北京第1版第1次印刷

购书咨询：010-64518888　　售后服务：010-64518899

网　址：http://www.cip.com.cn

凡购买本书，如有缺损质量问题，本社销售中心负责调换。

定　价：58.00元

前　言

2019 年 6 月 6 日，工业和信息化部（工信部）正式向中国电信、中国移动、中国联通、中国广电发放第五代移动通信（即 5G）商用牌照，标志着中国进入 5G 时代。5G 系统的三大推动力或者称为三大场景：增强移动带宽（eMBB）、海量机器类通信（mMTC）和超高可靠超低时延通信（uRLLC），驱动着 5G 的快速发展。2022 年，工信部消费品工业司司长表示，千兆光网和以 5G 为代表的“双千兆”网络是新型基础设施建设的重要支撑，也是智能家居应用发展的关键环节。截止到 2023 年 8 月 22 日，我国 5G 基站已累计建设 305.5 万个，全网 5G 套餐用户超 12.62 亿。随着 5G 建设的深入开展及城市 5G 网络架构的完善，5G 后期维护、5G 网络优化工作的推进已迫在眉睫。

本书按照“岗课赛证”职业教育人才培养理念进行编写，从网络规划开始，紧扣 5G 网规网优的主题，结合南京中兴信雅达 5G 网络优化仿真软件，对无线网络优化工作的整体流程进行了详细的介绍。本书共有六个项目，分别是 5G 网络规划、5G 网络数据采集、5G 网络测试、5G 网络信息管理、5G 网络端到端优化、5G 无线全网优化，分别对应的工作岗位为 5G 网络规划工程师、5G 网络现场勘测工程师、5G 网络前台测试工程师与 5G 网络后台测试分析工程师、5G 网络日常维护与日常优化工程师、5G 网络端到端优化工程师、5G 全网优化工程师。

本书的撰写是根据《5G 网络优化职业技能等级标准（2021 年 2.0 版）》中【5G 网络优化】（高级）标准，集合了多家运营商、院校及通信厂家的一线资深专家的意见和建议。

本书由江苏信息职业技术学院期俊玲任主编，徐皓波、董晓丹任副主编，中国电信股份有限公司昆明分公司叶黎伟参与了编写工作。全书由期俊玲统稿。具体编写分工为：徐皓波编写项目一、项目二，叶黎伟编写项目三，期俊玲编写项目四、项目六，董晓丹编写项目五。南京中兴信雅达信息科技有限公司的凤亮、张建清负责案例整理。本书配套的微课视频由期俊玲、凤亮拍摄完成。本书在编写过程中得到了南京中兴信雅达信息科技有限公司的曾益、梁玉龙和江苏信息职业技术学院有关领导的大力支持。

为了方便教师授课及学生学习，本书还提供了配套的立体化资源，包括电子教学课件、微课视频、题库。有需要的老师或学生可登录化工教育网站下载或扫描书中的二维码观看。

随着 3GPP 的版本演进，在未来的 R17\R18 版本中，5G 网络还将引入更多新技术对现有的网络进行优化，截至本书成书之时，部分技术方案还在不断演进，编者也将随时关注技术动态，进一步补充和修正本书内容，本书不当之处，敬请读者批评指正。

编者

目　录

项目五 5G 网络端到端优化 108

项目六 5G 无线全网优化 166

项目一 5G 网络规划

项目引入

本书展示了 5G 网络优化（简称网优）的一个完整的流程，包括网络规划、工参数据的采集、路测数据的采集、针对测试中问题事件的信令分析、查询端到端存在问题的站点参数及告警等，通过处理告警、调整配置存在问题参数等，以达到端到端优化及全网性能提升的目的。

《礼记·中庸》中提到：凡事预则立，不预则废。所谓的“预”就是预计、预测。做任何事情，事前有准备就可能会成功，没有准备就可能会失败。在建设移动通信网络过程中，最基本的问题就是基站建在什么位置？多远建一个基站？一个地区需要建多少个基站？除此之外，还要考虑基站天线高度、天线下倾角等诸多问题。近年来，我国提倡绿色经济理念。绿色经济是以效率、和谐、持续为发展目标，以生态农业、循环工业和持续服务产业为基本内容的经济结构、增长方式和社会形态。因此跟 4G 网络建设初期一样，科学、合理、经济的规划方案是建设高质量 5G 网络的基石，是指导网络建设的主要技术文件。做好网络规划，可以为后面的网络优化工作打下良好基础，提高网络资源利用效率。

5G 网络规划的流程包含需求分析、评估预测、站点设计、仿真调整和方案输出共计五个步骤，本项目主要围绕这些步骤展开，通过理论知识学习，结合实训操作掌握 5G 网络规划的各个环节。网络规划流程如图 1-1 所示。

本项目的学习内容对应 5G 网络规划工程师岗位。

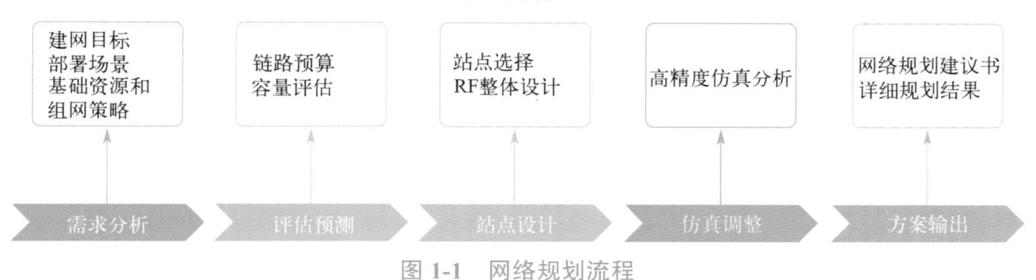

图 1-1　网络规划流程

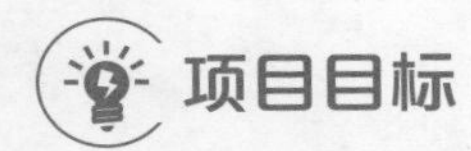

项目目标

1. 岗位描述

（1）负责网络覆盖预测、容量仿真、参数规划，对现网规划类问题进行梳理，输出规划方案；

（2）负责各种规划相关的工作，以及与项目现场的沟通；

（3）负责对 5G NR 常用规划参数的核查，能够对这些参数进行熟练的调整；

（4）熟悉网络覆盖预测和容量估算，为网络建设提供指导。

2. 知识目标

（1）了解 5G 网络规划流程方面的知识；

（2）了解 5G 网络规划需求分析的方法；

（3）掌握 5G 网络容量规划的方法；

（4）掌握 5G 网络覆盖规划的方法；

（5）掌握 5G 网络参数规划的方法；

（6）掌握 5G 网络规划设计文件的编制要求。

3. 技能目标

（1）能运用与计算网络规划相关的参数，如：网络用户数、市场份额比例、高峰时上（下）行平均用户吞吐量、小区数、站点数等；

（2）能运用网络规划的策略（容量、覆盖等）、思路及运算方法（网络场景 eMBB、mMTC、uRLLC 划分、网络组网方式等）进行无线网络规划；

（3）能使用相应软件工具进行覆盖、容量规划；

（4）能针对 5G 网络的多业务场景需求，完成站址、站型等规划相关网络配置的选择与布局。

4. 素质目标

（1）培养整体、联系、动态的多元化思维方式，具有计划组织能力和团队协作能力；

（2）具有语言文字表达和报告写作的能力；

（3）培养形成规范的操作习惯，养成良好的职业行为习惯；

（4）增强责任意识，做事严谨。

知识及技能图谱

5G网络规划
规划5G网络拓扑
5G网络部署方式
5G网络架构
5G基站架构
5G基站工作原理
5G基站功能划分
5G基站部署方式
不同应用场景的网络拓扑架构
什么是“云化”?
国内三大运营商网络切片网络架构
规划5G网络容量
5G无线接入网容量规划方法
基于业务需求的网络规划方法
输入业务模型参数
根据业务模型计算区域上行、下行总吞吐量
计算单扇区最大吞吐量
计算所需基站数量
基于覆盖目标的网络规划方法
通过链路预算得出最大允许路径损耗
根据最大路损值和相应场景的传播模型计算手机到基站天面的直线距离
由三角函数计算出基站的覆盖半径
由基站的覆盖半径计算单个基站覆盖面积
计算基站数量
5G无线接入网络规划参数计算
容量计算
覆盖计算
无线传播模型
5G NR空口资源

任务一 规划 5G 网络拓扑

任务描述

众所周知，5G 网络有 eMBB、mMTC、uRLLC 三大应用场景。那么，有没有人思考过，5G 网络是如何来实现三大应用场景对应的高速率、低时延、大连接这些技术特点的？要回答这个问题，就必须对 5G 网络架构、各网元的功能有深入的了解。

本任务将重点学习 5G 网络的不同部署方式，认识 5GC 架构，了解 5G 基站的功能划分，熟悉 5G 组网拓扑及相关的接口，能根据任务场景实现 5G 网络拓扑关系的规划。

场景描述：某产业园区有移动人口 5 万人，覆盖面积 2km^2，园区管委会基于产业数字化的需求建设一张 5G 专网，作为园区配套基础设施，为园区内企业的智能制造、智能物流、智慧管理等提供服务，促进园区内企业的数字化赋能。为了保密，其间要求园区内生产、制造、管理、资源要素流动过程中产生的所有数据不出园区，同时还要保证园区内员工日常的消费者业务需求。

微课扫一扫 5G 组网方式

相关知识

一、5G 网络部署方式

5G 网络的部署方式有：独立部署 SA（Standalone）和非独立部署 NSA（Non-Standalone），如图 1-2 所示。独立部署指以 5G NR 作为控制面锚点接入 5GC。非独立 NR 部署指 5G NR 的部署以 LTE eNB 作为控制面锚点接入 EPC，或以 eLTE eNB 作为控制面锚点接入 5GC。

Option 2 架构是将独立的新无线接口（NR）连接到 5GC。Option3 与 Option7 的区别在于，Option 3 的核心网采用 EPC，使用 LTE eNB，而 Option 7 的核心网采用 5GC，使用 eLTE eNB。

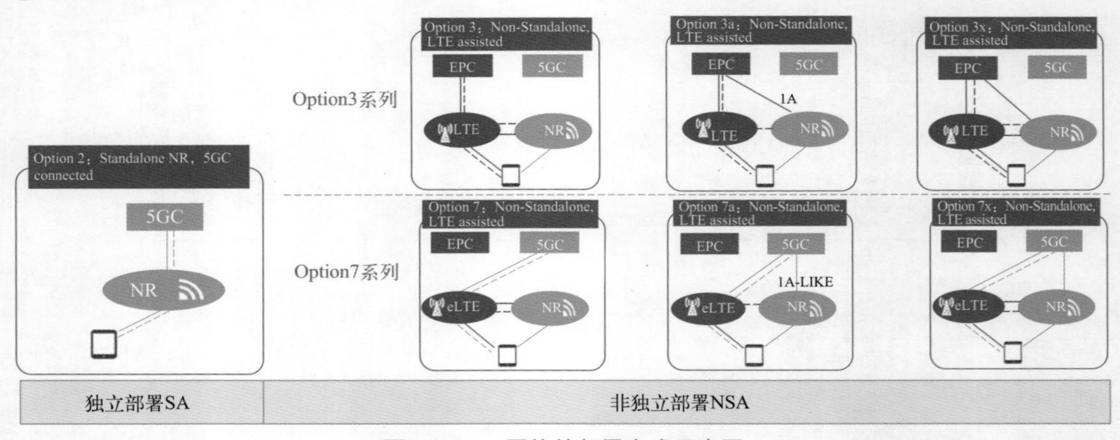

图 1-2 5G 网络的部署方式示意图

SA 与 NSA 比较如表 1-1 所示。

表 1-1 SA 与 NSA 比较

部署方式	优势	劣势
SA	•独立组网一步到位，对 4G 网络无影响 •支持 5G 各种新业务及网络切片	•需要成片连续覆盖，建设工程周期较长 •需要独立建设 5G 核心网 •初期投资大

续表

部署方式	优势	劣势
NSA	•按需建设 5G，建网速度快，投资回报快 •标准冻结较早，产业相对成熟，业务连续性好	•难以引入 5G 新业务 •与 4G 强绑定关系，升级过程较为复杂 •投资总成本较高

二、5G 网络架构

微课扫一扫

5G 网络架构

图 1-3 所示是一张完整的 5G 网络架构，各主要网元基本功能如下。

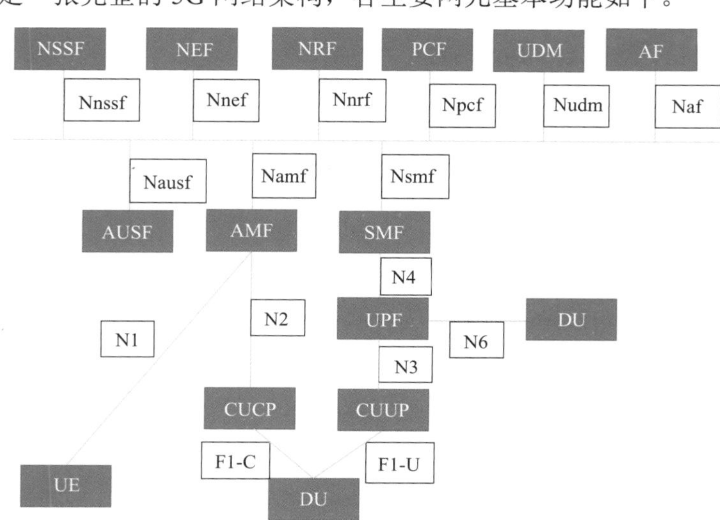

图 1-3　5G 网络架构和网元

① AMF：Access and Mobility Management Function（接入和移动管理功能）。功能相当于 MME 的 CM 和 MM 子层。

② SMF：Session Management Function（会话管理功能）。功能相当于 PGW ＋ PCRF 的一部分，承担 IP 地址分配、会话承载管理、计费等（没有网关功能）。

③ UPF：User Plane Function（用户面功能）。相当于 SGW ＋ PGW 的网关，数据从 UPF 到外部网络。

④ PCF：Policy Control Function（策略控制功能）。提供统一的接入策略，访问 UDR 中签约信息相关的数据用于策略决策。

⑤ NEF：Network Exposure Function（网络开放功能）。提供安全方法，将 3GPP 的网络功能暴露给第三方应用，比如边缘计算等。

⑥ NRF：NF Repository Function（网络存储库功能）。支持 NF（Network Function，网络功能）发现，维护可用 NF 及其支持服务，通知新注册 / 更新 / 去注册的 NF。

⑦ UDM：Unified Data Management（统一数据管理）。产生 AKA 过程需要的数据；签约数据管理，用户鉴权处理，短消息管理；相当于 HSS（Home Subscriber Sever，归属用户服务器）的一部分功能，可访问 UDR（Unified Data Repository，统一数据存储）来获取这些数据。

⑧ AUSF：Authentication Server Function（认证服务器功能）。实现 3GPP 和非 3GPP 的接入认证。

⑨ AF：Application Function（应用功能）。AF 类似于一个应用服务器，可以与其他 5G

核心网控制面NF交互，并提供业务服务。AF可以针对不同的应用服务而存在，可以由运营商或可信的第三方拥有。

⑩ NSSF：Network Slice Selection Function（网络切片选择功能）。为UE（User Equipment，终端设备）选择网络切片实例，决定允许的NSSAI以及AMF集合。

三、5G基站架构

1. 5G基站工作原理

5G基站是5G网络的核心设备，可提供无线覆盖，实现有线通信网络与移动终端之间的无线信号传输，在系统中的位置如图1-4所示。

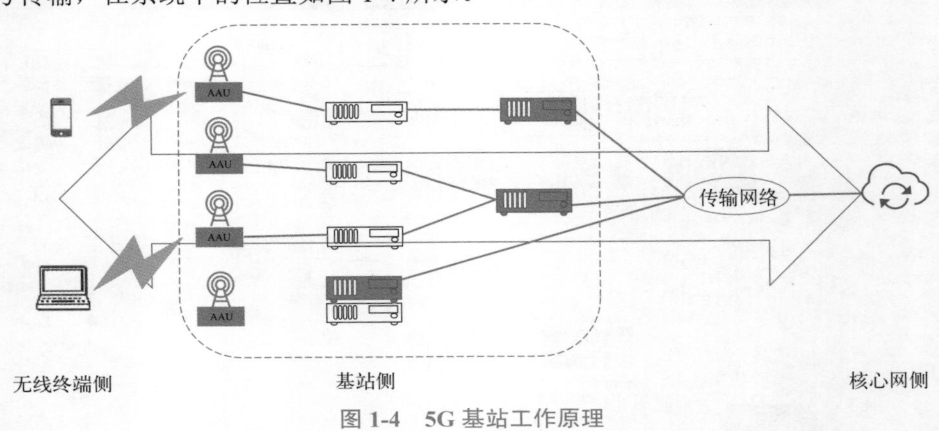

图1-4 5G基站工作原理

从下行方向看，5G基站通过传输网络连接到核心网，接收控制信令、业务信息，经过基带和射频处理，然后送到天线上进行发射，终端通过无线信道接收天线所发射的无线电波，最后解调出属于自己的信号，完成从核心网到无线终端的信息接收；相反，从上行方向看，终端通过自身的天线发射无线电波，基站侧接收后将解调出的控制信令、业务信息通过传输网络发送给核心网侧。这样，基站就实现了终端和核心网之间的双向移动通信。

2. 5G基站功能划分

如图1-5所示，相对于LTE基站，5G系统将基站的BBU重构为CU和DU两个功能单元，一部分核心网功能可以下移到CU甚至DU中，用于实现移动边缘计算。无线网络接口可分为三个协议层：物理层（L1）、数据链路层（L2）和网络层（L3）。如图1-5（b）所示，新的架构下将L1/L2/L3功能进一步分离，分别放在CU和DU甚至AAU中来实现。

CU（Centralized Unit）：主要包括非实时的无线高层协议栈功能，同时也支持部分核心网功能下沉和边缘应用业务的部署。

DU（Distributed Unit）：主要处理物理层功能和实时性需求的L2功能。考虑节省AAU与DU之间的传输资源，部分物理层功能也可上移至RRU/AAU实现。CU和DU之间是F1接口。

AAU：原BBU基带功能部分上移，以降低DU-AAU之间的传输带宽。

CU/DU高层切分：CU/DU高层分割采用Option 2，将PDCP/RRC功能放在CU集中处理并可实现云化处理，将RLC/MAC/PHY放在DU，实现灵活部署。

射频部分将RRU和天线单元集成，简化成了AAU单元，实现了极简网络架构，同时减少了RRU和天线之间的跳线损耗。

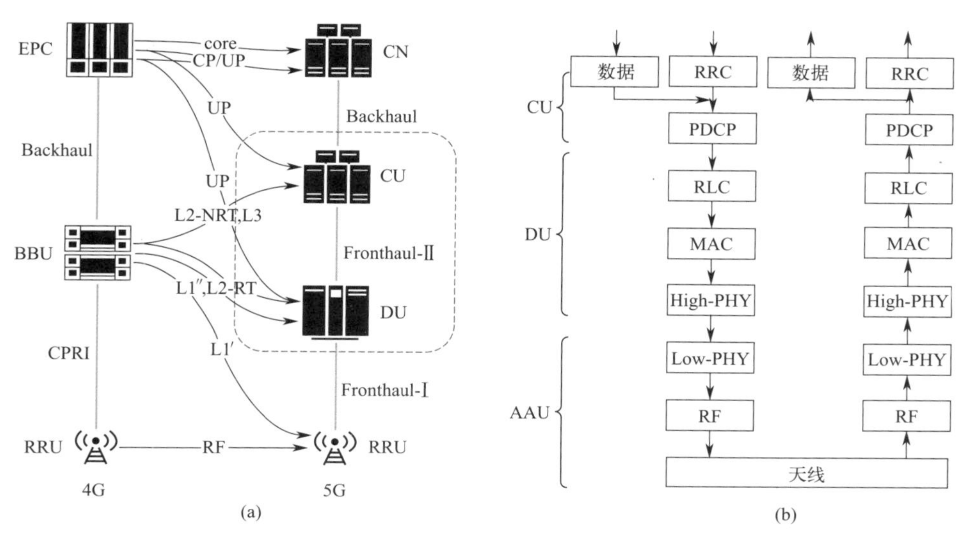

图 1-5　4G 到 5G 中基站变化及其与无线网络协议层的对应关系

CU-DU 功能灵活切分的好处在于：

① 硬件实现灵活，可以节省成本；

② CU 和 DU 分离的架构下可以实现性能和负荷管理的协调、实时性能优化，并使用 NFV/SDN 功能；

③ 功能分割可配置能够满足不同应用场景的需求，如传输时延的多变性。

DU-AAU 功能切分的好处在于：进入 5G 时代，由于信道带宽的增加，BBU 与 AAU 之间流量需求已经达到了几十个 G 甚至几 T，此时传统的 CPRI 接口已经无法满足传输数据的需要，通过对 CPRI 接口重新切分，将 BBU 部分物理层功能下沉到 AAU，形成新的 CPRI 接口，可以大大降低新 CPRI 的接口流量。

3. 5G 基站部署方式

对于 5G 网络，ITU-T 已经明确了 CU 和 DU 逻辑分离的架构。在实际部署中存在分离部署和不分离部署两种方案。分离部署的方式将带来承载传送网络的重新划分，其中：AAU 和 DU 之间属于前传段；DU 和 CU 之间属于中传段；CU 之上属于回传段。目前对于 5G RAN 的部署方式主要包括 D-RAN、C-RAN、CU 云化部署三种，如图 1-6 所示。

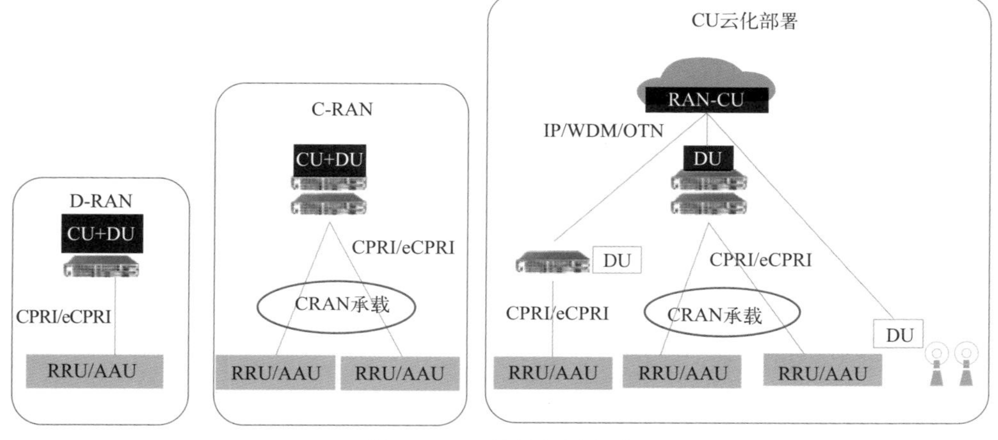

图 1-6　5G 基站部署方式

D-RAN 为传统部署方式，组网部署简单。C-RAN 部署方式下 BBU 集中部署，可节省站点机房；CU 云化部署可实现边缘计算、智能运维。D-RAN、C-RAN 和 CU 云化这三种部署方式也应根据具体场景进行合理的选择。

总的来说，分布式部署需要更多机房资源，但每个单元的传输带宽需求小，更加灵活。集中式部署节省机房资源，但需要更大的传输带宽。可根据不同场景需要，按现场实际情况灵活组网，如图 1-7 所示。图中 Fronthaul 表示前传，Midhaul 表示中传，Backhaul 表示回传。

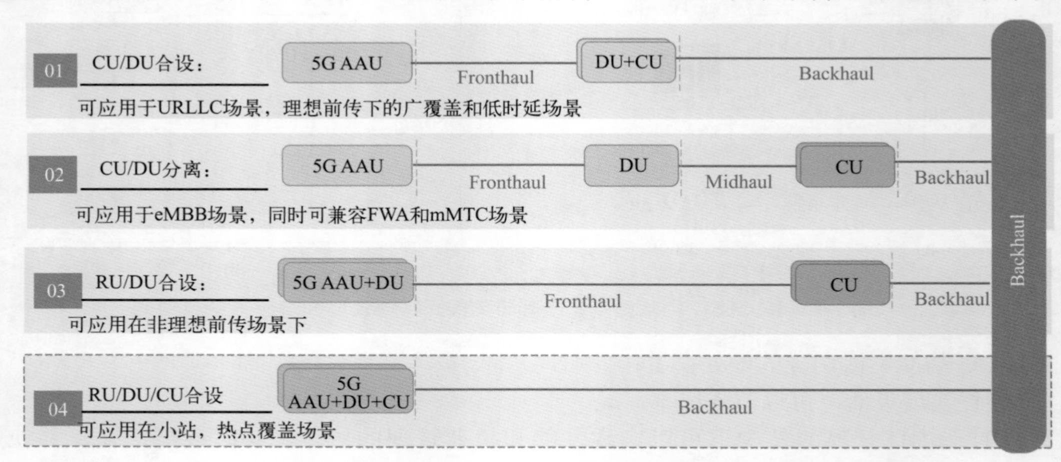

图 1-7 CU 和 DU 灵活组网场景

CU/DU 合设场景，类似 4G 基站部署场景，比较适用于低时延场景和广覆盖场景。CU/DU 分离场景比较适合应用在 eMBB 场景和 mMTC 场景，分离架构有三大显著优势，分别为：

① 实现基带资源的共享，提升效率；

② 降低运营成本和维护费；

③ 更适用于海量连接场景。

CU/DU 分离架构也存在一定问题，具体问题集中在三个大的方面，分别为：

① 单个机房的功率和空间容量有限；

② 网络规划及管理更复杂；

③ 引入中传网有时延增加的问题。

4. 不同应用场景的网络拓扑架构

不同的应用场景，对网络时延、安全性、可靠性的需求千差万别，采取的网络拓扑架构也不同。5G 服务是多样化的，包括车联网、大规模物联网、工业自动化、远程医疗、VR/AR 等等。这些服务对网络的要求是不一样的，比如：工业自动化要求低时延、高可靠，但对数据速率要求不高；高清视频无须超低时延，但要求超高速率；一些大规模物联网不需要切换，部分移动性管理对之而言是信令浪费等。为此，5G 应能满足各种差异化的网络服务，基于切片技术，采取不同的拓扑架构来适应不同的应用场景。

网络切片由网络功能构建而成，考虑到如果所有网络切片都采用完全独立的网络功能，需要的资源实在太大，网络的性价比会很低，因此网络功能在切片间需要根据实际情况进行共享，以满足资源效率提升的需求，主要有三种模式，如图 1-8 所示。

模式 A：独立专网模式，适用于安全隔离要求高、成本敏感度低的场景，如远程医疗、工业自动化，如图 1-8（a）所示，不同切片采用完全独立的 NF，控制面和用户 NF 都不共享。

模式 B：部分共享模式，适用于安全隔离要求相对低的场景，终端可同时接入多个切片，如辅助驾驶、车载娱乐等，如图 1-8（b）所示，不同切片的部分控制面 NF 共享，用户面 NF 不共享。

模式 C：完全共享模式，适用于安全隔离要求低，对成本敏感的场景，如视频监控、手机视频，如图 1-8（c）所示，不同切片的所有控制面 NF 共享，用户面 NF 不共享。

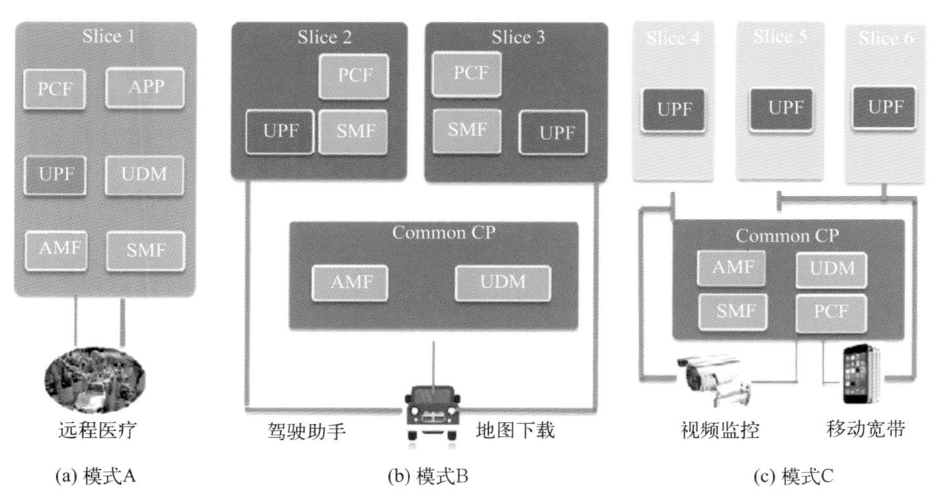

图 1-8 不同应用场景的网络拓扑架构

任务实施

根据本任务描述中的场景描述，基于前瞻性规划、分步部署、逐次拓展的建设原则，初期建网目标是满足园区内的高速上网需求，让园区内人员能切实感受到 5G 网络的 4K 高清业务体验。请根据以上初期建设目标要求，通过 5G 基站建设与维护仿真系统选择相应的网元，包括核心网网元、接入网网元，以及各网元节点的部署位置、各网元之间的连接关系。

① 通过学生账号登录 5G 基站建设与维护仿真系统，输入用户名、密码，模式选择教学模式，根据计算结果输入验证码，如图 1-9 所示。

图 1-9 登录 5G 基站仿真实训系统

② 根据 4K 高清业务场景从右边资源池中选择合适的网元，拖动到左边网络拓扑图中，并进行合理部署，完成各网元之间的接口和连线。部署完成后示例如图 1-10 所示。

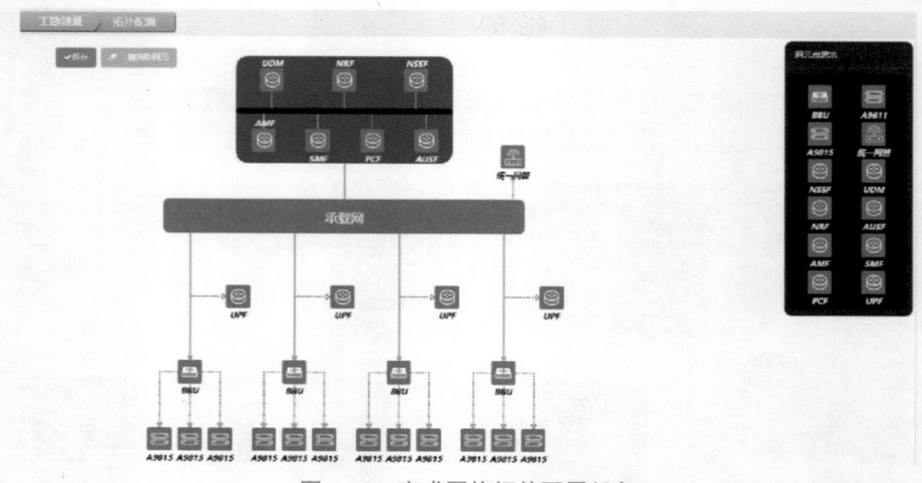

图 1-10　完成网络拓扑配置任务

任务拓展

（一）国内三大运营商网络切片网络架构

国内三大运营商适应不同场景的网络切片，采取了不同的拓扑架构形式来部署专网，但基本上符合三种切片共享模式，如图 1-11 所示。

5G专网部署模式	中国移动	中国电信	中国联通
与公网完全共享	优享模式	致远模式	5G虚拟专网
与公网部分共享	专享模式	比邻模式	5G混合专网
独立部署	尊享模式	如翼模式	5G独立专网

图 1-11　不同应用场景的网络拓扑架构

中国移动基于“核心网独立部署（分别面向 ToC 和 ToB)，无线共用为主按需专用，共用传输资源按需隔离”的方式组网，其5G专网分为优享（模式C)、专享（模式B)、尊享（模式A）三种模式，如图 1-12 所示。

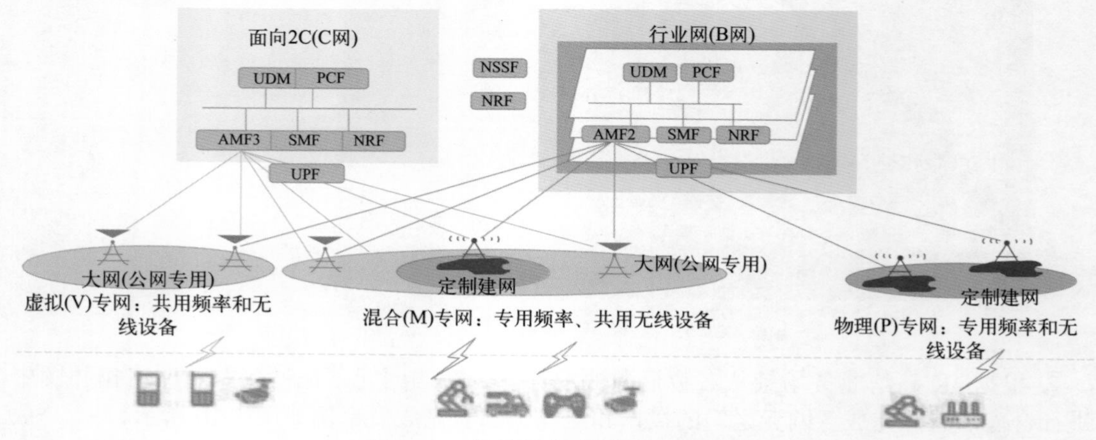

图 1-12　中国移动网络切片网络架构

中国电信的 5G 专网部署分为致远（模式 C）、比邻（模式 B）、如翼（模式 A）三种模式，如图 1-13 所示。

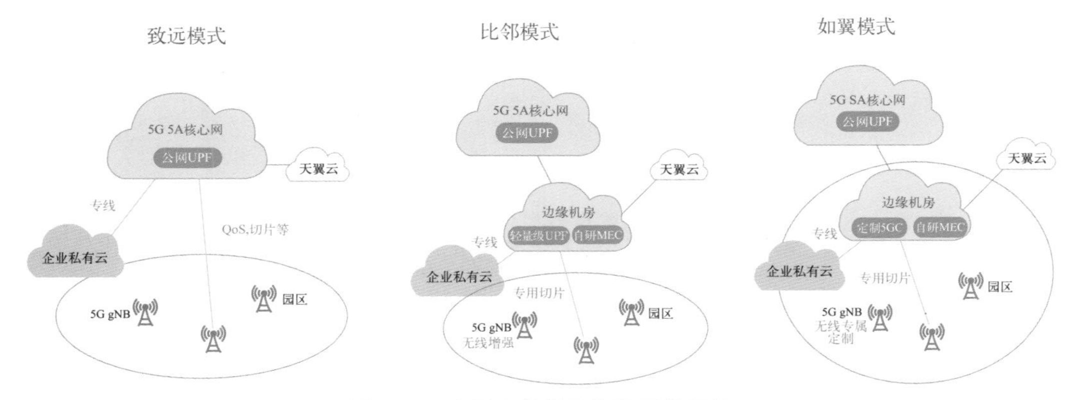

图 1-13　中国电信网络切片网络架构

中国联通 5G 专网则分为虚拟专网（模式 C）、混合专网（模式 B）、独立专网（模式 A）三种部署方式，如图 1-14 所示。

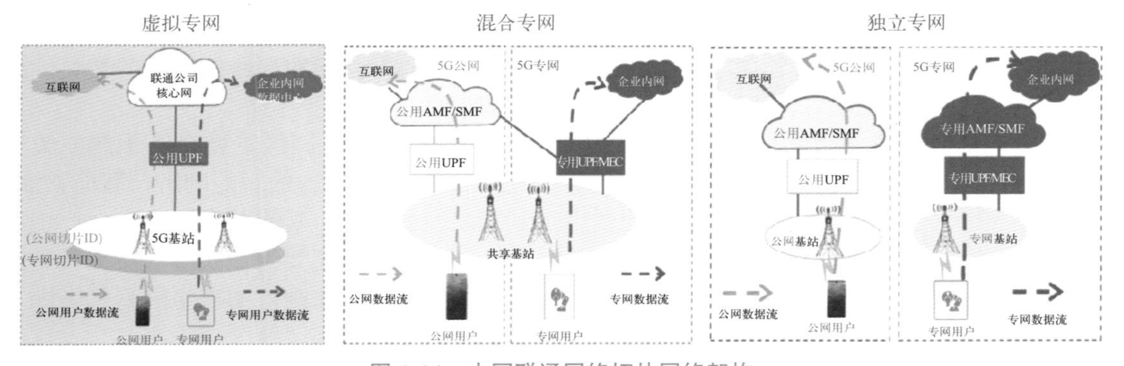

图 1-14　中国联通网络切片网络架构

（二）什么是“云化”？

云化其实就是将硬件的能力升级为软件服务的形式，就像使用水电一样使用软件服务，想用的时候就打开水龙头，打开开关，不用了就关上，按需使用，这样就不会造成资源的闲置与浪费。

什么是云化？大量的水滴和冰晶飘浮在空中，能聚合成云。而云计算的“云”，就是由海量的数据存储、计算资源和应用程序所组成的。

云的本质是 IT 的外包服务。不同场景需要的外包程度是不一样的：外包到应用软件这个层次，是 SaaS（Software as a Service，软件即服务），比如新冠疫情时广泛应用的创载（远程会议）解决方案，可以选择远程配置，也可以现场安装，优点在于“定制化”，根据现实状况，实现个性化定制。SaaS 模式就是提供开箱即用的工具，可以让用户马上体验，“先尝后买”，并且在最短的时间内投入使用，再迭代完善。

任务测验

（1）网络拓扑任务测验：教师通过 5G 基站建设与维护仿真实训系统下发网络拓扑配置

模块任务，学生接收任务并完成测验。

（2）中国电信的5G专网部署方式致远模式对应的是哪一种共享模式？

（3）CU/DU高层分割采用什么方法？

（4）SMF（Session Management Function）相当于4G网络中PGW＋PCRF的一部分，可实现哪些功能？

任务二 规划5G网络容量

任务描述

通过对网络拓扑架构的学习，我们知道构建一张网络需要哪些网元，也知道了这些网元如何组合来满足不同场景的业务需求，但是一张具体的网络，到底需要多少个网元？每个网元节点下需要部署多少个功能模块才能达到网络建设的预期目标？或者说网络到底要多大才能满足需求？这就是网络容量规划要完成的任务。

本任务将重点学习5G网络容量规划的原理方法，掌握5G网络核心网、无线接入网容量规划的方法，能通过业务模型、覆盖模型数据计算出核心网网元和无线侧基站的数量，深入理解5G小区峰值速率计算、5G无线链路预算等知识点。

场景描述：某产业园区有移动人口5万人，覆盖面积2km^2，园区管委会基于产业数字化的需求建设一张5G专网，作为园区配套基础设施，为园区内企业的智能制造、智能物流、智慧管理等提供服务，促进园区内企业的数字化赋能。为了保密，其间要求园区内生产、制造、管理、资源要素流动过程中产生的所有数据不出园区，同时还要保证园区内员工日常的消费者业务需求。基于前瞻性规划、分步部署、逐次拓展的建设原则，初期建网目标是满足园区内的高速上网需求，让园区内人员能切实感受到5G网络的4K高清业务体验。

相关知识

一、无线接入网容量规划方法

无线接入网容量规划的主要任务是基于业务需求、小区峰值最大吞吐率指标、规划区域覆盖面积、每基站覆盖面积指标等计算出无线侧网络需要部署的基站数量，进而通过仿真软件输出每个基站的部署位置、小区工程参数、无线参数等规划数据。本任务重点介绍基站数量计算方面的知识，关于仿真模拟不做详细说明。

1. 基于业务需求的网络容量规划方法

① 输入业务模型参数，各项内容如表1-2所示。

表1-2 业务模型数据

业务模型数据项	单位或取值范围	业务模型数据项	单位或取值范围
载波聚合等级	1～16	MIMO层数（上行）	1～4
基站覆盖小区数量	1～4096	MIMO层数（下行）	1～8
5G频段	FR1频段、FR2频段	调制方式	QPSK\16QAM\64QAM\256QAM

续表

业务模型数据项	单位或取值范围	业务模型数据项	单位或取值范围
比例因子	0 ～ 1	区域用户平均上行吞吐量 /（Mbit/s）	Mbit/s
编码效率	0 ～ 1	区域用户平均下行吞吐量 /（Mbit/s）	Mbit/s
子载波间隔	15\30\60\120kHz	5G 帧结构配置	2.5ms 双周期 \2.5ms 单周期 \5ms 单周期 \2ms 单周期
分配的 PRB 的数量	0 ～ 1000	特殊时隙配比	—
一个 PRB 里面包括的子载波数量	12		

② 根据业务模型计算区域上行、下行总吞吐量。

区域总下行吞吐量 = 区域总移动用户数 × 运营商市场比例 ×5G 终端渗透率 × 区域用户平均下行吞吐量

区域总上行吞吐量 = 区域总移动用户数 × 运营商市场比例 ×5G 终端渗透率 × 区域用户平均上行吞吐量

③ 计算单扇区最大吞吐量。

单扇区小区下行最大吞吐量 =［载波聚合等级 ×MIMO 的层数（流数）× 调制方式对应的比特数 ×RB 数量 × 每 RB 子载波数 × 编码效率 × 比例因子 ×（1- 控制信令开销）］/ 下行符号时长

单扇区小区上行最大吞吐量 =［载波聚合等级 ×MIMO 的层数（流数）× 调制方式对应的比特数 ×RB 数量 × 每 RB 子载波数 × 编码效率 × 比例因子 ×（1- 控制信令开销）］/ 上行符号时长

④ 计算所需基站数量。

下行需要基站数量 = 区域总下行吞吐量 / 单扇区小区下行最大吞吐量 /3

上行需要基站数量 = 区域总上行吞吐量 / 单扇区小区上行最大吞吐量 /3

最终所需基站数量 =MAX（下行需要基站数量、上行需要基站数量）

2. 基于覆盖目标的网络容量规划方法

基于覆盖目标的网络容量规划方法是基于覆盖模型，通过链路预算得到最大允许路径损耗（MAPL），再结合传播模型计算得到基站覆盖面积，用规划区域覆盖面积除以单个基站的覆盖面积就可以得到所需基站数量。在链路预算计算过程中，上下行链路方向分别进行核算，取基站数量的最大值，但具体的方法思路都一样，本任务主要介绍基于下行链路的计算方法。

覆盖模型输入参数如表 1-3 所示。

表 1-3　覆盖模型数据

覆盖模型参数	单位	覆盖模型参数	单位
规划区域覆盖面积	m^2	接收天线增益	dBi
基站的高度	m	接收天线阵列增益	dB
接收端高度	m	接收机噪声系数	0 ～ 10
平均街道宽度	m	热噪声功率谱密度	dBm/Hz
平均建筑高度	m	干扰余量	dB
基站天线类型	8T\16T\32T\64T	h_arq 增益	dB
单天线发射功率	dBm\mw	数据信道的阴影衰落	dB
发射天线损耗	dB	选择 / 宏分集增益	dB

① 链路预算是通信系统用来评估网络覆盖的主要手段，通过对系统中上、下行信号传播途径中的各种影响因素进行考察，对系统的覆盖能力进行评估，获得保持一定通信质量下链路所允许的最大传播损耗，再根据相应的传播模型可以计算出特定区域下的覆盖半径。

U_{Ma}（Urban Macro，城区宏站）：适用于建筑物分布比较密集的区域。此场景主要包括各省会城市的商业中心和密集写字楼区域。该类场景基站天线挂高高于周围建筑物楼顶高度（如 25 ～ 30m），用户在地平面高度（约 1.5m），站间距不超过 500m。

微课扫一扫

覆盖规划

通过链路预算计算最大允许路径损耗 MAPL，如图 1-15 所示。

发射天线增益/损耗
64T64R
波束赋形/MIMO增益
MAPL
人体损耗和穿透损耗
2T4R
阴影衰落余量
接收天线增益/损耗
小区半径

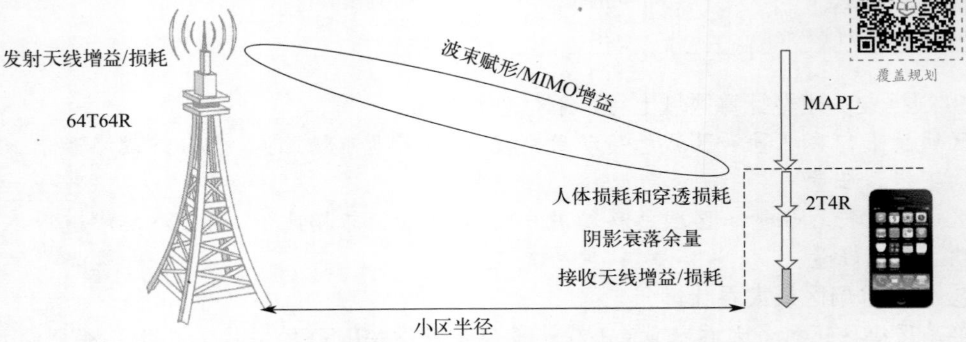

图 1-15　最大允许路径损耗 MAPL 示意图

由图 1-15 所示得出以下关系式：

最大允许路径损耗 MAPL= 发射功率 − 接收机灵敏度 − 系统裕量 − 各类损耗 − 其他

链路预算涉及关键项说明如下。

等效发射功率：小区天线端发射的功率值，由小区总发射功率、天线增益、天线阵列增益等决定。

接收端灵敏度（Rx Sensitivity）= 噪声功率（Noise Power）＋噪声系数（Noise Figure）＋信噪比（SINR）

Noise Figure：基站侧取 3dB，终端侧取 7dB。

Noise Power= 噪声功率谱密度＋噪声带宽，该指标表示接收机在整个带宽范围内产生的底噪。

热噪声的功率谱密度：可以理解为 1Hz 带宽内的底噪。

信噪比（SINR）：满足边缘速率要求的最低 SINR 值。

② 根据最大路损值和相应场景的传播模型计算数据信道覆盖距离（d_{3D}），即手机到基站天面的直线距离，一般城区场景适用 U_{Ma}-NLOS 模型计算，对原始 U_{Ma} 模型各参数按典型环境取值后，即为 3GPP TR 38.901 中简化的 U_{Ma} 模型。

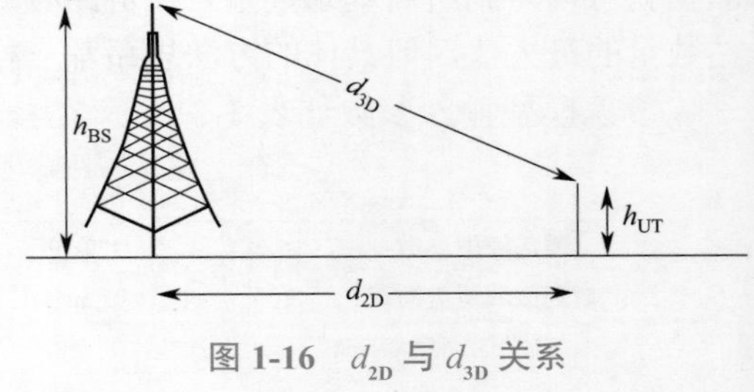

图 1-16　d_{2D} 与 d_{3D} 关系

③ 通过如下三角函数，计算出 d_{2D}，即基站的覆盖半径，如图 1-16 所示。

$$d_{2D}=\sqrt{d_{3D}^2-(h_{BS}-h_{UT})^2}$$

式中　h_{BS}——终端高度；

h_{UT}——基站高度。

④ 计算单个基站覆盖面积 = π ×（d_{2D}）²。

⑤ 计算基站数量 = 总的覆盖面积 / 单个基站覆盖面积。

二、5G 无线接入网络规划参数计算

1. 容量计算

（1）不同帧结构下的上下行资源占比

2.5ms 双周期时隙配比：DDDSU DDSUU。特殊 S 配比：D∶Gap∶U=10∶2∶2。

5ms 单周期时隙配比：DDDDD DDSUU。特殊 S 配比：D∶Gap∶U=6∶4∶4。

上行资源占比（符号级）=（帧周期内特殊时隙个数 × 特殊时隙内上行符号个数＋帧周期内上行时隙个数 ×14）/（14×10）

下行资源占比（符号级）=（帧周期内特殊时隙个数 × 特殊时隙内下行符号个数＋帧周期内下行时隙个数 ×14）/（14×10）

（2）上下行等效 TBS（Transport Block Size，传输块）的计算

上行等效 TBS= 上行速率 / 上行资源占比 /2

下行等效 TBS= 下行速率 / 下行资源占比 /2

（3）基于容量的基站规划

① 根据业务模型计算区域上行、下行总吞吐量。

区域总下行吞吐量 = 区域总移动用户数 × 运营商市场比例 ×5G 终端渗透率 × 区域用户平均下行吞吐量

区域总上行吞吐量 = 区域总移动用户数 × 运营商市场比例 ×5G 终端渗透率 × 区域用户平均上行吞吐量

② 计算单扇区最大吞吐量。

单扇区小区下行最大吞吐量 =［载波聚合等级 ×MIMO 的层数（流数）× 调制方式对应的比特数 ×RB 数量 × 每 RB 子载波数 × 编码效率 × 比例因子 ×（1− 控制信令开销）］/ 下行符号时长

单扇区小区上行最大吞吐量 =［载波聚合等级 ×MIMO 的层数（流数）× 调制方式对应的比特数 ×RB 数量 × 每 RB 子载波数 × 编码效率 × 比例因子 ×（1− 控制信令开销）］/ 上行符号时长

③ 计算所需基站数量。

下行需要基站数量 = 区域总下行吞吐量 / 单扇区小区下行最大吞吐量 /3

上行需要基站数量 = 区域总上行吞吐量 / 单扇区小区上行最大吞吐量 /3

2. 覆盖计算

① 下行单天线发射功率（单位：W）；上行单天线发射功率（单位：W）。

将 dBm 换成 W：W=power（10，dBm/10）。

② 计算总发射功率。

发射天线数量：基站下行为 8，16，32，64；终端上行为 2，4。

下行总发射功率 = 单天线发射功率 × 发射天线数量

③ 发射天线增益：基站侧 8T 为 16.5dBi，16T 为 15dBi，32T 为 13dBi，64T 为 11dBi，终端侧为 0dBi。

④ 发射天线阵列增益 =10lg（发射天线数量）dB，在任务实施里代入所给参数可计算出：下行发射天线阵列增益；上行发射天线阵列增益。

⑤ 数据信道功率损失，默认 0dB。

⑥ 线缆损耗，包括馈线、接头、合路器和身体损耗，上下行均默认 0dB。

⑦ 数据信道等效发射功率 = 总发射功率＋发射天线增益＋天线阵列增益 - 数据信道功率损失 - 线缆损耗。

⑧ 接收天线增益：基站作为上行接收 8R 为 16.5dBi，16R 为 15dBi，64R 为 11dBi，终端作为下行接收增益为 0dBi。

⑨ 接收天线阵列增益：终端侧默认为 0dBi，基站侧公式为 10lg（基站天线发射数量）dB。

下行终端侧接收天线阵列增益：0dB；

上行基站接收天线阵列增益：18.06dB。

⑩ 接收机噪声。

⑪ 热噪声系数。

$$10\lg(kT)=10\lg(1.38\times10^{-23}\times290)=-174\text{dBm/Hz}$$

式中 k——玻尔兹曼常数，1.38×10^{-23}J/K；

T——开氏温度，常温为 290K。

热噪声的频谱密度，理解为 1Hz 带宽内的底噪，则为 $10\lg(kTW)=10\lg(1.38\times10^{-23}\text{J/K}\times290\text{K}\times1\text{Hz})=-203.9772292\text{dBW}=-173.9772292\text{dBm}\approx-174\text{dBm}$，即热噪声的频谱密度约为 -174dBm/Hz。

⑫ 接收机干扰密度。数据信道的总噪声和干扰密度 =10lg{10^［（接收机噪声＋热噪声系数）/10］＋ 10^（接收机干扰密度 /10）}dBm/Hz，在任务实施里代入所给参数可计算出：下行数据信道的总噪声和干扰密度（终端）；上行数据信道的总噪声和干扰密度（基站）。

⑬ 数据信道占用信道带宽（Hz），数据信道占用带宽 = 分配 RB×12× 子载波间隔。

⑭ 数据信道有效噪声功率 = 数据信道总噪声和干扰密度＋ 10log（数据信道占用带宽）dBm，在任务实施里代入所给参数可计算出：下行数据信道有效噪声功率（终端）；上行数据信道有效噪声功率（基站）。

⑮ 信噪比：数据信道所需的信噪比，下行根据发射天线数量和调制方式有关，上行默认 0，请参考表 1-4 所示内容。

表 1-4 数据信道信噪比和天线通道及调制方式关系

调制方式	天线通道			
	8T	16T	32T	64T
QPSK	−14	−17	−20	−23
16QAM	−5	−7	−11	−13
64QAM	6	3	−1	−3
256QAM	16	13	9	7

⑯ 接收机余量，默认为 0dB，在任务实施中为 3。

⑰ 数据信道的 H-ARQ 增益，默认为 0dB。

⑱ 接收器灵敏度 = 数据信道有效噪声功率＋信噪比＋接收机余量 - 数据信道的 H-ARQ 增益（单位 dBm），在任务实施里代入所给参数可计算出下行接收机灵敏度（终端）和上行接收机灵敏度（基站）。

⑲ 数据信道链路预算 = 数据信道等效发射功率＋接收天线增益＋接收天线阵列增益 - 接收器灵敏度。

下行数据信道链路预算 = 下行数据信道等效发射功率＋下行接收天线增益＋下行接收天

线阵列增益－下行接收器灵敏度

上行数据信道链路预算＝上行数据信道等效发射功率＋上行接收天线增益＋上行接收天线阵列增益－上行接收器灵敏度

⑳ 阴影衰减标准偏差，默认 10dB。

㉑ 阴影衰落，默认 15dB。覆盖率为 0.95，阴影衰落为 15dB；覆盖率为 0.9，阴影衰落为 11dB。数据信道的阴影衰落取 11dB。

㉒ 基站分集增益，默认为 0dB，设为 1。

㉓ 穿透损耗，2.6GHz 频段为 23dB，3.5GHz 频段为 26dB，4.9GHz 频段为 30dB。设为 26dB。

㉔ 其他增益，默认设定为干扰余量，设定为 3dB。

㉕ 数据信道的可用路损值（dB）＝数据信道链路预算－阴影衰落＋基站分集增益－穿透损耗＋其他增益－线缆损耗（接收侧），在任务实施里代入所给参数可计算出：

下行数据信道的可用路损（dB）＝最终路损＝下行数据信道链路预算－阴影衰落＋基站分集增益－穿透损耗＋其他增益－线缆损耗

上行数据信道的可用路损（dB）＝最终路损＝上行数据信道链路预算－阴影衰落＋基站分集增益－穿透损耗＋其他增益－线缆损耗

㉖ 根据数据信道的可用路损值计算数据信道覆盖距离（d_{3D}），即手机到基站天面的直线距离，通过 U_{Ma}-NLOS 模型计算，距离单位为 m，频率单位为 GHz。

在一般城区场景，原始模型各参数按典型环境取值后，即为 38.901 中简化的 U_{Ma} 模型：

$$PL'_{U_{Ma}\text{-NLOS}}=13.54+39.08\lg(d_{3D})+20\lg(f_c)-0.6(h_{UT}-1.5)$$

式中，h_{UT} 为终端高度。

㉗ 通过如图 1-16 所示三角函数，计算出 d_{2D}，即基站的覆盖半径（上、下行）。

㉘ 计算单个基站上、下行覆盖面积＝π×$(d_{2D})^2$。

㉙ 计算下行基站数量＝总的覆盖面积 / 单个下行基站覆盖面积。

㉚ 计算上行基站数量＝总的覆盖面积 / 单个上行基站覆盖面积。

3. 5G 网优相关的无线网络参数

5G 网优相关的无线网络参数表可扫描二维码查看。

无线网络参数表

任务实施

通过任务一已完成产业园区的网络拓扑架构的设计和规划，本任务将基于已知业务模型、覆盖模型数据、网元设备的性能指标数据完成核心网和无线网的容量规划。其中无线网规划的实施通过网优仿真实训系统完成，核心网规划通过计算完成。

输入数据项，业务模型数据项如表 1-5 所示。

表 1-5 业务模型数据项

业务模型数据分类	业务模型数据项	单位或取值范围	数值
用户预测数据	应用场景	eMBB/uRLLC/mMTC	eMBB
	区域移动终端用户数量	人	50000
	运营商市场比例	%	70
	5G 终端渗透率	%	40

续表

业务模型数据分类	业务模型数据项	单位或取值范围	数值
核心网业务模型	开机率	%	80
	AMF 能处理的附着用户数	人	5000
	AMF 最大能处理的基站数量	套	30
	AMF 支持的 TA 数量	个	16
	单套 AMF 支持的吞吐量	kbit/s	1000000
	单套 AMF 支持的流数量	流	100000
	UPF 忙时每附着用户的流数	流 / 用户	1.1
	UPF 忙时平均每流的速率	（kbit/s）/ 流	300
	单套 UPF 支持的流数量	流	100000
	单套 SMF 支持的流数	流	100000
	忙时每附着用户在 UDM 中的认证、鉴权次数	次 /h	5
	忙时每附着用户与 IT 的接口消息数	次 /h	0.5
	忙时每附着用户查询 NRF 的次数	次 /h	2.5
	忙时每附着用户查询 NSSF 的次数	次 /h	0.1
	忙时每附着用户在 UDM 中处理的信令事务数	次 /h	25
	忙时每附着用户在 PCF 中处理的信令事务数	次 /h	14
	冗余系数	0 ～ 2	1.25
	每 TA 挂接基站数量	套	30
无线交接入网业务模型	载波聚合等级	1 ～ 16	1
	基站覆盖小区数量	1 ～ 4096	3
	5G 频段	FR1 频段、FR2 频段	FR1
	MIMO 层数（上行）	1 ～ 4	2
	MIMO 层数（下行）	1 ～ 8	8
	调制方式	QPSK\16QAM\64QAM\256QAM	64QAM
	比例因子	0 ～ 1	1
	编码效率	0 ～ 1	948/1024
	子载波间隔	15\30\60\120kHz	30
	分配的 PRB 的数量	0 ～ 1000	273
	一个 PRB 里面包括的子载波数量	12	12
	区域用户平均上行吞吐量	Mbit/s	10
	区域用户平均下行吞吐量	Mbit/s	20
	5G 帧结构配置	包含 2.5ms 双周期、2.5ms 单周期、5ms 单周期、2ms 单周期等帧结构	2.5ms 双周期
	特殊时隙配比		10 : 2 : 2

覆盖模型数据项如表 1-6 所示。

表 1-6　覆盖模型数据项

覆盖模型参数	数值	覆盖模型参数	数值
5G 频段	FR1	基站覆盖小区面积 /m^2	2000000
调制方式	64QAM	基站的高度 /m	35
子载波间隔 /kHz	30	接收端高度 /m	1.5
分配的 PRB 的数量	273	平均街道宽度 /m	10
一个 PRB 里面包括的子载波数量	12	平均建筑高度 /m	25
模式	eMBB	基站天线类型	64

续表

覆盖模型参数	数值	覆盖模型参数	数值
单天线发射功率 /dBm	33	数据信道的阴影衰落 /dB	11
接收机噪声系数	7	选择 / 宏分集增益 /dB	1
热噪声密度 /（dBm/Hz）	−174	穿透损耗 /dB	26
数据信道的接收机干扰密度 /（dBm/Hz）	−146	其他增益 /dB	3
干扰余量 /dB	3	基站的频率 /GHz	3.5
h_arq 增益 /dB	0	eMBB 场景下模型	城市宏站 U_{Ma}

网元设备性能指标数据项如表 1-7 所示。

表 1-7　网元设备性能指标数据项

网元	性能指标	单位	数值
AMF	AMF 能处理的附着用户数	人	5000
	AMF 最大能处理的基站数量	套	30
	AMF 最大能处理的 TA 数量	个	16
UPF	单套 UPF 支持的吞吐量	kbit/s	1000000
	单套 UPF 支持的流数	流	100000
SMF	单套 SMF 支持的流数	流	100000
UDM	单套 UDM FE 支持的动态用户数	人	1000000
	单套 UDM FE 能处理的信令数	条	100000
	单套 UDM BE 能同时保存的静态用户数	人	1200000
	单套 UDM BE 能同时处理的 IT 接口消息数	条	100000
NRF	单套 NRF 支持每秒处理请求次数	次	100000
NSSF	单套 NSSF 支持每秒处理查询次数	次	100000

无线接入网网元容量规划的步骤分为三步：

① 根据输入数据项无线部分的业务模型数据、覆盖模型数据在网优仿真实训系统部署网络规划任务并下发。

② 以学生账号登录网优仿真实训系统如图 1-9 所示。

③ 接收任务进入无线网络规划界面如图 1-17 所示，分别完成容量计算和覆盖计算子任务，最后得出无线侧需规划基站数量（取容量计算和覆盖计算结果的最大者），结算结果为 50 套。

图 1-17　仿真网络规划界面

任务拓展

（一）无线传播模型

1. 无线传播模型的概念

无线传播模型是为了更好、更准确地研究无线电波传播而设计出来的一种模型。由通信原理课程基础知识可知，通信信道按传输媒介分为有线信道和无线信道。在无线信道中无线电波的传播方式有长波沿地球表面绕射传播、短波电离层反射传播、超短波和微波直射以及各种散射传播。那么无线电波在经过一定距离传播后会发生什么样的变化？产生多大的损耗？

电磁波在空间传播时，信号的强度会受到各种因素的影响而产生衰减，通常用路径损耗的概念来衡量衰减的大小，如图 1-18 所示。无线传播模型就是在多次测量实验后总结出来的经验模型，这些模型在一定条件下测试出来总结成一些近似公式，把无线电波的损耗计算出来，得到链路预算的结果，进而进行无线接入网的覆盖计算。模型存在并使用的价值就是保证了精度的同时节省了人力、费用和时间，快速计算出无线电波传输的路径损耗。路径损耗的大小会影响基站覆盖半径的大小，所以无线传播模型的准确性对无线网络的规划来说是非常重要的，是移动通信系统规划设计的一个重要依据，特别是对覆盖、干扰、切换等性能影响很大，关系到运营商投资是否经济合理。

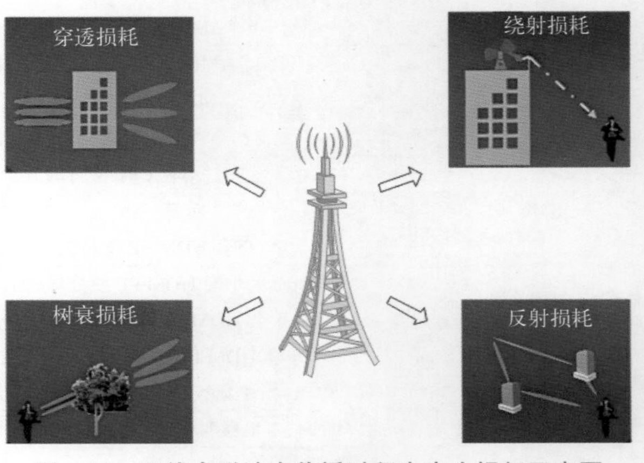

图 1-18　无线电磁波在传播过程中产生损耗示意图

2. 无线传播模型中的常用模型

4G 时代使用 COST231-Hata 传播模型，到了 5G 时代，3GPP 协议中定义了 U_{Mi}（Urban Micro）、U_{Ma}（Urban Macro）和 R_{Ma}（Rural Macro）三种无线传播模型，分别适用于不同场景的无线网络规划。

传统无线传播模型 Okumura-Hata 和 COST231-Hata 模型主要应用在 2GHz 以下低频段，而 5G 通信系统主要采用 6GHz 以下的中低频段和 24GHz 以上的高频段组网，其部署方式也有别于传统室外宏站和室内分布系统方式，主要使用室外宏微站以及室内微微站相结合的方式。因此传统无线传播模型，无论从频率选择还是部署方式上都难以适用于 5G 通信系统基站的覆盖预测。

鉴于此，3GPP TR 38.901 基于多个场景定义了适用于 5G NR 0.5 ～ 100 GHz 的传播模型，包含 U_{Ma}、U_{Mi}、R_{Ma} 和 InH 四类场景，具体适用范围如下所示。

① U_{Ma}（Urban Macro，城区宏站）：适用于建筑物分布比较密集的区域。此场景主要包括各省会城市的商业中心和密集写字楼区域。该类场景基站天线挂高高于周围建筑物楼顶高度（如 25 ～ 30m），用户在地平面高度（约 1.5m），站间距不超过 500m。

② R_{Ma}（Rural Macro，农村宏站）：适用于建筑物分布非常稀疏的区域。此类场景主要包括我国大部分的农村区域和少数不发达的乡镇区域。该类场景基站天线挂高在 10m 至 150m 之间，用户在地平面高度（约 1.5m），站间距可达 5000m。

③ U_{Mi}（Urban Micro，城区微站）：旨在还原真实的城市街道、开放区域等场景，如城市或车站广场、城市主要干道；典型开放区域宽度为 50 ～ 100m，包含用户密集的开阔场地

和城市街道。该类场景基站天线挂高低于建筑物楼顶（如 3 ～ 20m），用户在地平面高度（约 1.5m），站间距等于或小于 200m。

④ InH（Indoor-Hotspot，室内热点）：旨在还原各种真实典型的室内部署场景。此类场景典型的办公环境包括开放式隔间区域、有围墙的办公室、开放区域、走廊等；购物中心通常高 1 ～ 5 层，可能包括几层共用的开放区域（或“中庭”）。其中，BS 安装在天花板或墙壁上 2 ～ 3m 的高度。

对于前三种模型，每种模型又分为 LOS（Line of Singht，视距传输）和 NLOS（Not Line of Singht，非视距传输）场景，在视距条件下，无线信号无遮挡地在发信端与接收端之间直线传播，而在有障碍物的情况下，无线信号只能通过反射、散射和衍射方式到达接收端，称之为非视距传输。此时的无线信号通过多种途径被接收，而多径效应会带来时延不同步、信号衰减、极化改变、链路不稳定等一系列问题。空间损耗与频段、传播路径、所处的地物、基站和终端的高度密切相关。空间损耗一般用传播模型来预测地形、障碍物以及人为环境对电磁波传播中路径损耗的影响，一般情况下常使用 NLOS 场景下的公式。

Cost231-Hata 模型（4G 通信中宏站传播模型）的路径损耗为：

$$PL_{U}=46.3+33.9\lg f_{c}-13.82\lg h_{BS}-a(h_{UT})+(44.9-6.55\lg h_{BS})\lg d_{3D}+C_{m}$$

式中，f_c 为无线电波工作频率，MHz，取值范围为 1500 ～ 2000；d_{3D} 为通信距离，km，取值范围为 1 ～ 10；h_{BS}、h_{UT} 为基站、移动台天线有效高度，m，h_{BS} 取值范围为 30 ～ 200，h_{UT} 取值范围为 1 ～ 10；$a(h_{UT})$ 为移动台天线高度校正因子；C_m 为城市校正因子。

U_{Ma} 模型（5G 通信中城区宏站传播模型）的路径损耗为：

$$PL_{3D-U_{Ma}-NLOS}=161.04-7.1\lg W+7.5\lg h-[24.37-3.7(h/h_{BS})^{2}]\lg h_{BS}+(43.42-3.1\lg h_{BS})(\lg d_{3D}-3)+20\lg f_{c}-[3.2(\lg 17.625)^{2}-4.97]-0.6(h_{UT}-1.5)$$

式中，f_c 为无线电波工作频率，GHz，取值范围为 2 ～ 6；d_{3D} 为通信距离，m，取值范围为 10 ～ 5000；h_{BS}、h_{UT} 为移动台、基站天线有效高度，h_{BS} 取值范围为 10 ～ 150m，h_{UT} 取值范围为 1.5 ～ 22.5m；h 为平均建筑物高度，取值范围为 5 ～ 50m；W 为街道宽度，取值范围为 5 ～ 50m。典型配置：h_{BS}=25m，W=20m，h=20m。在一般城区场景，原始模型各参数按典型环境取值后，即为 38.901 中简化的 U_{Ma} 模型。

$$PL'_{U_{Ma}-NLOS}=13.54+39.08\lg(d_{3D})+20\lg(f_{c})-0.6(h_{UT}-1.5)$$

由路径损耗公式可以看出，无线电波工作频率越高，通信距离越大，损耗就越大，同时宏基站的环境布局对非视距传输的路径损耗有很大影响，如建筑物的平均高度和街道的宽度都会影响传输链路的路径损耗。研究传播模型是为了得知基站覆盖范围，为无线网规划提供指引。通过链路预算可确定最大允许路径损耗，获得满足网络要求情况下的最大单站覆盖半径以及站间距。在实际使用过程中，还需要考虑到现实环境中各种地物地貌对电波传播的影响，以保证覆盖预测结果的准确性。因此，在各种规划软件中，一般会使用通用的传播模型，并根据各个地区的不同情况，对模型参数进行校正后再使用。

3. Cost231-hata 与 U_{Ma} 的覆盖对比

通过两个模型的传播损耗表达式，给定 MAPL 之后，可计算两个传输模型分别对应的半径。以 1.8GHz Mean Urban 环境为例（Cost231-hata K_c=0dB），从图 1-19 中可以看到：相同路损情况下，U_{Ma} 对应的半径大于 Cost231-hata；1.8GHz 频段，相同覆盖距离情况下，U_{Ma} 对应的路径损耗约比 Cost231-hata 低 3dB。

再以 3.5GHz Mean Urban 环境为例（Cost231-hata K_c=0dB），从图 1-20 中可以看到：

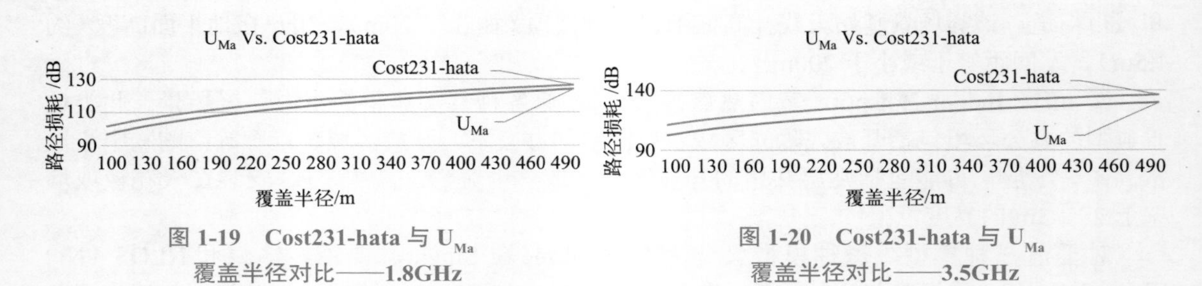

图 1-19 Cost231-hata 与 U_{Ma} 覆盖半径对比——1.8GHz

图 1-20 Cost231-hata 与 U_{Ma} 覆盖半径对比——3.5GHz

① 相同路损情况下，U_{Ma} 对应的半径大于 Cost231-hata；

② 3.5GHz 频段，相同覆盖距离情况下，U_{Ma} 对应的路径损耗约比 Cost231-hata 低 7dB。

微课扫一扫

5G NR 空口物理资源说明

（二）5G NR 空口资源

Numerology（系统参数）：NR 中指 SCS（Sub Carrier Spacing，子载波间隔），以及与之对应的符号长度、CP 长度等参数。5G NR 空口资源如图 1-21 所示。

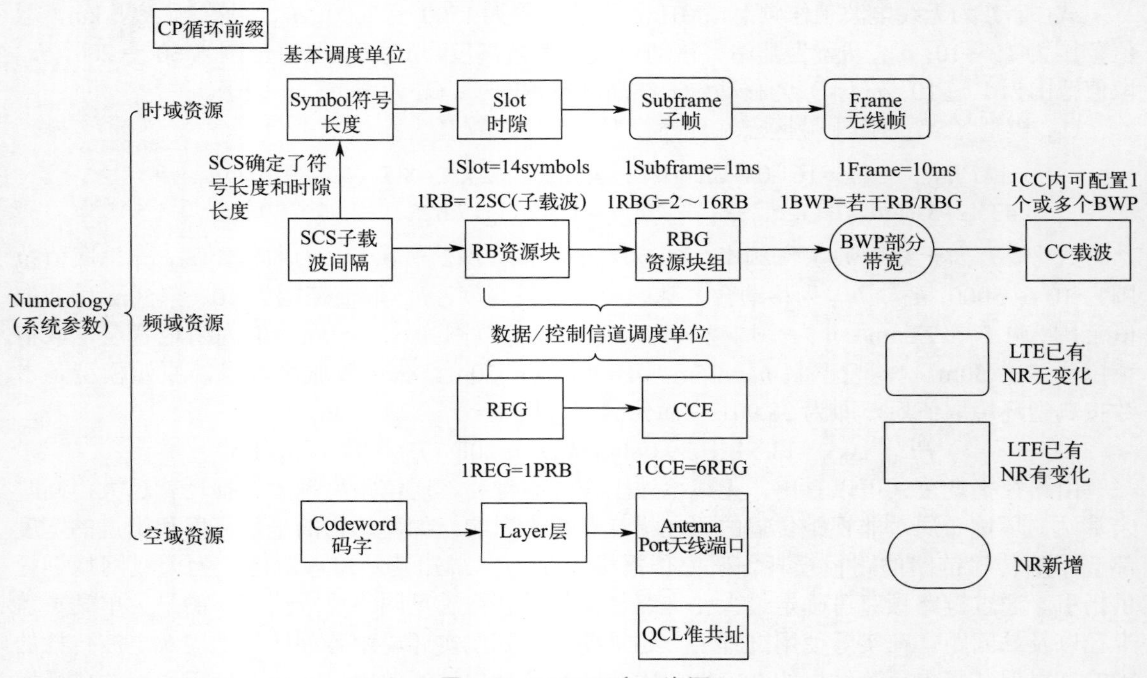

图 1-21 5G NR 空口资源

SCS 对覆盖、时延、移动性、相噪的影响见表 1-8。

表 1-8 系统参数之间的关系

μ	SCS	OFDM 符号长度 /μs	循环前缀（CP）长度 /μs	包含 CP 的 OFDM 长度 /μs	每 1ms 子帧中包含的 symbol 符号数
0	15	66.67	4.69	71.35	14
1	30	33.33	2.34	35.68	28
2	60	16.67	1.17	17.84	56

续表

μ	SCS	OFDM 符号长度 /μs	循环前缀（CP）长度 /μs	包含 CP 的 OFDM 长度 /μs	每 1ms 子帧中包含的 symbol 符号数
3	120	8.33	0.57	8.92	112
4	240	4.17	0.29	4.46	224

① 覆盖：SCS 越小，符号长度 /CP 越长，覆盖越好。
② 移动性：SCS 越大，多普勒频移影响越小，性能越好。
③ 时延：SCS 越大，符号长度越短，时延越小。
④ 相噪：SCS 越大，相噪影响越小，性能越好。

任务测验

（1）运营商可以根据自身的业务规模、现有网络组织、运营架构等选择合适的 5G 核心网络组网模式，通常有哪几种模式？

（2）下行链路最大路径损耗（MAPL）和哪些因素有关？

（3）给出业务模型、覆盖模型数据，通过网优仿真平台下发规划任务，学生接收任务并完成。

项目总结

本项目介绍 5G 网络规划的方法，从全网建设的角度重点讲解 5G 网络的总体架构，核心网和无线接入网的容量规划方法。

通过实训项目，加强学生对 5G 网络拓扑、各网元的功能的理解，并能根据场景应用进行部署。学完本项目后，学生能独立完成无线接入网基于覆盖和业务模型的容量规划、基于业务模型的核心网网元容量和配置规划任务。

本项目学习重点：

- 5G 网络部署方式；
- 5G 网络核心网各网元的功能；
- 5G 基站架构和功能切分；
- 5G 无接入网容量规划方法。

本项目学习难点：

- 基于覆盖的无线容量规划。

赛事模拟

【节选自 2021 年 ×× 省“全国通建维竞赛——信息通信网络运行管理员”赛项样题】

根据市场发展需要在某园区组建一张 5G 网络，根据比赛设定条件、业务模型、覆盖模型完成 5G 网络规划任务，包含两个子任务：

基于链路预算计算空口最大允许路径损耗，得出基站最大覆盖面积；根据业务模型计算区域总的数据业务需求量，小区忙时可承载的数据量，输出最终所需基站数量。

（1）完成网优仿真软件网络规划任务下容量计算子任务。

（2）完成网优仿真软件网络规划任务下的覆盖规划子任务。

1. 5G 网络的应用场景有哪些？
2. 5G 网络的性能提升方面相比较之前的网络有什么特点？
3. 5G 网络的组网结构分为哪两种？哪种适合网络初级的建设要求？
4. 简述 5G 网络架构的具体情况。
5. 描述 5G 网络各个网元之间的接口。

项目二
5G 网络数据采集

项目引入

没有调查，没有发言权。5G 网络信息采集，是 5G 网络规划和优化工作必要的前置准备环节，是网络规划和优化的基础，包括室内环境信息、室外环境信息和客户投诉信息等采集。通过本项目的学习，可以明确网络信息采集的相关知识，掌握 5G 基站室内、室外环境和客户投诉等相关信息的收集方法和要点。在进行 5G 网络数据采集过程中，需要遵循信息采集规范，正确操作，并且需要遵守一定的道德规范，如保护用户隐私、不泄露商业机密等。在进行用户投诉信息采集与定位过程中，需要多人协作完成，因此需要具有团队合作和互助精神。

本项目的学习内容对应 5G 网络现场勘测工程师中级岗位。

项目目标

1. 岗位描述

（1）负责网络室外信息勘测，输出勘测报告，为规划部门制定规划方案提供现场资料；
（2）负责网络室内环境勘测，输出勘测报告，为工程建设部门制定工程施工方案提供现场资料；
（3）负责对 5G 相关投诉信息进行收集处理；
（4）负责现场信息收集，为后台网络优化工程师提供数据支撑。

2. 知识目标

（1）掌握 5G 网络信息采集的内容；
（2）掌握 5G 网络室外信息采集的方法；
（3）掌握 5G 网络室内信息采集的方法；
（4）掌握 5G 网络投诉信息采集的方法；
（5）掌握 5G 网络信息采集数据的整理和输出方法。

3. 技能目标

（1）能熟练使用室内环境信息采集过程中的各种工具完成现场勘测；
（2）能熟练使用室外环境信息采集过程中的各种工具完成现场勘测；

（3）掌握投诉现场需要收集的信息类型并能使用测试软件、工具完成现场信息的收集和整理；

（4）能够按照网络规划、优化方案的要求进行现场勘测并输出相应的报告。

4. 素质目标

（1）在工作中有担当，具有客户至上的服务意识；

（2）具有积极向上、爱岗敬业、乐于奉献、诚信守法的价值取向，良好的人文社科素养，很强的社会责任感；

（3）具有语言文字表达能力和报告写作能力；

（4）培养形成规范的操作习惯，养成良好的职业行为习惯。

知识及技能图谱

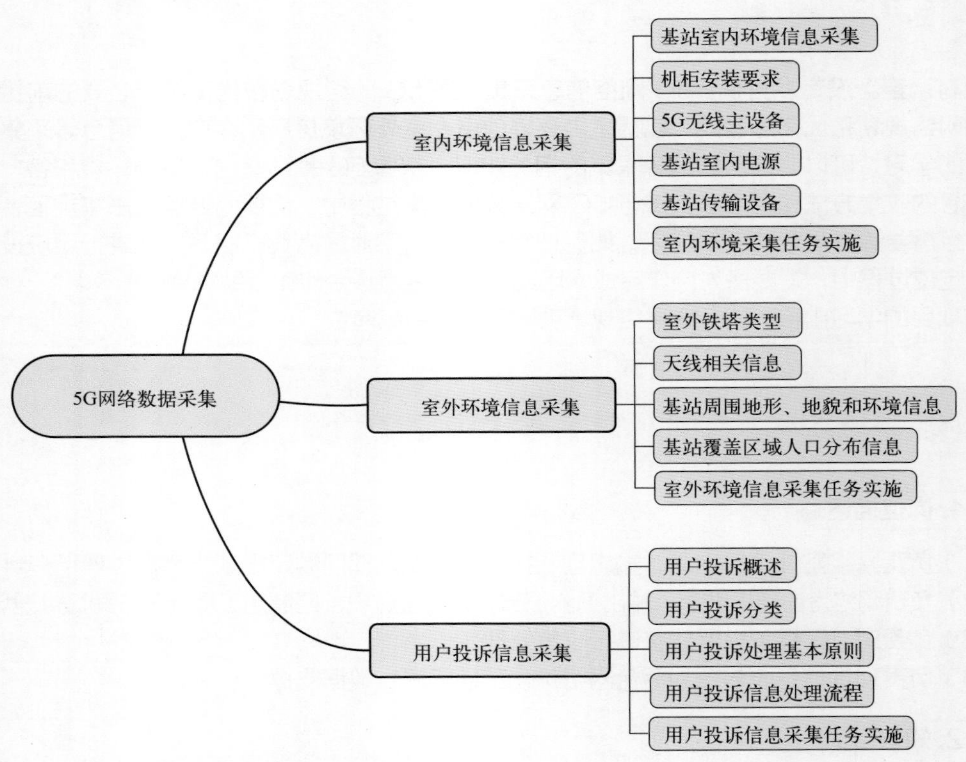

任务一 室内环境信息采集

任务描述

在网络规划和优化工作之前，需要对网络基本信息有所了解，如网络组网、无线设备、机房内其他相关传输，电源设备运行和机柜安装情况等。这些信息的准确性和完整性，会直接影响网络规划和优化方法的选择和优化结果。

需要采集哪些室内信息呢？采集室内信息前有哪些准备工作？如何准确采集信息？需要使用哪些工具进行信息采集呢？

本次任务需要完成室内环境信息的采集，具体包括以下：

（1）收集基站的位置信息；

（2）收集基站机房配套基本信息；

（3）收集基站主设备及其安装方式信息；

（4）收集基站电源和传输信息；

（5）收集基站组网方式；

（6）熟练使用 GPS、坡度仪、卷尺等工具。

相关知识

无线网络是由许多无线站点组成的，无线网络要正常服务，需要每个无线站点和站点内的所有相关设备都要正常运行。不仅需要基站无线设备正常运行，同时站点机房内的配套设施，如供电、照明、通风、温控、接地等状态也必须正常。网优工程师在开始网络优化工作之前，需要准确获取站点相关信息，比如机房地理信息、电源、传输、设备安装类型等，并记录下来，再综合网络情况，提出合适的、可实施的网优解决方案，提升网络性能。

微课扫一扫

室内环境信息介绍

一、基站室内环境信息采集

基站室内需要采集的信息，主要包括基站站址及相关地理信息、基站室内信息、基站安装信息、基站设备信息、电源和传输机房配套设施信息以及组网情况等。通过实地勘察采集这些信息，为后期网络问题的分析、定位、优化等操作，提供参考和依据。室内环境信息采集要点如下。

① 收集记录：根据测量工具准确采集信息，对比核实，并认真填写表格，做好记录。

② 拍照：除了信息采集报告要求的照片以外，应尽可能多方位地拍摄站点或周边环境照片，并主要记录拍照顺序，方便以后查验。

③ 核查：信息采集完成后，在离开现场之前应核实记录表，保证记录的完整性，查漏补缺。

二、机柜安装要求

机房的布局包括走线架布置、BBU 安装位置、机柜 / 机架的位置等，通过机房布局和位置信息判断机房是否满足设备扩容需要。机柜的布置采用一排还是多排（与其他设备放同一机房时），由机房的大小和机柜的数量来决定。

三、5G无线主设备

室内基站信息介绍-机柜及安装场景

5G基站普遍采用BBU＋AAU的模式（有些场景采用BBU＋RRU模式）。其中BBU（Base Band Unit，基带模块）负责基带信号处理；RRU（Remote Radio Unit，拉远射频单元）负责基带信号和射频信号的转换，及射频信号处理；AAU（Active Antenna Unit，有源天线单元）为RRU和天线一体化设备。

BBU单板性能：BBU是基带单元，可以集成在基带机柜内，连接外接分布式基站的RRU或AAU。BBU包括多个插槽，可以配置不同功能的单板，如图2-1所示。

图2-1　BBU插箱

BBU插箱：基带柜中BBU插箱主要功能是为5G BBU提供放置空间，现阶段常见设备制造商5G BBU的高度均为2U，板卡配置如图2-2所示，功能如表2-1所示。

<table>
<tr><td colspan="2">8 基带板</td><td>4 基带板</td><td rowspan="4">14
智能
风扇</td></tr>
<tr><td colspan="2">7 基带板</td><td>3 基带板</td></tr>
<tr><td colspan="2">6 基带板</td><td>2 交换管理板</td></tr>
<tr><td>5 电源板</td><td>13 电源板/环境监控板</td><td>1 交换管理板</td></tr>
</table>

图2-2　BBU面板图

表2-1　BBU单板种类和功能

单板名称	功能
主控板	完成配置管理、设备管理、性能监视、信令处理、主备设备切换功能；实现对系统内部各单板的控制；提供整个系统所需要的基准时钟；提供以太网交换、传输接口处理
基带板	处理上/下行基带信号；提供和射频模块间的CPRI/eCPRI接口；提供跨基带板互联共享资源能力；实现MAC、RLC和PDCP协议
环境监控板	管理BBU告警；并提供干接点接入；完成环境监控功能
电源模块	实现−48V直流输入电源的防护、滤波、防反接；输出支持−48V主备功能；支持欠压告警；支持电压和电流监控；支持温度监控
风扇模块	监控进风口温度；控制风扇转速；风扇状态监测、控制与上报、散热

5G基站主设备常见安装场景：收集基站的主设备和安装方式信息包括确认基站设备厂家，记录基站内机柜个数、每个机柜内载频数量、空余板位位置、BBU型号及数量、主控板及基带处理板型号及数量、其他单板类型及数量，BBU安装方式如图2-3所示。

四、基站室内电源

基站系统电源电压要求如下：

① 交流电供电设施除了有市电引入线外，可配备柴油机备用电源。交流电源单独供电，电压范围：220V（1±10%）。

机柜挂墙安装　　龙门架安装　　机柜集中安装

图 2-3　BBU 安装方式

② 直流配电设备供电电压应稳定，BBU 标称值为 −48V(−57 ～ −40V)，AAU 标称值为 −48V（−57 ～ −37V）。

五、基站传输设备

现阶段 5G 基站功耗很高，对传输资源要求也很高，现网站点的机房配套能力可能不匹配，需要进行评估，以及时改造升级。记录机房内光纤两端连接设备端口，比如：BBU 和 AAU 间光纤连接，以及 BBU 和核心网（可能通过传输网络）间光纤连接设备及端口号，同时需要确认现有传输容量及能否保证将来新增设备的传输需求。可能使用的传输设备如表 2-2 所示。

表 2-2　基站常用传输设备

光端机	DDF	ODF	PTN

任务实施

第一步：室内信息采集前准备。

（1）室内信息采集硬件工具　专业工具如表 2-3 所示。

表 2-3　专业工具

专用工具	数码相机	卷尺	便携电脑	万用表	坡度仪
实物图					

① 数码相机：拍摄基站内无线、传输、电源、监控等设备及其运行状态信息。（可用智能手机代替。）

微课扫一扫

室内环境信息采集工具

② 卷尺：测量机柜设备长度、高度和宽度，室内线缆长度等。

③ 坡度仪：测量设备安装水平度、垂直度。

④ 便携电脑：记录、保存和输出数据。（也可用纸笔代替。）

⑤ 万用表：测量站点设备电压、电流。

（2）室内信息采集软件工具

① 路测软件（可选）：用于基站寻址和导航，配合 GPS 使用可以确定基站经纬度。

② Google Earth ：查找基站位置信息，规划勘察站点顺序和路线。（可选搜狗、百度等地图工具。）

（3）室内信息采集信息准备　获取当地最新的工参信息，用于在基站信息采集过程中辅助环境信息搜集。信息准备主要包含：服务区域范围划定、站点信息表、地图等。

（4）室内信息采集车辆及人员准备

车辆准备：勘察用车（含司机）。

人员准备：网优工程师（现场），设计工程师、规划工程师、运维工程师等勘测支持（非现场）。

第二步：采集基站地理信息。

（1）使用 GPS 采集基站地理信息

① 手持 GPS ：用来确定基站的经纬度。当 GPS 测量仪接收到 3 个及 3 个以上导航卫星信号时，就可以计算出测量仪（GPS 接收机）所在的大地坐标的位置，接收到 4 个及 4 个以上卫星信号时，还可以计算出海拔高度。

② GPS 使用注意事项：GPS 中显示搜索到 3 颗以上卫星才可用，所处位置要求尽量开阔。建议经纬度格式按“×××.×××× 度”格式记录，记录精度要达到小数点后第四位。在一个地区首次使用 GPS 要开机等待 10min 以上，这样才能保证精度。

（2）使用仿真软件采集基站地理信息

① 登录仿真软件，在仿真软件中操作。

② 登录后，进入任务，完成网络规划 step01。

③ 完成容量计算、覆盖计算和功率计算后，单击进入“数据采集 step02”，如图 2-4 所示。

图 2-4　数据采集界面

④ 单击选取工具，工具类别根据任务说明选取（根据教师端设置，可允许有冗余项），选取完单击“保存”。选择工具界面如图 2-5 所示。

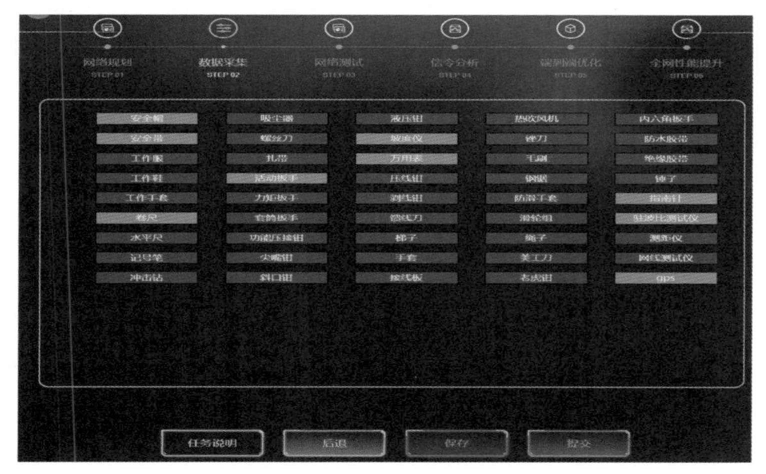

图 2-5 选取工具界面

⑤ 单击需要采集信息的站点，如图 2-6 所示。

图 2-6 某站点数据采集

⑥ 单击站点后，显示如图 2-7 所示。

⑦ 单击需要采集信息的位置。采集室内机房位置时，单击机房图标进入，选择右侧 GPS 图标，待数据稳定后记录，具体如图 2-8 所示。

第三步：收集基站基本设施信息。

（1）收集基站基本信息 通过和运营商沟通获取以下基站基本信息，比如：

① 基站性质：新建站、扩容站、搬迁站。

② 站型：S111、S222、S333。

③ 扩容站重点关注机柜和天馈系统是否有变化。

④ 如果是搬迁站，重点关注天馈系统的变化、电源的配置、传输的变化等信息。

图 2-7　场景选择

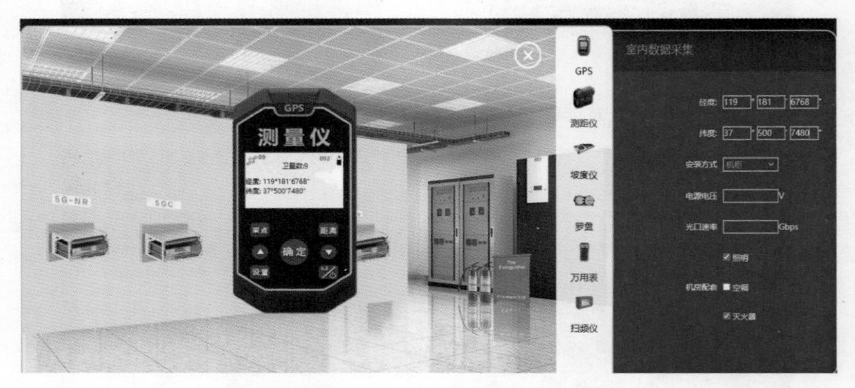

图 2-8　GPS 信息采集

（2）信息收集工具及操作　工具包括坡度仪、卷尺、水平仪、温度计 / 湿度计。

坡度仪：多功能坡度测量仪通常用于测量机柜安装水平情况和天线倾角，如图 2-9 所示。

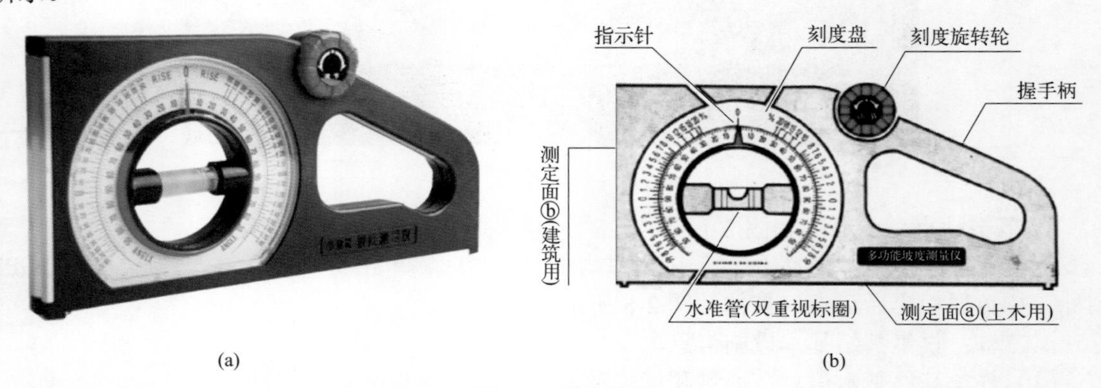

图 2-9　坡度仪

将坡度仪与测定对象接触，旋转刻度旋轮，直到水准管气泡居中即可，如图 2-10（a）所示。

① 读取指针尖端对准刻度盘上的数字，如图 2-10（b）所示。

② 可向上、向下进行测量，如图 2-10（b）、（c）所示。

③ 工程中需要测量边坡斜度时：请使用测量仪测定面ⓑ（若要求角度，则使用测定面ⓐ），如图 2-10（d）所示。

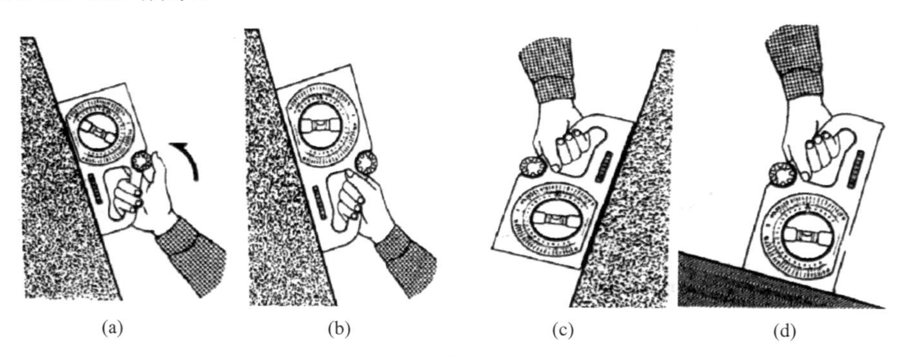

(a)　(b)　(c)　(d)

图 2-10　坡度仪使用

卷尺：使用卷尺获取基站机房的尺寸，并记录。一般要求机房主要通道门高大于 2m，宽大于 0.9m，以不妨碍设备的搬运为宜，室内净高至少 2.5m。

水平仪：使用水平仪查看机房地面是否平整，一般要求机房地面每平方米水平差不大于 2mm。

温度计 / 湿度计：为了设备能长期正常稳定地工作，设备的运行环境的温湿度应满足一定要求。需使用温度计和湿度计获取机房温度、湿度，通常情况下，基站工作的室内机房的温度、湿度范围如表 2-4 所示。

表 2-4　机房温度、湿度范围

序号	检查项目		机房
1	温度	长期	－ 10 ～＋ 55℃
2	湿度	长期	5% ～ 95%

第四步：收集室内电源和传输设备信息。

（1）测量基站设备电压　测量步骤如下：

① 关闭机架电源开关，再拔出电源模块插座；

② 打开机架电源开关；

③ 用数字万用表测量供电电源接线端子的输入电压并记录；

④ 测试完毕后关闭机架电源开关，并插入电源模块插座。

合格标准如下：

① 电源工作稳定，用数字万用表测量的测量值在以下范围内：

a. 直流电源输入：−48V DC（允许波动范围：−40 ～ −57V DC）；

b. 交流电源输入：220V AC（允许波动范围：130 ～ 300V AC，45 ～ 65Hz）。

② 风扇正常运转。

（2）使用仿真软件采集电压信息　在仿真软件中单击万用表图标，操作显示如图 2-11 所示（登录进入仿真软件过程，参考电源电压信息采集过程）。

（3）使用仿真软件采集传输信息　在仿真软件中单击传输机柜，操作显示如图 2-12 所示（传输速率采集过程参考 GPS 信息采集过程）。

图 2-11　电源电压信息采集

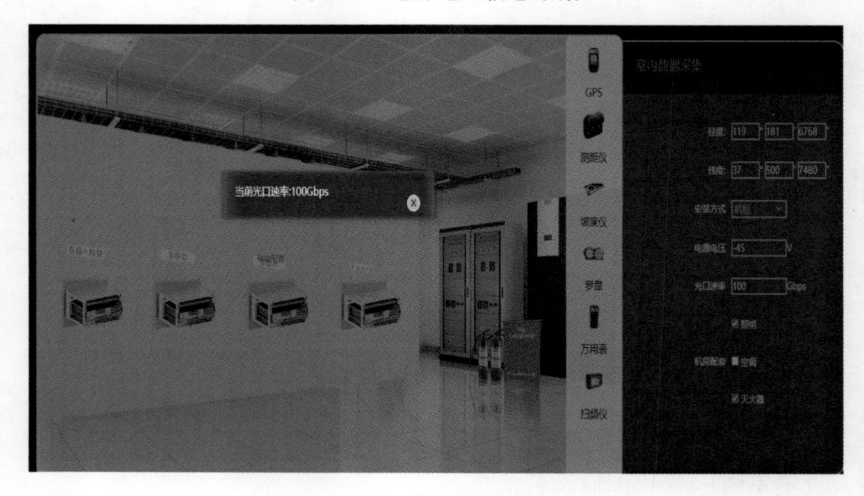

图 2-12　传输速率采集

任务拓展

采集基站室内环境信息，填写表 2-5。

表 2-5　室内信息采集表格示例

基站室内环境信息采集表			
基站名称		机房编号	
基站地址		性质	
物业业主名称		电话	
机房尺寸		已有机柜数	
机房位置（经纬度）		可扩展机柜数	
机房海拔		机柜、机架类型	
机房温度		机房湿度	
基站供电方式		主控板数量	
BBU 电压值		基带板数量	

续表

AAU 电压值		AAU 数量	
基站设备厂家		BBU 数量	
主控板和传输网光纤根数		基带板和 AAU 间光纤根数	
主控板和传输网光纤连接端口		基带板和 AAU 间光纤连接端口	
传输方式		ODF/ 光端机等传输设备使用端口	
机房简图			

任务测验

（1）基站室内需要采集哪些信息？

（2）GPS 中显示搜索到几颗以上卫星才可用？ GPS 记录精度有什么要求？

（3）直流设备工作电压范围是多少？

（4）在 3GPP 协议中规定的 5G 独立组网方式有哪些？

（5）运营商在初始部署 5G 网络时，一般选择的建设组网方式是什么？

任务二　室外环境信息采集

任务描述

站点室外信息是无线网络覆盖直接要面对的客观存在的信息，是网络优化工作的重要判断依据。获取站点室内信息后，在开始网络优化工作前，还需要收集哪些室外信息？怎么收集记录？要用到哪些工具仪器？

在网络优化工作开始前，需要对基站室外信息进行采集。本次任务完成基站室外信息采集，具体包括以下：

（1）采集室外天馈信息；

（2）采集基站覆盖区域地形地貌等室外环境信息；

（3）采集覆盖区域人口分布、环境信息；

（4）熟练使用指南针、水平仪等工具。

相关知识

无线网络要做到更好的覆盖，不仅需要室内主设备及配套设备运行正常，同时也要考虑室外等环境因素，如覆盖区域的地形地貌、环境信息、人口分布、其他导频无线系统等。网络优化工作中应通过站址实地察看，采集站点室外各种信息（比如：机房地理信息、电磁背景等）并记录下来，再综合业务模型、人口覆盖、地形地貌、天馈特性等信息综合考虑，提出合适的可实施的网优方案，从而有针对性地提升无线网络性能。

微课扫一扫
室外环境信息介绍1

一、室外铁塔类型

1. 常见铁塔类型

常见铁塔类型主要分为四类：普通地面塔、灯杆景观塔、简易灯杆塔与楼面塔。

① 普通地面塔：包括角钢塔、单管塔、三管塔、拉线塔，如图2-13～图2-16所示。优点是构造简单，结构安全可靠，运输安装方便。缺点是使用钢量大，占地面积大。

图2-13 角钢塔

图2-14 单管塔

图2-15 三管塔

图2-16 拉线塔

② 灯杆景观塔：包括景观塔、一体化塔房、美化树塔，如图2-17～图2-19所示。优点是与周围环境协调，造型美观，占地面积小。缺点是加工精度要求高，运输安全要求高，可靠性较低。

③ 简易灯杆塔：主要为路灯灯杆塔，如图2-20所示。优点是与周围环境协调，造型美观，占地面积小，施工方便。缺点是使用场地有限，天线挂载小。

图 2-17 景观塔

图 2-18 一体化塔房

图 2-19 美化树塔

图 2-20 路灯灯杆塔

④ 楼面塔：包括楼面拉线塔、楼面增高架、楼面桅杆、楼面美化天线，如图 2-21 ～图 2-26 所示。优点是安装方便，占用空间小。缺点是对房屋要求高，需与楼面结构相连接，可靠性较低。

图 2-21 楼面拉线塔

图 2-22 楼面增高架

图 2-23 楼面桅杆 1

图 2-24 楼面桅杆 2

图 2-25 楼面美化天线 1

图 2-26 楼面美化天线 2

2. 塔型区分小窍门

① 角钢塔与钢管塔的区别：角钢塔所用材料是角钢（三角钢），管塔所用材料是管状钢（圆管钢）。

② 桅杆与塔的区别：通常 20m 以下的为杆，20m 以上的为塔；屋面的为杆，地面的为塔。

③ 增高架为格构式的高耸钢结构，一般不是太高（10 ～ 20m），截面一般为正多边形。地面的为地面增高架，屋面的为屋面增高架。

二、天线相关信息

1. 天馈设备信息

AAU 是集成天线、射频的一体化形态的设备，与 BBU 一起构成 5G NR 基站。AAU 外观如图 2-27 所示。

AAU 由天线、滤波器、射频模块和电源模块组成，各部分功能如下：

① 天线：多个天线端口，多个天线振子。

② 滤波器：与每个收发通道对应，为满足基站射频指标提供抑制干扰、放大有用信号的功能。

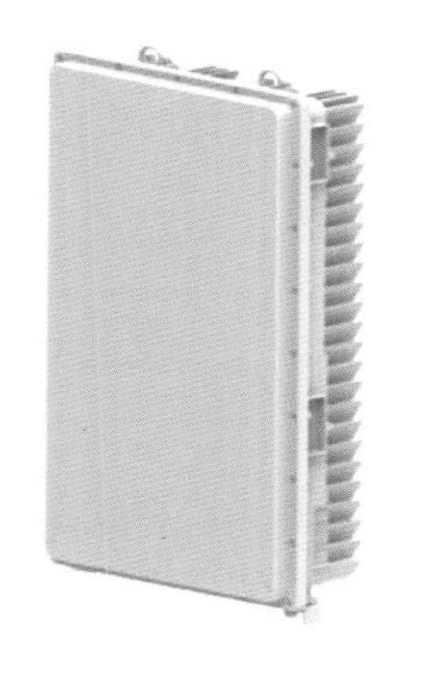

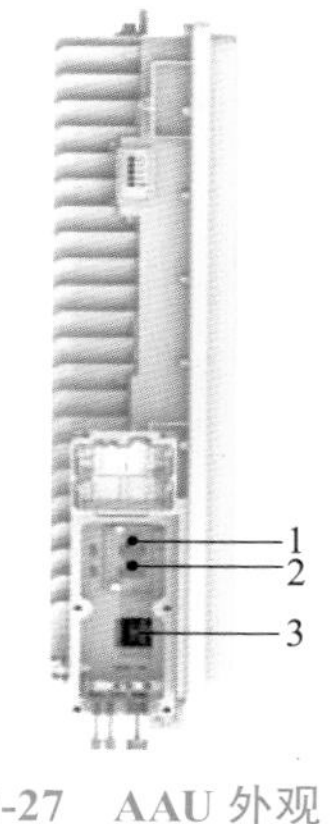

图中1、2标识指示：光信号接口，为AAU和BBU系统之间的光信号提供物理传输

图中3标识指示：–48V直流电源接口

图 2-27　AAU 外观

③ 射频模块：多个收发通道，功率放大，低噪声放大，输出功率管理，模块温度监控。

④ 电源模块：提供整机所需电源，电源控制，电源告警，功耗上报，防雷功能。

2. 基站天馈设备挂高标准

① 基站天线高度满足覆盖目标，一般要求天线主瓣方向 100m 范围内无明显阻挡；同时天线不宜过高，避免小区越区重叠，影响网络容量和质量。基站所在建筑物高度、天线挂高要求如表 2-6 所示，实际工程中应根据具体情况做适当调整。

表 2-6　基站天线挂高

区域类型	天线挂高	建筑物高度要求
密集市区	30 ～ 40m	不要选在比周围建筑物平均高度高 6 层以上的建筑物上，最佳高度为比周围建筑物平均高度高 2 ～ 3 层
市区		
郊区	30 ～ 50m ＋	不要选在比市郊平均地面海拔高度高很多的山上
农村	根据周围环境而定	

② 城区天馈设备挂高应比周围平均高度高 10 ～ 15m，郊区及农村应超出 15m 以上。要求站点天馈挂高和规划所得高度比较接近，对于可以采用增高方式的站点，楼高度可以低于规划所得高度，但不能高于规划高度 30%。如果楼顶有塔，规划所得高度最好位于楼面到塔的顶层平台之间。

③ 同一基站几个扇区天馈设备高度差别不能太大，对于建筑天面较大的站点，为保证后续覆盖评估的准确性，需要采集各个扇区的经纬度信息。

3. 天面信息采集要点

① 采集记录站点室外天馈设备经纬度，并对 GPS 数值进行拍照。

② 定好天线桅杆的位置，并站在楼房边缘的位置拍 360° 环境照片，每 45° 照一张，共 8 张。

③ 确定天馈设备的方向角以及下倾角、天馈设备离覆盖目标的距离。

④ 对站点天面进行拍照，要求站在天面的四个角落对天面进行全面无死角的拍照，如果天面过大，则还需要站在天面中央对天面四周进行拍照。对要立桅杆的位置进行重点拍照。

⑤ 绘制天面草图，草图上标注尺寸要精准，将天面周边的能占用天面的物件进行详

细测量并记录，草图内容必须能反映出楼宇天面所有物件。如果站点天面存在共站点天线或者其他运营商，需要对其天线与设备的位置、挂高、走线等进行拍摄记录，并在草图上体现。

⑥ 核查：信息采集完成后，在离开现场之前应核实记录表，保证记录的完整性，查漏补缺。

三、基站周围地形、地貌和环境信息

地形地貌，指地势高低起伏的变化，即地表的形态。可分为：高原、山地、平原、丘陵、盆地五大基本地形、地貌形态。基站所在位置的地形、地貌等周围环境，会直接影响站点信号的覆盖好坏，是后期网络优化最重要的考虑因素，所以在信息采集时，必须详细记录。

在网络优化时，地形地貌等信息是对天线方位角、下倾角的调整需要依据的信息，同时对于外部干扰的了解有助于分析、定位，如语音质量差，用户接入小区困难，用户和小区吞吐率提升等方面，有重要参考价值。需观察基站所在机房和天线室外周围环境，记录获取周边环境信息。

① 站点周围是否有高大障碍物的阻挡，即使有阻挡，阻挡夹角（站点与阻挡障碍物两侧连线的夹角）应不大于 20°。

② 基站所在楼房高度是否超过规划高度的 1/2 倍以上（密集城区和一般城区均避免选择 50m 以上的高楼）。

③ 基站是否在树林中或高山上（广域覆盖除外）。是否在孤立的高楼上选站（限密集城区和一般城区，高出周围建筑物 20m 以上者）。

④ 站点所在区域是繁华城区内，或是地广人稀的平原、海域、盆地、水域、地势起伏不大的风景休闲度假区等。

⑤ 是否为高速公路、铁路等呈带状分布需加大定向覆盖效果的区域。

⑥ 复杂地形地貌、公路沿线分布的散落村镇等，距基站较远，覆盖差的居民点。

⑦ 一般要求基站站址分布与标准蜂窝结构的偏差应小于站间距的 1/4，在密集覆盖区域应小于站间距的 1/8。

微课扫一扫

室外环境信息介绍 2

四、基站覆盖区域人口分布信息

基站覆盖区域，按地理位置一般可分为密集城区 、一般城区、郊区、农村、交通干道、重要旅游区等，通过获取基站覆盖区域的人口分布、人口流动特点，为网络优化提供业务模型、系统容量、参数优化等参考依据。覆盖类型如表 2-7 所示。

表 2-7　覆盖类型

环境类型	覆盖区的范围和面积
密集城区	利用街道名称来确定封闭的覆盖区范围；以最北街道的、西北交道口为封闭环的起点，以街道名称为“边”。从北—东—南—西—北形成闭环区域。面积 = 长（东西）× 宽（南北）
一般城区	利用街道名称来确定封闭的覆盖区范围；以最北街道的、西北交道口为封闭环的起点，以街道名称为“边”。从北—东—南—西—北形成闭环区域。面积 = 长（东西）× 宽（南北）
郊区	把郊区和市区的界限描述清楚，以街道为分界线，还需要记录覆盖的面积大小
农村地区	只需把农村的地形（地貌、地物）描述清楚即可

任务实施

第一步：室外环境信息采集前准备。

室外信息采集前需要准备硬件工具、软件工具、车辆/人员。

（1）室外环境信息采集硬件工具 硬件工具，如表2-8所示。

表2-8 硬件工具

专用工具	数码相机	卷尺	便携电脑	GPS	测距仪	指南针	坡度仪
实物图							

① 数码相机：拍摄基站周围无线传播环境、天面信息和共站址信息。（可用智能手机代替。）

② 卷尺：测量长度、高度和宽度。

③ GPS：确定基站的经纬度。

④ 便携电脑：记录、保存和输出数据。（也可用纸笔代替。）

⑤ 测距仪：测量建筑物高度、天线、天馈设备挂高等。

⑥ 指南针：确定天线方位角。

⑦ 坡度仪：测量天馈设备倾角。

（2）室外环境信息采集软件工具

① 路测软件（可选）：用于基站寻址和导航，配合GPS使用可以确定基站经纬度。

② Google Earth：查找基站位置，规划勘察站点顺序和路线。（可选搜狗、百度等地图工具。）

（3）室外环境信息采集信息准备 室外信息主要包含服务区域范围划定、可选站点信息表、地图等，采集前可以根据已经确定的站点分布，结合Google Earth、搜狗地图、百度地图等工具手段，熟悉需要采集站点周边的无线环境和建筑分布，对采集站点初步选择合适的建筑或者位置点，制定采集计划和路线，从而可以使实际信息采集过程中，任务目标更明确、采集效率更高。

（4）室外环境信息采集车辆及人员准备

① 车辆准备：勘察用车（含司机）。

② 人员准备：网优工程师（现场），设计工程师、规划工程师、运维工程师等（非现场支持）。

第二步：采集室外天馈系统信息。

（1）使用指南针测量天线的方位角 指南针：用来测量天线的方位角（方位角可以理解为正北方向的平面顺时针旋转到和天线所在平面重合所经历的角度）。通常所使用的指南针如图2-28所示，由罗盘、照门与准星等组成。方位分划外圈为360°分划制，最小格值为1°，测量精度为±5°。

（2）在仿真软件中采集室外天馈信息 在仿真软件中单击罗盘（指南针）图标，操作显示如图2-29所示（登录进入仿真软件过程，参照GPS信息采集过程），切换选取准确的罗盘，根据罗盘放置方向和镜片内天线正反面，判断读取南针还是北针的读数。

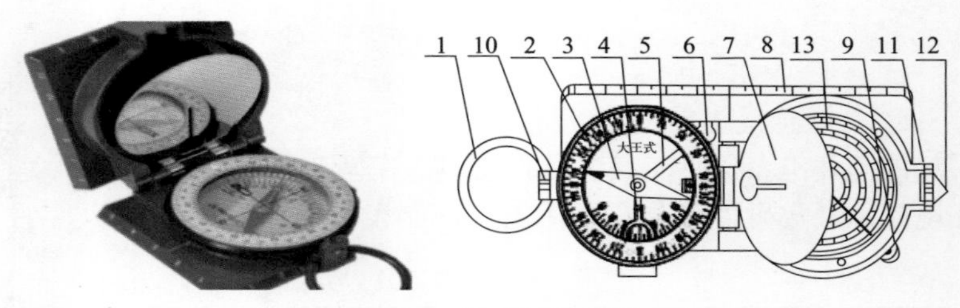

图 2-28 指南针示意图

1—提环；2—度盘座；3—磁针；4—测角器；5—磁针托板；6—压板；7—反光镜；
8—里程表；9—测轮；10—照准；11—准星；12—估定器；13—测绘尺

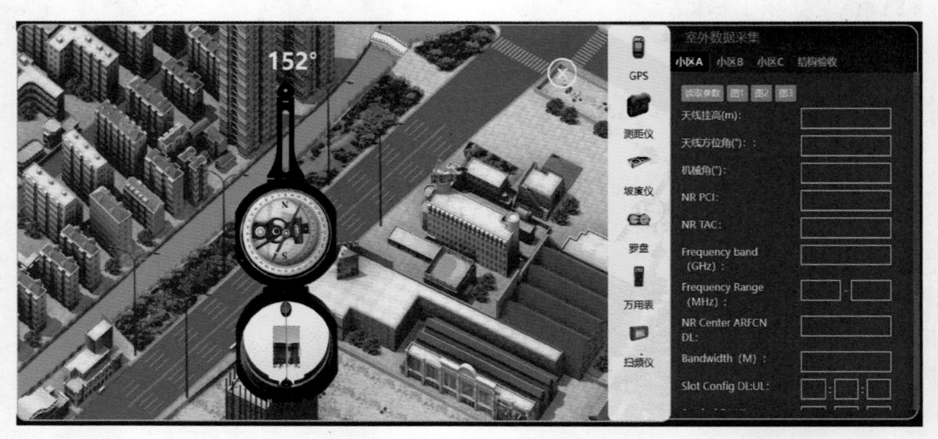

图 2-29 方位角采集

（3）测量天线的下倾角 使用坡度仪测量天线倾角。

① 将坡度仪与测定天馈设备接触，旋转刻度旋轮，直到水准管气泡居中即可。

② 读取指针尖端对准刻度盘上的数字。

（4）在仿真软件中采集机械下倾角 在仿真软件中单击坡度仪图标，操作显示如图 2-30（登录进入仿真软件过程，参考 GPS 信息采集过程）。

图 2-30 下倾角采集

（5）测量天馈挂高 激光测距仪是利用调制激光的某个参数实现对目标的距离测量的仪

器，天线挂高的测量可以使用激光测距仪，如图 2-31 所示。

图 2-31　测距仪

（6）在仿真软件中采集高度信息　在仿真软件中单击测距仪图标，操作显示如图 2-32 所示（登录进入仿真软件过程，参考 GPS 信息采集过程）。

第三步：导频系统信息采集。

在仿真软件中单击扫频仪，操作显示如图 2-33 所示（登录进入仿真软件过程，参考 GPS 信息采集过程）。

第四步：结构验收。

室外信息采集，除了挂高、方位角、倾角等采集外，也包括使用测试手机或者软件对室外无线信号参数进行采集，获取小区 PCI、PSPR、SINR 频段，异常信令等信息，通过这些参数判断扇区是否有接反，是否有接入、切换、掉线等异常事件，进而进行本站结构验收。

（1）无线参数信息采集　在仿真软件中，单击读取参数，可看到参数名称和参数值以及异常信令显示，按照要求读取参数进行填写，如果扇区接反可通过读取 PCI 和规划表中 PCI 进行比对。操作显示如图 2-34 所示。

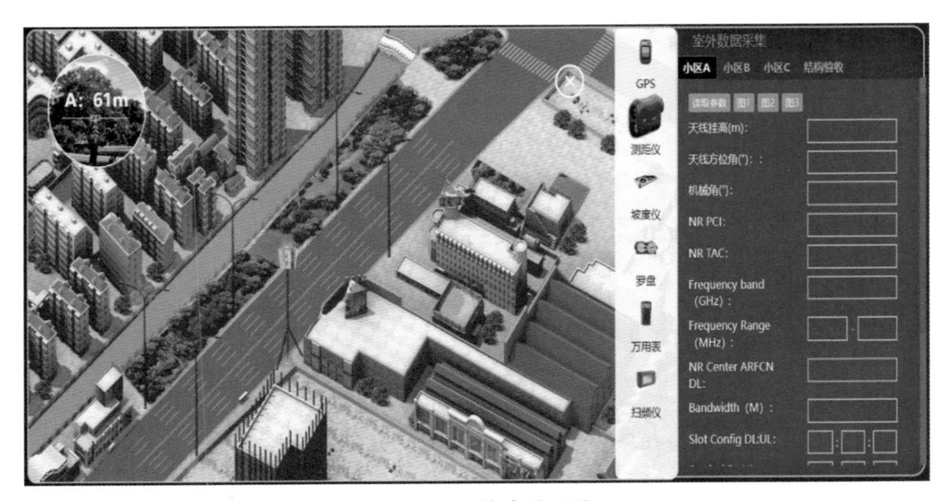

图 2-32　天馈高度采集

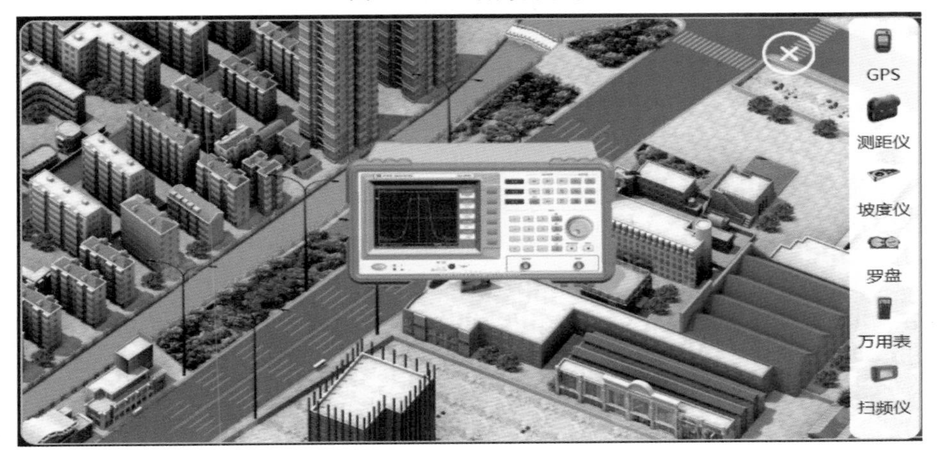

图 2-33　导频系统信息采集

图 2-34　无线参数读取

（2）结构验证　通过站间距，判断是否有超远、超近现象；通过站高，判断是否有超高、超低现象（表 2-9 为结构验收判断标准）；通过 PCI 比对，判断扇区是否接反（判断标准比对规划表）；所有项都合格，本站结构验收结果为：通过，否则为不通过。操作显示如图 2-35 所示。

表 2-9　结构验收判断标准

场景	超高站标准	超低站标准	超远站间距	超近站间距
城区	大于 50m	小于 15m	大于 300m	小于 150m
郊区	大于 60m	小于 25m	大于 400m	小于 150m

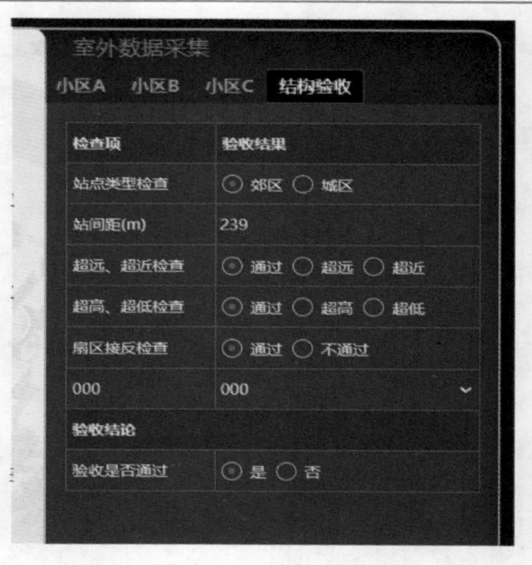

图 2-35　结构验收

（3）基站室外环境信息采集表　采集基站室外环境信息，填写表 2-10。

表 2-10　室外环境信息采集表示例

基站室外环境信息采集表			
基站名称		机房编号	
基站地址		性质	
物业业主名称		电话	
机房位置（经纬度）		站址海拔	

续表

天线厂家		方位角	
天线数量		下倾角	
天线挂高		基站 GPS 周边情况	
铁塔类型		铁塔高度	
覆盖区域类型		天线周边电磁环境	
天馈草图			

任务拓展

微课扫一扫

室外环境采集知识拓展

案例　常见导频系统频段使用情况

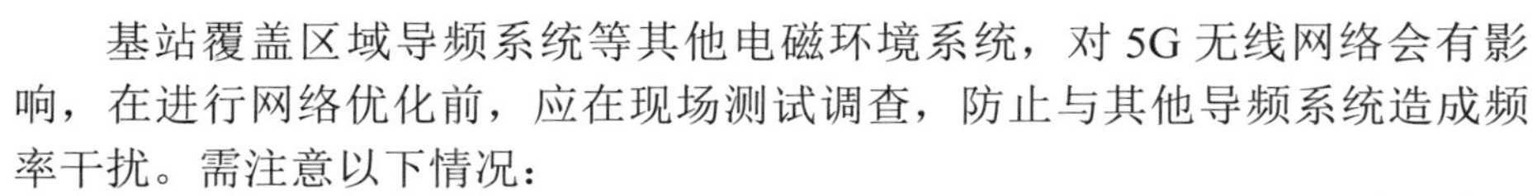

基站覆盖区域导频系统等其他电磁环境系统，对 5G 无线网络会有影响，在进行网络优化前，应在现场测试调查，防止与其他导频系统造成频率干扰。需注意以下情况：

① 基站周围是否有大功率无线电台、雷达站、卫星地面站等强干扰源。

② 与导频系统共址时，天面上是否有足够的垂直隔离空间。

③ 同一覆盖区域同一运营商其他 2G、3G、4G 网络部署情况。

④ 同一覆盖区域不同运营商 2G、3G、4G 网络覆盖情况。

移动通信系统频率使用情况如表 2-11 所示。

频谱作为一种不可再生的资源，已经非常紧张。为了拓展更多频谱资源，一方面需要政府机构科学规划频谱资源，为 5G 开辟新的频谱；另一方面需要采用新的频谱，提升频谱使用效率。

表 2-11　移动通信系统频率使用情况

运营商	网络	频段	上行	下行
中国移动	GSM	900MHz	890 ～ 909MHz	935 ～ 954MHz
	EGSM	900MHz	885 ～ 890MHz	930 ～ 935MHz
	GSM	1800MHz	1710 ～ 1735MHz	1805 ～ 1830MHz
	TDS-CDMA	—	1880 ～ 1900MHz	2010 ～ 2025MHz
	FDD-LTE	900MHz	892 ～ 904MHz	937 ～ 949MHz
	TD-LTE	—	1880 ～ 1900MHz，2320 ～ 2370MHz，2575 ～ 2675MHz	
	5G	2.6GHz	2515 ～ 2675MHz	
	5G	4.9GHz	4800 ～ 4900MHz	
中国联通	GSM	900MHz	909 ～ 915MHz	954 ～ 960MHz
	GSM	1800MHz	1735 ～ 1755MHz	1830 ～ 1850MHz
	WCDMA	—	1940 ～ 1965MHz	2130 ～ 2155MHz
	FDD-LTE	—	1745 ～ 1765MHz	1840 ～ 1860MHz
	TD-LTE	—	2300 ～ 2320MHz，2555 ～ 2575MHz	
	5G	3.5GHz	3500 ～ 3600MHz	

续表

运营商	网络	频段	上行	下行
中国电信	CDMA	800MHz	825 ～ 835MHz	870 ～ 880MHz
	3G	—	1920 ～ 1940MHz	2110 ～ 2130MHz
	FDD-LTE	—	1765 ～ 1780MHz	1860 ～ 1875MHz
	TD-LTE	—	2370 ～ 2390MHz，2635 ～ 2655MHz	
	5G	3.5GHz	3400 ～ 3500MHz	

任务测验

（1）基站室外需要采集哪些信息？

（2）指南针（罗盘）在采集哪些信息时使用？

任务三 用户投诉信息采集

任务描述

网络优化的目的是提升网络指标，提高客户网络使用满意度和体验感，直接要面对处理的就是来自用户的投诉。网络优化工作是为解决和补充网络中存在的问题的，而网络中的问题是怎么获取的？如何处理客户对网络问题的投诉？怎么准确有效地获取投诉信息？如何与投诉用户进行有效沟通？

室内、室外的信息是网络的现状，而用户的投诉信息是对网络情况的反馈，会直接影响客户对网络质量的评价。本次任务完成投诉信息的采集，具体包括以下：

（1）投诉的应答和信息记录；

（2）投诉信息现场采集；

（3）投诉信息定位处理；

（4）与客户沟通投诉处理结果。

相关知识

一、用户投诉概述

用户投诉是各网络运营商都非常关注的网络重点，随着网络优化的发展，运营商越来越重视用户的实际感受。改善网络质量，投诉处理工作是网络日常维护中不可缺少的部分，因此需要有一套好的流程和方法，以确保工作的有效性和高效性。

二、用户投诉分类

按照投诉流程的执行的优先紧急程度和时限要求可以将投诉分为普通投诉和紧急投诉。

1. 普通投诉

普通投诉是指客户通过营业厅、服务热线、客户经理、网站等常规渠道就某一问题向公司首次反映，公司通过内部处理流程，在时限范围内回复客户的投诉请求。

2. 紧急投诉

紧急投诉是指因客户的重要程度、投诉内容、投诉来源等特殊情况，直接由领导或上级部门要求在特别规定时间内处理的投诉需求。紧急投诉需要安排专人跟进处理流程，时间安排上需要优先处理，其中包含了以下几类紧急投诉情况：

① 重大投诉：指可能或已经对客户感知造成重大负面影响的问题，可能或已经造成媒体大量报道、社会关注、政府干预、诉讼仲裁等严重影响公司正常运营，对公司声誉产生负面影响的投诉。

② 升级投诉：指客户通过上访、来电、传真、信函等方式向集团公司、省公司领导、通管局、工信部、省级以上政府部门、省级以上媒体、省级以上消协以及其他同级别社会团体、省监督热线等进行投诉，且经以上渠道转派的省升级投诉处理中心的工单；以及市公司根据内部流程不能独立处理而上升到省公司协调处理的投诉。

③ 批量投诉：60min 内有超过 10 个普通客户和 5 个 VIP 客户，对同一网络问题或者时限内后台查证影响客户数量超过 10 人的投诉。

④ 重复投诉：客户对于 3 个月以内已经处理完毕并回复归档的同一网络问题进行再投诉。

⑤ 跨区域投诉：需跨省或跨市解决的网络投诉。

⑥ 重要客户投诉：金卡以上级别客户，A 级集团客户及其联系人产生的网络投诉。

⑦ 敏感客户投诉：其他由市公司和客服中心认定的特殊客户产生的网络投诉。

三、用户投诉处理基本原则

1. 首问责任制

受理投诉的始发部门要对整个投诉处理过程跟踪负责，并对重大、升级、批量、重复等问题做好分析。受理投诉的始发人对待客户务必不推诿、不怀疑，要勇于处理客户的意见。

2. 预处理原则

服务一线对接到客户特殊诉求，必须按照公司规定的应答技巧及相应的承诺原则进行预处理，杜绝因服务态度问题激化投诉升级。

3. 逐级处理，逐级上报原则

对出现的重大投诉必须采用逐级处理，逐级上报原则。服务一线对接到的客户投诉按照公司相应的流程进行处理，如属于重大投诉，须逐级上报并按要求填写重大投诉处理申报表。各级投诉处理机构的第一负责人必须对客户投诉高度重视，督促本部门严格按照流程进行重大投诉的处理工作，并为投诉处理的有效实施确定和调配管理资源，杜绝出现推诿到其他界面。

4. 及时申报原则

一旦出现各类重大投诉情况，应按相应的时限尽快通报投诉处理的各级部门，以便在最短的时间内最快速地处理好客户的投诉。

5. 信息准确性原则

各级报告人须保证上报信息的及时性、有效性和准确性，并保持联络渠道的畅通。

四、用户投诉信息处理流程

网络优化人员在接到无线网络运营服务台下发的投诉处理单后，所要做的工作主要分为以下几个方面。

① 确定具体投诉地点。确定具体投诉地点目的在于提高投诉处理的及时性和准确性，具体要做的工作有：确定投诉地点准确的地理位置，查看投诉地点周围基站分布情况，确定周围基站是否存在硬件故障，核查投诉地点周围站点和历史告警信息。

② 查看历史投诉统计。确定是否之前该区域也有类似投诉，若存在类似投诉，建议查看相关日志文件或作 DT 测试进一步定位问题。若不存在类似投诉或者投诉问题，则为新问题（和历史投诉统计相对比而言），建议查看相关日志文件并继续观察。

③ 用户相关信息确认。应进一步和投诉人确认投诉问题类型，问题发生的时间，场景，业务类型，投诉人所使用的手机型号，主、被叫号码，问题发生频率，用户行为等信息内容，并做详细记录，这对后续问题定位、分析、给出合理的网优解决方案很有帮助。

任务实施

投诉信息采集 1

第一步：投诉应答及信息记录。

现场投诉应答，与投诉客户沟通，准确获取投诉问题信息。具体应答过程，可参考以下规范。

（1）应答客户投诉电话　在电话联系客户时要求：主动表明身份，拨通电话听到客户应答后以“您好，我是移动（电信、联通）公司网络投诉处理人员，您在 × 月 × 日反映的 ×× 网络问题由我来负责为您处理”开始，根据客户的语言习惯，正确使用普通话或方言，了解客户投诉信息时按照“请问可否占用您一点时间了解一下具体情况？”的口径征求客户意见，客户同意后再继续询问。与客户交谈时应注意服务礼节，宜多用“您”“请问”“麻烦您”“谢谢配合”“谢谢理解”等礼貌用语。应答客户投诉电话过程全程录音。

（2）确定客户投诉问题　根据客户投诉问题，分类别进行问题解释：

① 非网络问题：如远程判断是终端操作、SIM 卡等非网络问题，可远程指导客户进行终端重启、换机换卡、开通 VoNR 等操作。

通话回复规范参考：您好，经查询您所在区域的网络正常，您反映的问题经初步判断是由 ×× 问题引起，建议您重启（换机换卡等）后继续观察使用，如再有其他问题可直接联系我处理，我们将尽全力为您解决问题，谢谢！

② 已知网络问题：若确定客户投诉为已知网络问题，且问题已在处理中，须远程告知网络问题原因及解决时限。

通话回复规范参考：您反映的问题是由附近（××）基站突发故障引起的，影响通话 / 上网业务，我处已派技术人员到现场处理，在此期间给您带来不便请谅解，问题预计于 ×× 时间恢复，故障处理完成后我处人员会第一时间与您联系确认结果。

③ 未知问题：针对远程无法定位的客户感知劣化原因，需与客户预约时间，进行现场测试和处理。

通话回复规范参考：给您带来的不便表示歉意，您反映的问题我处已详细记录，我们将安排专人到现场进行测试处理，请您保持电话畅通，现场处理工作人员稍后将与您联系确认上门处理时间。

（3）记录客户投诉问题　联系客户时，须详细准确记录客户网络问题现象，关键点为网络问题发生地点、时间、感知情况描述等。

第二步：现场采集确认用户投诉信息。

收到用户投诉后，应该去现场进行网络核查，确认问题。现场网络优化人员在进行现场网络测试时，要结合投诉地点实际情况，参考投诉点周围无线环境，进行全面的、详尽的测试。

在投诉现场测试前，要先了解投诉点周围无线环境，观察投诉地点周围是否有高层阻挡、是否有室内分布（室内投诉）、是否有可能产生强电磁场干扰的企业存在、是否有军事机构和政要机关。在现场拨打测试过程中，现场投诉处理人员要拿起测试手机，听一听通话效果，看是否有杂音、语音断续、语音模糊、单通（主叫听不到被叫声音、被叫听不到主叫声音），观察视频播放是否流畅，视频是否存在较长缓冲，打开主流网页是否存在延迟等现象，并对出现的语音和数据业务问题详细地进行记录。

现场处理流程规范：现场投诉处理核查时，应以客户诉求为先，遇到问题积极与客户进行沟通，协商解决。

现场核实步骤：现场测试之前需预约，采集之前需准备，现场核实操作规范，测试结果告知。

（1）现场信号测试　接到现场处理需求后，现场投诉处理人员在 2 小时内电话联系客户（原则上不在休息时段联系客户）进行上门处理时间预约，客户如未接电话，须发短信预约（如：尊敬的客户，针对您前期反映的网络问题，我公司将安排工作人员为您进行上门测试服务，但由于您电话无人接听，我们无法确认上门时间，若您看到短信时，故障仍未恢复，请及时与号码 ××××××××××× 进行联系，我们将安排工作人员为您服务）。

（2）现场采集核实准备　现场数据采集人员应带齐测试相关器材、工具等装备；仔细检查和确认设备齐全、电量充足、正常使用；工具箱包应便于携带、整洁，工具配备齐全。

（3）现场核实操作规范

① 现场数据采集人员应遵守与客户约定的具体登门时间，同时建议可提前 15 分钟到达，对现场无线环境进行初步勘查了解；

② 现场数据采集人员上门测试前，先向客户出示身份证明，说明来意和需求（如：需进入客户房间、办公区等需求），取得客户同意后再进门。

（4）测试结果告知

① 现场数据采集工作完成后，应由现场数据采集人员告知客户，并且邀请客户进行现场网络确认。

② 现场数据采集人员应首先感谢客户配合测试工作，并对网络问题给客户带来的不便表示歉意。

③ 简要地向客户介绍本次测试情况，如现场数据采集中所有测试项均未见异常，应现场邀请客户一同进行复测，待客户确认使用及感知无问题后，客户进行满意评价。

④ 如现场数据采集发现网络问题，现场处理人员应详细记录问题原因。若出现暂时无法解决的网络盲点问题，应向客户进行解释，尽力取得客户谅解；对于故障、干扰、参数调整等问题，须告知客户网络实际情况及处理时限，并及时跟进处理进度。

第三步：定位处理投诉信息。

在现场测试完成后，网优人员应结合投诉点周围无线环境着重关注投诉点实际网络覆盖情况，如果发现投诉点实际网络覆盖的确很差，同时，也已经排除终端和手机卡造成手机无法正常使用的可能，从而可以肯定导致手机无法正常使用的根本原因是网络。

在定位处理问题的过程中，不能只根据表面现象粗略定位，要从本质上对问题进行定位处理，例如：网络覆盖差，是因为投诉点处于基站覆盖边缘导致网络覆盖差，还是投诉点本身就是覆盖盲区；是因为导频污染导致网络覆盖差，还是因为存在外界干扰导致网络覆盖差；是因为高楼阻挡导致网络覆盖差，还是因为没有室内分布导致覆盖差等。

宏站弱覆盖的原因与系统许多技术指标，如系统频率、灵敏度、功率等有直接的关系，还与工程质量、地理因素、电磁环境等也有直接关系。一般系统的指标相对比较稳定，但如果系统所处的环境比较差，维护不当，工程质量不过关，则可能会造成基站的覆盖范围减小。天线的方位角、下倾角发生变化，天线进水，馈线损耗等也会对覆盖造成影响。应注意天线的分布和测试点的安排。

室分常见的问题有：①弱覆盖，常见的原因有：驻波比高，主设备工作异常，无源器件故障，规划不合理等；②泄漏，主要原因有：外部干扰，施工质量或负载过大及干放影响形成的内部干扰；③切换不合理，常见原因有：邻区规划不合理，切换参数设置不当；④数据业务速率低，可能原因：传输故障，传输配置较低，上行干扰等。针对以上这些问题要有针对性的优化，要看是什么原因造成的，从根本上解决它。

对于现场难以定位的网络问题，应该联系网管后台人员进行协助处理，根据实际测试情况，确定是否需要网管后台跟踪信令、确定是否需要网管后台更改参数、确定是否需要网管后台添加邻区等，同时还可以将现场测试情况简洁明了地对网管后台人员做一个汇报，这样可以提高问题定位的准确性。

现场定位问题对投诉处理人员的理论基础、工作经验以及数据分析能力要求较高，这就要求投诉人员在平时的工作当中多交流、多讨论，同时，注重理论知识的学习和工作经验的积累。

第四步：反馈沟通投诉处理结果。

投诉处理后，无论是否解决客户的投诉问题，都要在约定时间期限内与用户及时沟通，做好投诉问题反馈。

应答沟通过程可参考以下不同情况下的规范，根据网络问题解决情况，可分为不同场景应答。

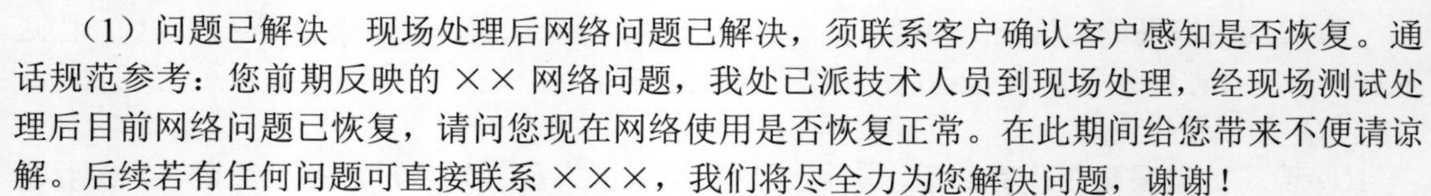

微课扫一扫

投诉信息采集2

（1）问题已解决　现场处理后网络问题已解决，须联系客户确认客户感知是否恢复。通话规范参考：您前期反映的 ×× 网络问题，我处已派技术人员到现场处理，经现场测试处理后目前网络问题已恢复，请问您现在网络使用是否恢复正常。在此期间给您带来不便请谅解。后续若有任何问题可直接联系 ×××，我们将尽全力为您解决问题，谢谢！

（2）短期可以解决　对于暂时未恢复但短期内可以解决的网络问题纳入投诉处理后跟踪，做好客户解释与安抚工作，告知客户网络问题原因及解决时限，尽力取得客户的谅解，问题恢复后须电话告知客户。通话回复规范参考：

① 故障。您反映的信号问题是由附近 ×× 基站突发故障引起的，影响通话 / 上网业务，我处已派技术人员到现场处理，网络预计于 ×× 时间恢复，在此期间给您带来不便请谅解。故障处理完成后我处人员会第一时间与您联系确认结果。期间有任何问题可直接联系 ×××，我们将尽全力为您解决问题，谢谢！

② 干扰。您反映的问题经核实为由于 ×× 学校考试开启干扰器，此干扰器对我公司基站信号干扰严重，导致周围用户无法正常拨打电话上网，待学校考试结束后（××× 时间）关闭干扰器，信号将恢复正常，给您带来的不便敬请谅解。期间有任何问题可直接联系 ×××，我们将尽全力为您解决问题，谢谢！

③ 基站临退、搬迁、闭站保障。您反映的问题经核实为由 ×× 原因导致基站临退、搬迁影响您通话 / 上网业务，我公司已在积极协调解决中，在此期间给您带来不便请谅解。期

间有任何问题可直接联系 ×××，我们将尽全力为您解决问题，谢谢！

（3）短期无法解决　若现场处理人员反馈网络问题短期无法解决（如弱覆盖），分公司应至少每月定期对问题处理进展进行跟踪，进行客户关怀，倾听客户需求。通话回复规范参考：

① 基站建设中。您反映的区域，我们已进行了全面测试，确实存在局部区域存在弱覆盖现象，我处已对附近基站进行网络优化调整，且已经在周围针对弱覆盖区域开展了基站建设工作，目前信号覆盖工程正在积极实施推进，预计于 ×× 时间建成开通，鉴于施工周期原因，请您再耐心等待一段时间，等基站开通，我处会第一时间与您确认改善情况。期间有任何问题可直接联系客服，我们将尽全力为您解决问题，给您带来不便敬请谅解。

② 协调问题。您反映的信号覆盖问题，我们已经制定了信号覆盖提升方案，但物业由于 ×× 原因不同意建设，目前我们正在积极地协调中，协调难度较大，如您方便也可向物业反映协助我们协调建设工作的开展，后期我们也会密切关注协调进度，如有进展会向您汇报。期间有任何问题可直接联系 ×××，我们将尽全力为您解决问题，给您带来不便敬请谅解。

③ 基站拆迁。经核实，由于附近 ×× 基站因 ×× 原因，我公司多次协调无果，基站被迫拆除，造成周边区域信号覆盖下降，影响正常通话。为给您提供优质的网络，我处已经制定了 ×× 基站规划措施，积极进行替代站的建设，目前该项目正在积极地建设中，我们将加快建设的速度，争取早日完成此处的覆盖，如有进展会向您汇报。期间有任何问题可直接联系 ×××，我们将尽全力为您解决问题，给您带来不便敬请谅解。

④ 密集居民区。虽然我公司已在该区域（基站具体建设位置）附近建设了 × 个基站，但由于（具体投诉地点）楼宇较为密集，信号阻挡严重，部分区域信号改善不是很大，以及部分居民对于辐射问题过于敏感，我公司无法在最理想的位置安装设备，只能在一些公共区域楼顶建站（在居委会或物业的同意之下），我公司还会继续在周边加大建设力度，由于居民区密集，建设难度较大，现难以预计具体建站时间，但是我们也会不断地努力去解决，如有进展会向您汇报。期间有任何问题可直接联系 ×××，我们将尽全力为您解决问题，给您带来不便敬请谅解。

⑤ 农村客户稀疏区域。虽然我公司已在该区域（基站具体建设位置）附近建设了 × 个基站，但由于（具体投诉地点）区域较大，可建设基站的位置距离较远，部分区域信号改善不是很大，后期我公司还会继续在周边加大建设力度，争取早日改善此处信号覆盖。期间有任何问题可直接联系 ×××，我们将尽全力为您解决问题，给您带来不便敬请谅解。

⑥ 单点弱覆区域暂不解决。您好，您反映的区域我们已经安排工作人员进行了全面的测试，经现场确认，此处大部分区域可正常使用，小部分区域（如卫生间、厨房等）因建筑密集，互相阻挡，信号衰减严重，为提升您的使用体验，建议您到信号较好区域使用，给您带来不便敬请谅解。

第五步：填写用户投诉信息表。

用户投诉信息单如表 2-12 所示。

表 2-12　用户投诉信息单实例

<table>
<tr><td colspan="7">用户投诉信息单</td></tr>
<tr><td colspan="7">投诉单号：</td></tr>
<tr><td rowspan="2">投诉人信息</td><td>姓名</td><td></td><td>e-mail 地址</td><td></td><td>联系电话</td><td></td></tr>
<tr><td>投诉日期</td><td>年　月　日</td><td>工作单位或家庭地址</td><td></td><td>邮政编码</td><td></td></tr>
</table>

续表

投诉内容	投诉时间	
	问题发生时间	
	问题发生地点	
	投诉手机号	
	投诉手机型号	
	投诉内容	信号不稳定、无信号、语音模糊、语音断续、通话有杂音、单通、难以接入、无法被叫、掉线、数据业务上网速率低等情况
	投诉人数	
	问题覆盖范围	
受理	承办人	
	受理时间	
	处理建议 / 方法	
	处理结果	

任务拓展

案例 1　无线网络弱覆盖投诉处理回复

用户投诉内容：延安用户，自 20×× 年 05 月至今，在延安市安塞区韩家营乡 001 号无法正常使用，信号为 0 格，主叫提示“无法连接”，被叫提示“无法接通”，周围用户使用情况相同，用户要求尽快恢复正常使用，请核查处理。

问题定位：移动网络质量＞网络覆盖问题（现场测试确定）＞弱覆盖＞ 4G 业务＞本地通话业务。

规范回复：局方原因弱覆盖，前期对该处进行过 DT 测试，接收电平小于 −95dB；用户所在地为谭家营乡向大佛寺方向二道河村，刚好被山体遮挡住，网络信号较弱；20×× 年规划建站，建议用户关注使用。

处理人：×××；电话：××××××

案例 2　基站正常，测试正常类投诉处理回复

用户投诉内容：自 20×× 年 11 月 24 日至今，在延安市市中心枣园无法正常使用，信号满格，主叫提示“自动串线”，被叫提示“正常”，周围用户情况不详，换机无效，用户要求尽快恢复使用，请核查处理。

问题定位：第三方问题＞网络查无问题（现场测试确定）＞测试正常＞ 4G 业务＞本地通话业务。

规范回复：非局方原因，测试正常；通过投诉区域现场人员现场拨打测试，通话正常，没有出现用户投诉的类似问题；经核查，用户投诉区域基站运行正常，网络状况良好。建议用户到手机卡所在地核查手机卡数据。

处理人：×××；联系电话：××××××。

案例 3　室内无覆盖类型投诉处理回复

用户投诉内容：延安用户（敏感）反映自 20×× 年 11 月 1 日至今时，在陕西省延安市志丹县十字街移动营业厅对面广场地下室负一层无法正常使用语音业务，信号格为 1 ～ 2 格，主叫提示“无法连接”，被叫提示“无法接通”，周围用户情况相同，已向用户耐心解释，用户要求及时解决，请核查处理。

问题定位：移动通信质量＞网络覆盖问题＞室内无覆盖＞ 4G 业务＞本地通话业务。

规范回复：局方原因室内无覆盖；通过现场测试，接收电平小于 −90dB，该处属于室内弱覆盖；通过联系用户核查，用户称该商场近期才开业；已向住房和城乡建设部建议规划建站，住房和城乡建设部称已规划到明年工程中；建议用户继续关注使用！

处理人：×××；联系电话：×××××

任务测验

（1）投诉处理原则有哪些？

（2）收到用户投诉时，需要收集哪些信息内容？

（3）现场问题定位时，常见的导致网络覆盖较差的问题有哪些？

（4）反馈客户投诉信息时分为哪些应答情况？

项目总结

本项目介绍 5G 网络信息采集的方法，重点讲解 5G 网络室外、室内、投诉信息采集的方法。

通过实训项目，掌握 5G 网络信息采集的内容，学完本项目后能根据网络规划、优化的要求完成现场信息收集、勘测任务，并输出相应的报告，支撑后台规划、工程实施方案的制定。

本项目学习重点：

- 基站室内需要收集的相关信息，仿真软件基本操作；
- 基站室外需要收集的相关信息，仿真软件基本操作；
- 投诉信息收集，与投诉客户良好沟通，投诉故障反馈应答。

本项目学习难点：

- GPS、坡度仪等测量工具使用；
- 指南针、测距仪等测量工具使用；
- 故障问题定位分析。

赛事模拟

【节选自 2022 年 ×× 省“全国通建维竞赛——信息通信网络运行管理员”赛项样题】

根据任务说明，在网优仿真实训系统上完成 5G 网络信息采集任务，包含两个子任务：

（1）完成室内环境信息采集子任务，按照要求采集基站经纬度信息、传输速率、基站输入电压、机房配套设施等信息，并正确填写。

（2）完成室外环境信息采集子任务，按照要求采集天线挂高、扇区方位角、俯仰角等信息，并正确填写。

练习题

1. 画出 5G 网络信息采集的知识结构图。
2. 简要说明机柜布置需满足的要求。
3. 列出 5G 基站 BBU 设备主控板的功能。

4. 列出5G基站BBU设备基带板的功能。
5. 列出5G基站BBU设备环境监控板的功能。
6. 列出5G基站BBU设备电源模块的功能。
7. 列出5G基站BBU设备风扇模块的功能。
8. AAU由天线、滤波器、射频模块和电源模块组成，简述以上各部分功能。
9. 简述NSA和SA两种5G组网模式的基本概念。
10. 基站室外信息的采集主要包括哪些内容？
11. 写出室外信息采集前需要准备的硬件工具及其作用。
12. 天面信息采集有哪些要点？
13. 激光测距仪如何使用？
14. 写出投诉的分类。
15. 列出投诉处理的基本原则。

项目三
5G 网络测试

项目引入

在无线网络建设初期，移动通信网络质量往往不能满足规划设计的要求。在移动通信网络运行过程中，网络环境发生变化，比如：语音和数据用户的数量增长较快，致使现有的网络性能指标下降；城市环境不断变化（高层建筑增多等），导致通信网络局部区域覆盖情况变差等。网络环境发生变化使得建设初期设计的网络不能满足当前环境的需要，这时就需要对通信网络不断地进行优化并做出相应的调整。

网络测试是反映网络中存在问题的最基本手段，古人云：工欲善其事，必先利其器。该项目主要介绍 DT（Driver Test，路测）和 CQT（Call Quality Test，呼叫质量测试）的测试流程以及测试中常见的异常问题处理思路。通过完成本项目学习，能够掌握无线网络测试流程、测试软件及相关工具的使用以及后台测试数据分析，可以独立完成网络测试环节的工作。在进行网络测试的过程中有严谨认真的科学态度，测试完毕后如实完整保存数据，为后期进行优化工作中分析数据、调整参数做准备。

本项目的学习内容对应 5G 网络前台测试工程师、5G 网络后台测试分析工程师中级岗位。

项目目标

1. 岗位描述

（1）负责网络 DT 测试，测试数据收集，测试数据分析，优化方案制定、实施及效果验证；
（2）负责网络 CQT 测试，测试数据收集，测试数据分析，优化方案制定、实施及效果验证；
（3）负责 5G 网络 VIP 场景质量评估工作；
（4）负责 5G 全网质量的评估测试；
（5）负责 5G 网络单站验证工作；
（6）负责 5G 网络簇优化中的测试分析工作；
（7）负责 5G 网络专项优化中的测试分析工作；
（8）负责投诉问题处理中的现场测试分析工作。

2. 知识目标

（1）掌握 5G 网络 CQT 测试的方法；
（2）掌握 5G 网络 DT 测试的方法；
（3）掌握 5G 网络测试数据分析的方法；
（4）掌握 5G 网络测试问题优化方案的制定；
（5）掌握 5G 网络测试问题优化方案的效果验证。

3. 技能目标

（1）熟练使用测试设备、测试软件完成 CQT 测试；
（2）熟练使用测试设备、测试软件完成 DT 测试；
（3）掌握测试数据采集、分析的方法；
（4）能够按照项目要求输出合格的测试分析报告；
（5）能通过测试手段对网络质量进行评估。

4. 素质目标

（1）培养学以致用的能力，具有在实际工作中独立思考解决实际问题的能力；
（2）具有灵活的头脑，良好的沟通能力；
（3）具有语言文字表达能力和报告写作能力；
（4）培养形成规范的操作习惯，养成良好的职业行为习惯。

知识及技能图谱

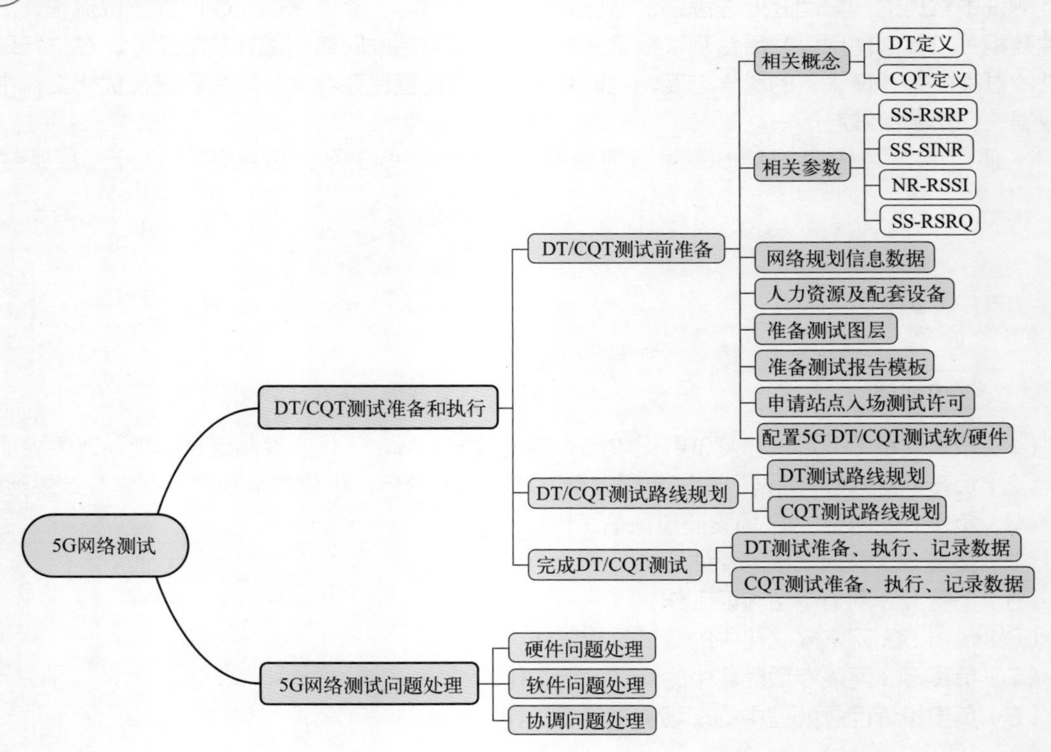

任务一 DT/CQT 测试准备和执行

任务描述

DT 和 CQT 是通信网络中处理和分析存在的问题的重要手段，那它们分别是什么呢？具体执行之前应该准备哪些工具和数据呢？具体的测试应该关注哪些参数呢？通过本任务的内容来更进一步地了解吧！本次任务需要完成 DT 测试和 CQT 测试，具体包括以下：

（1）做好 DT/CQT 测试前的准备，包括需要获取的相关信息，测试中所涉及的测试工具的申请和准备，需要申请的相关许可；

（2）合理制定测试计划及测试路线；

（3）熟练使用 DT/CQT 测试所需工具；

（4）按照 DT/CQT 的具体规范测试步骤采集测试数据；

（5）保存 DT/CQT 的测试数据。

相关知识

5G DT 测试前准备

5G CQT 测试前准备

一、测试相关概念

（1）DT 定义　DT（Driver Test）通常也称为路测，是在行驶中的测试车上借助专门的测试设备来对移动台的通信状态、收发信令和各项性能参数进行记录的一种测试方法。

（2）CQT 的定义　CQT 测试（Call Quality Test）即呼叫质量测试，主要用来检验网络性能，往往在正式测试之前会对测试结果有一个明确的要求。CQT 测试是指针对预先定义的重点区域分别进行拨打测试，感受实际业务情况，根据相应的验收标准对业务接通、掉线、业务质量等多项指标进行考核。

二、测试相关参数

1.SS-RSRP

SS-RSRP 是衡量系统无线网络覆盖率的重要指标。SS-RSRP 是一个表示接收信号强度的绝对值，一定程度上可反映移动台距离基站的远近，因此这个 KPI 值可以用来度量小区覆盖范围大小。RSRP 是承载小区参考信号的 RE 上的线性平均功率。

KPI 计算公式：设定 SS-RSRP 的门限为 A，则 SS-RSRP 的覆盖指标为路测过程中 SS-RSRPZA 的点数之和与总的路测统计点数之和的百分比。计算之前首先排除测试中的异常点，异常点指的是 SS-RSRP 的取值远远超出正常范围之外，通过路测获取数据。

2.SS-SINR

SS-SINR 指 UE 在 SSB 信道上测量的载干噪比，是指示信道质量的关键指标之一。SS-SINR 在终端定义为 SSB 有用信号与干扰（或噪声或干扰加噪声）相比强度，由 UE 测量得到，通过路测获取数据。

3.NR-RSSI

NR-RSSI 是 NR 载波接收信号强度，它是测量周期内某些 OFDM 符号中接收到的总接收功率（W）线性平均值；在测量带宽中包括同信道服务和非服务小区、邻接信道干扰、热噪声等总共超过 N 个资源块；NR 载波 RSSI 的测量时间资源被限制在 SS/PBCH 块测量时间配置（SMTC）窗期内。3GPP 协议中规定终端上报测量 NR-RSSI 的正常范围是［−90dBm，−25dBm］，超过这个范围，则可视为 NR-RSSI 异常。NR-RSSI 是否正常，对通话质量、掉线、切换 、拥塞以及网络的覆盖、容量等均有显著影响。NR-RSSI 过低（RSSI ＜ −90dBm ）说明手机收到的信号太弱，可能导致解调失败；NR-RSSI 过高（RSSI ＞ −25dBm）说明手机接收到的信号太强，相互之间的干扰太大，也影响信号解调。

4.SS-RSRQ

SS-RSRQ 是辅同步信号质量，决定系统的实际覆盖情况。它是 N×SS-RSRP/NR 载波的 RSSI 比值，其中 N 是 NR 载波 RSSI 测量带宽中的资源块数。分子和分母的测量应在同一组资源块上进行。SS-RSRQ 值随着网络负荷和干扰发生变化，网络负荷越大，干扰越大，SS-RSRQ 测量值越小。

任务实施

通过学习路测的基本知识，能够独立完成软件安装，设备连接调试、测试中所涉及的测试工具的申请和准备，结合客户的要求合理地制定测试计划及测试路线，申请相关许可以及最终的测试数据采集任务执行。

第一步：准备 5G DT/CQT 测试。

（1）网络规划信息数据

① 基站规划信息表（站点编号、MCC、MNC、TAC、经纬度、天线挂高、方位角、下倾角、发射功率、频率信息、PCI、ICIC、PRACH 等）；

② 邻区关系表、仿真报告、FTP 服务器登录信息。

（2）人力资源及配套设备

① 测试工具，如电子地图、测试软件、测试终端、测试配套工具（GPS、电源逆变器、扫频仪）、测试内网服务器；

② 测试车辆、网优人员、塔工等客户接口人联系方式（如遇特殊场地需要协调入场进行测试）。

（3）准备测试图层

① 基站分布图层 Mapinfo ；

② 道路分布图层：高速路、桥梁、国道、省道、交通灯、村庄等。

微课扫一扫

5G DT 测试软硬件配置

（4）准备测试报告模板　获取客户已确认的测试模板。

① 首先进行簇优化。簇优化是工程优化的最初阶段，将整个网络分为若干个区域，分簇进行网络优化。簇优化阶段的主要工作包括如下几个方面：覆盖优化、干扰优化、切换优化、性能优化、告警故障发现等。

② 报告应该包括含网络优化方案实施前后对比，以及根据存在的问题提供的优化建议，具体的指标和参数最终以客户确认的为准。

微课扫一扫

5G CQT 测试软硬件配置

③ 在完成拉网测试和对比测试之后要输出测试报告，并就所优化的项目内容对客户进行总结汇报。

（5）申请站点入场测试许可　按照测试计划，提前向客户申请用于 CQT 测试的入场测试许可，内容涉及测试人员名单、测试时间段、工作证等。

第二步：配置 5G DT/CQT 测试软 / 硬件。

测试常用工具如表 3-1 所示。

表 3-1 测试设备清单

工具分类	设备名称
硬件	GPS 吸顶天线
	测试手机和数据线
	用于测试的 SIM 卡（4G/5G）
	笔记本电脑
	扫频仪（可选）
	车载逆变器
	测试车辆
软件	路测前台采集软件＋加密狗
	路测后台分析软件
	FTP 软件
	谷歌地图图层（站点分布、街道、桥梁、交通灯、高速等）

测试工具软件中的路测前台采集软件需要在路测开始前在测试电脑中安装完成，并持续运行记录数据如图 3-1 所示。

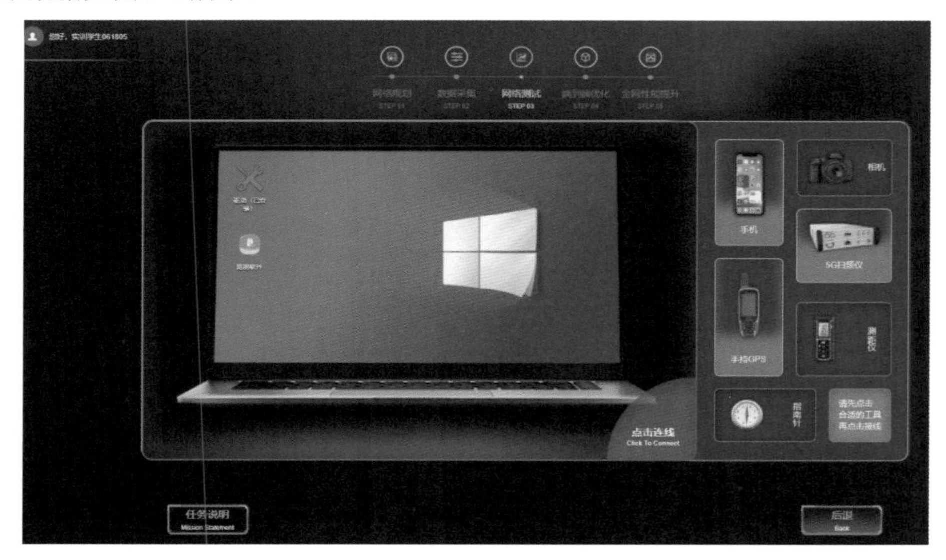

图 3-1 软件安装

第三步：5G DT 测试。

（1）划分测试站点区域原则

微课扫一扫

5G DT 测试
数据采集阶段

① 对于 DT 测试，测试路线应该覆盖簇内所有开通的站点。如果测试区域内存在主干道或高速公路，这些路线也需要被选择作为测试路线。如果基站簇边界的站点属于孤岛站点，也就是说相邻基站簇没有站点能够提供连续覆盖，那么在这些站点附近的测试路线应该选择 RSRP 大于 −100dBm 的路线。

② 测试路线应该经过与相邻基站簇重叠区域，以便测试基站簇交叠区域的网络性能，包括邻区关系的正确性。测试路线应该标明车辆行驶的方向，测试路线尽量考虑当地的行车

习惯。测试路线需要用Mapinfo的TAB格式保存，以便后续进行优化验证测试时能保持同样的测试路线。

③ 影响测试路线设计的一个重要因素就是簇内站点的开通比例。测试路线在设计时需要尽量避免经过那些没有开通站点的目标覆盖区域，尽量保证测试路线有连续覆盖。实际情况下，路测数据会包含一些覆盖空洞区域的异常数据，直接影响覆盖和业务性能的测试结果。对于这些异常数据，在对路测数据进行后处理分析的时候需要滤除。

（2）规划DT测试路线　DT路测是一种反映网络的性能和运行状态的手段，因而在测试开始前应设计好测试路线，使得测试结果能够尽量准确地反映网络实际情况。一般遵循以下原则：

① 路测线路可以选择一条或者多条；

② 穿越尽可能多的基站；

③ 包含网络覆盖区域的主要道路，由于测试路线具有方向性，测试时应沿相同方向进行，并在主要道路上进行来回两个方向的测试；

④ 在测试路线上车辆以不同的速度行驶；

⑤ 穿越小区间的切换区域；

⑥ 路线包含用户投诉较多的区域。

（3）执行5G DT路测数据采集　确认所有测试设备均已连接完成，确认测试手机已经打开，运行路测前台软件进行相关调试，确保测试设备能够正常连接，如图3-2所示。

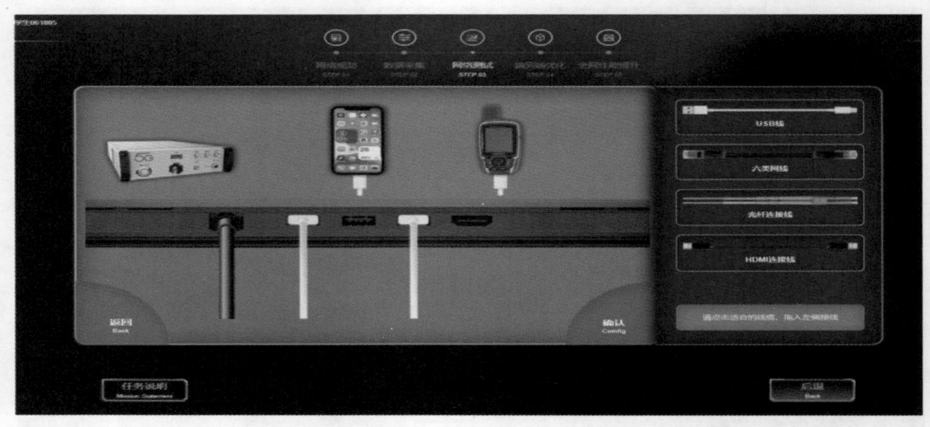

图3-2　测试设备连接

确认GPS连接状态和卫星接收状态，是否能够正常在地图上打点。

正确配置相关测试任务，如图3-3所示，并确认测试计划可以顺利执行，测试路线开始进行测试任务。

DT测试无须进行其他设置，只需打开FTP下载业务，同时按照要求进行移动测试即可，软件会以每秒1个点的频率进行打点。测试完成后，按照测试任务进行DT测试，log命名如图3-4所示。

设置完FTP后，即可启动测试。FTP上传测试首先要启动GPS，应确保终端GPS开关已经打开。

填写测试站点的站名、测试小区号、测试小区PCI，填写完成的测试条目。

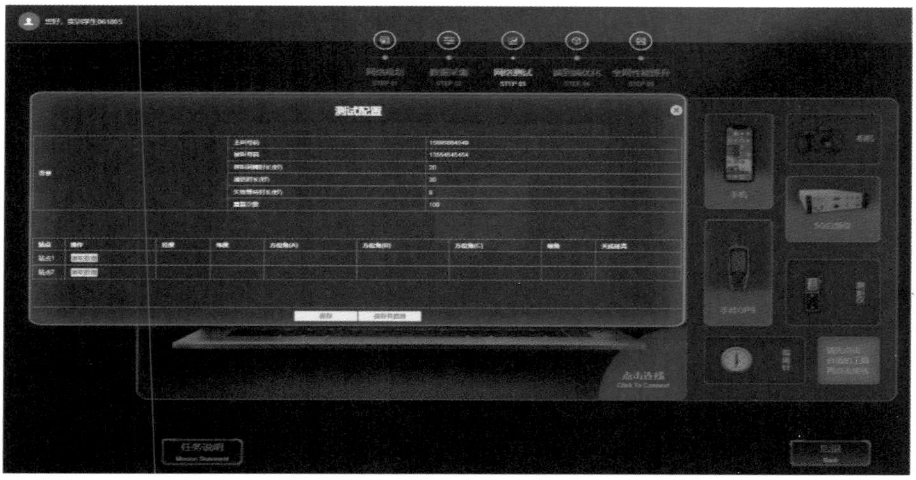

图 3-3　创建测试任务

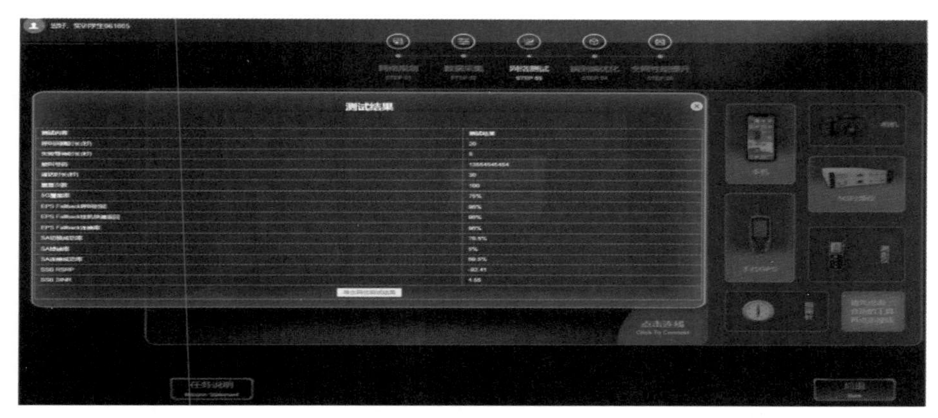

图 3-4　保存测试 log

（4）记录 DT 测试数据结果　测试人员在测试过程中，需要确认测试设备运行状态和记录异常问题相关信息，采集过程中如果遇见突发的测试设备中断、故障或者异常问题，需要及时停止路测，重新调整设备配置，在确认设备连接正常的情况下，再重新开始 DT 测试。

在测试过程中出现的异常问题，应记录下事件发生的时间、地点和现场的一些情况，以便优化人员在后续的数据信息分析过程中规避异常点。

在测试过程中如果连续出现异常问题，需要及时联系后台优化人员，排查原因。

全部完成测试后，先停止测试终端的业务，再停止测试记录，确保测试采集数据的完整。测试完成后确认采集数据的有效性，并及时将测试数据和异常事件信息传递给后台优化分析人员。

在 NSA 组网下，DT 数据采集除了 5G 的数据，还需要采集 LTE 数据，例如 RSRP、SINR 等 4G 的常见指标。

关注 SN 添加、NR 变更成功率、SN 建立时延等切换指标。

微课扫一扫

5G CQT 数据采集阶段

第四步：5G CQT 数据采集。

（1）划分 CQT 测试场景及规划 CQT 测试线路　CQT 测试分为室内室外两种场景。

① 对于室外站点，需要获取待测试站点列表和工程参数，确定站点运行正常无告警，在每个扇区下进行业务拨打测试。

② 室内站点的 CQT 测试需要提前获取站点信息、pRRU 在楼层内部分布地图，确定站点运行正常无告警后，在各个楼层内部，按照天线分布位置进行打点业务测试。

进行 CQT 测试线路规划时要注意，现网中如果要加载在线地图（电脑必须能上网），可在地图上右键导入平面图（室内分布一般是使用建筑物平面图）至前台测试软件中，并手动打点记录测试路线。

（2）拨打测试相关要求

① 测试时间要求：CQT 测试时间段选择非节假日的周一到周五，每日的 9:00 ～ 21:00 时段作为安排测试时段。

② 测试地点要求：CQT 测试主要考虑选择交通枢纽场景如飞机场、火车站和长途汽车站，商业区域场景如商场、超市、宾馆、写字楼和酒店等场所，居民区场景，旅游景点场景，以及客户指定的测试地点。

③ 对于新建基站的 CQT 测试，一般每个扇区要满足近点（−70dBm）、中点（−90dBm）、远点（−105dBm）的测试要求。

④ 测试人员和设备要求：根据 CQT 测试区域场景规模安排人员和测试设备，一般大型场馆区域安排 3 ～ 5 组测试人员，中小型规模场景安排 1 ～ 2 组测试人员，每组人员携带 2 部 CQT 测试手机和测试用 SIM 卡，作为主被叫测试终端设备。

⑤ 现场测试工作要求：对于室外宏站语音业务测试情况，在同一测试点采用两部测试手机之间互相拨测的形式，评估语言呼叫质量，在每个测试点要求做主被叫，各 10 次，每次通话时长不低于 30s，呼叫间隔为 15s 左右，如出现未接通现象，在 15s 后重新拨打。

对于室内点，要求在人员密集的地方拨打，包括了大堂、餐厅、娱乐购物场所、电梯、地下停车场、商务楼层、客房等公共场所；对于有电梯的场所需要进行电梯内测试，并记录标注。对于多层建筑，要求在底层（含地下停车场）、中层和高层三部分进行测试，拨测的位置在测试区域合理分布，避免在一个位置做多次拨测，电梯和地下室要保证至少一次拨测。

对于景点，应在景区主要售票处和游客接待区域进行拨测，记录语言测试过程中主被叫的话音质量情况，如断续、背景噪声、单通、回声和串话情况。对于数据业务测试部分，可以和语音测试同时进行，每个测试点需要完成网页访问速度和时延、FTP 上传和下载速率、PING 包测试等数据业务测试。

（3）FTP 上传下载业务测试要求

① 一般选择大于 1G 的文件，循环测试选择 10 次。

② 超时时间，单位为秒（s）。如果在该设定值内，没有将 FTP 服务器中指定的数据文件完全上传到本地计算机中，则认为 FTP 上传超时。

③ 空闲间隔：本次业务正常完成后与下次业务开始前的时间间隔，单位为秒（s）。

④ 失败间隔：本次业务失败后与下次业务开始前的时间间隔，单位为秒（s）。

（4）测试人员在 CQT 测试之前完成设备准备工作　确认携带安装路测采集软件的笔记本电脑、测试手机和连接线、扫频仪（可选）、GPS、逆变器、地图和路测记录本至测试车辆。将测试手机放在车内后座，GPS 安装到车顶。确认所有测试设备均已连接完成。

确认测试手机已经打开，运行路测前台软件进行相关调试，确保测试设备能够正常连接。

确认 GPS 连接状态和卫星接收状态，是否能够正常在地图上打点。

（5）执行 5G CQT 数据采集　正确配置相关测试任务，并确认测试计划可以顺利执行，根据测试路线开始测试任务。对于语音业务测试情况，采用同一测试点的两部测试手机之间互相拨测的形式，评估语言呼叫质量，在每个测试点要求做主被叫，各 10 次，每次通话时长不低于 30s，呼叫间隔为 15s 左右，如出现未接通现象，在 15s 后重新拨打。对于室内点，要求在人员密集的地方拨打，包括大堂、餐厅、娱乐购物场所、电梯、地下停车场、商务楼层、客房等公共场所。对于有电梯的场所需要进行电梯内测试，并记录标注。

对于 FTP 上传下载业务，在测试选项中，选择主机的文件，本地路径是上传文件的存放路径。

CQT 测试无须进行其他设置，只需打开 FTP 下载业务，同时按照要求进行移动测试即可，软件会以每秒 1 个点的频率进行打点。测试完成后，按照测试任务进行 CQT 测试 log 命名。设置完 FTP 后，即可启动测试。FTP 上传测试首先要启动 GPS，请确保终端 GPS 开关已经打开。log 命名界面分为三部分：

① 备注 1：填写测试站点的站名、测试小区号、测试小区 PCI。

② 备注 2：填写完成的测试条目。

③ 测试人：如实填写。

（6）记录测试结束后的归档信息　需要注意的是，在测试的时候需要查看所接入的 PCI 是正确的，因为，有些站点由于测试位置的限制，可能到达不了最佳覆盖位置，如果在两个扇区切换区域内，就可能出现两个小区的信号来回切换，可适当调整测试位置，也可以通知后台网管，暂时将邻小区的信号闭塞，待业务测试完成后重新放开。

测试结束后将测试信息、测试时间、测试点、测试设备型号、测试卡号、测试人员、语言主被叫质量情况、数据业务质量情况汇总记录后输出相应的场景测试文档，最终将以图表化格式输出测试结果。

任务拓展

学习表 3-2 所示无线网络测试案例。

表 3-2　无线网络测试案例

问题名称及现象概述	【问题名称】 接收到的信号和工参表中的信号不一致 【问题描述】 在测试过程中，发现邻区列表中出现未知 ID 的 PCI 电平
解决方案详细说明	【问题分析】 1. 测试过程中，测试软件接收到多个带有未知小区 ID 的 PCI 信号 2. 重新导入基站列表，问题未解决 3. 联系工程部同步测试区域基站列表，发现该区域客户临时新增了一个规划表之外的站点，但工程部未将信息同步刷新 【解决措施】 更新基站列表，重新导入软件，启动测试，正常识别出未知小区 ID 问题解决

任务测验

（1）DT/CQT 测试前需要准备的工具有哪些？

（2）DT/CQT 测试前需要收集的信息都有哪些？

（3）测试过程中应该重点关注的指标都有哪些？

（4）如何正确连接测试所需要的硬件设备？

（5）测试前需要获取的参数都有哪些？

任务二 5G 网络测试问题处理

任务描述

在现场执行测试的过程中，必然会遇到各种各样的问题，如何快速地分析定位问题呢？不同的问题都有什么样的处理方法呢？本次任务需要完成5G网络测试问题处理，具体包括以下：

（1）处理硬件类问题；

（2）处理软件类问题；

（3）处理协调类问题。

相关知识

通常在网络测试中，会遇到的问题大致分为三类：

① 硬件类问题。一般指测试所用到的测试设备及测试车辆会出现的问题。

② 软件类问题。测试软件及配套软件在测试过程中，会出现的连接异常或数据保存异常情况。

③ 协调类问题。包括测试人员、入场申请、客户配合、项目组内支撑配合等问题。

通过测试问题处理流程，能够了解可能会出现的紧急突发情况，并且对于可能出现的突发情况可以有提前预案，并在实际操作中能够合理合规地处理测试中的异常问题。需要求助时能够及时反馈给具体责任人。

微课扫一扫

5G 网络测试问题处理

任务实施

第一步：处理硬件问题。

① GPS异常问题1：GPS无打点无连接。测试开始前需要在路测软件上检查GPS的打点情况，然后再开始路测任务，连接设备观察GPS采样点是否能够正常输出，如果不能正常输出经纬度位置打点，重新插拔GPS USB端口，并考虑重新安装GPS驱动，并尽量在测试中使用环天（型号BU-353）GPS天线。在使用GPS之前观察USB接口是否生锈，GPS线缆是否有折损（因为一般在测试过程中，GPS天线都是通过车窗吸在车辆外顶部，有时车玻璃会压损GPS天线线缆），设备外观是否完整无破损。

② GPS异常问题2：GPS打点丢失，GPS天线在工作一段时间后突然丢失，不记录打点，然后又恢复正常连接，这样的情况就需要检查一下USB接口和测试电脑的USB端口，是否有连接松动现象。可以替换别的GPS天线进行验证，如果问题复现则是电脑端口问题，如果没有则更换GPS天线。

③ 测试终端异常问题：调试路测软件之前，保证终端已正常开机，手动拨测无异常，主被叫测试终端信号不出现较大偏差问题，并确认测试终端与电脑正确连接，优先排除终端自身故障原因。对于部分特殊终端，如创毅、华为终端要注意安装对应操作版本的终端驱动。由于笔记本电脑的USB端口可能存在异常问题，建议尽量选择多USB端口的笔记本电脑作为测试电脑，避免使用USB扩展接口这种方式减少端口冲突的异常问题。

④ 扫频仪连接异常问题：扫频仪一般使用网线连接笔记本电脑，需要重点关注本地连接的 IP 地址和子网掩码配置是否有按照扫频仪产品手册的要求正确配置，如果未能正确配置测试软件，将无法连接扫频仪设备。同时需要关注扫频仪设备的 GPS 天线和接收天线是否正常连接，外观是否存在破损，端口是否存在进水的问题。

⑤ 车载逆变器故障问题：该设备为路测设备持续供电，如图 3-5 所示，取电位置为车辆的点烟器口，由于测试车辆一般车况都较为老旧，容易因负载设备电流过大导致逆变器出现过载问题，影响测试设备供电，一般情况考虑选择车况较好、公里数较低的测试车辆，逆变器连接点烟器后观察其风扇是否能够正常工作，熔丝状态是否正常，尽量考虑逆变器设备只给一台测试笔记本电脑、测试终端和扫频仪设备供电。

图 3-5 车载逆变器

a. 空载时，车载逆变器指示灯正常，输出电压也正常。但连接负载后就会提示鸣叫声，红灯亮，负载不工作。出现这种问题，是因为使用的电池电量不足，加上负载功率大于电池输出功率，所以电池电压会降到低压保护电路的电压下，逆变器的低压报警与低压保护电路都工作了。这种现象一般表现为：鸣叫声是瞬间的（有的保护电路是自锁的，这样可以保证电池、逆变器、负载不损坏），红灯亮。有些逆变器鸣叫声持续到负载断开。

b. 车载逆变器指示正常，输出电压也正常。但一插上负载就会出现告警声，负载正常工作。这种情况也是使用不当引起的。

使用的电池电量不够，引起低压报警，但电压还未达到低压保护的电压，所以会听到长鸣，但逆变器能正常工作。要处理这种问题的方法有两种：更换电池或减小负载。

还会出现车载逆变器指示正常，输出电压也正常，但一接上负载就持续告警的情况，有可能是所使用的输入线缆截面积过小引起的。这种情况一般出现在对逆变器改装较多时。解决方法是加大输入线缆的截面积。如果是 300 ～ 500W 的用 $6mm^2$ 线，1000W 的要用到 $10mm^2$ 线以上。线缆截面积的大小还与输入线长短有关，如 1000W 用 $10mm^2$ 线，不能长于 50cm，如果要拉长线，那就要用到 $16mm^2$ 以上的线，最长只能是 1m。

第二步：处理软件问题。

① 测试软件异常问题。测试软件往往都存在硬件加密设备，加密设备携带的密钥或者 license 文件都存在时间限制情况。如果密钥或者 license 超时，会导致软件无法正常启动或者测试功能受限的情况，需要及时对密钥或者 license 进行更新处理。

② 测试软件无法连接测试设备。首先确认测试设备正常，并且正确连接到测试笔记本电脑，再次确认测试设备端口配置是否正确，尝试重新插拔连接接口，并尝试重新安装测试设备的相关驱动程序，随后尝试重启软件和笔记本电脑。如果还是无法连接测试设备，则尝试重新安装测试软件、相关的密钥和 license 文件。最后如果仍然无法连接测试设备，考虑更换另一台电脑进行调试。测试软件调试部分就是一个不断地使用排除法的过程，由于该步骤需要较长时间，因此需要测试人员在安排测试任务之前就要完成测试软件和设施设备的连接调试工作，并确认可以正常采集数据。

③ 测试软件无法存储采集的数据。测试软件采集的数据信息与软件连接的测试设备的多少有一定程度的相关性，测试设备越多，对应的测试采集数据存储量就越大，因此在测试之前需要保证测试电脑上有足够的存储空间，保证硬盘中有 10GB 以上的存储空间。

第三步：处理现场协调问题。

（1）项目内部协调事项（包括测试车辆和测试设备等资源协调问题）

① 在收到测试安排之后，测试人员就需要根据测试计划，安排协调车辆和测试设备。

② 由于目前实际测试过程中，要求道路遍历性测试中对于道路渗透率和重复率，以及测试时段有严格的限制，因此需要测试人员提前完成测试区域路线规划工作，对于测试车辆和设备需要提前协调，提前安排。

③ 提前获取工程部接口人信息、网管后台热线电话。

（2）现场事宜协调

① 一般站点场地问题客户侧都有与业主对接的区域负责人，所以在开始测试之前一定要把测试计划同步到对应的客户接口人，以便客户能够提前获取到入场许可。

② 对于在现场遇到业主提出的要求或阻拦，应该第一时间反馈给客户接口人或区域负责人，禁止直接与业主协商，因为测试人员不了解客户与业主签订的合同内容，容易出现过度承诺，可能还会出现客户要测试人员去承担自己承诺的部分，而且这本不是测试人员的责任。所以责任一定要划分清楚，及时沟通，否则做多错多。

任务拓展

学习表3-3所示无线网络测试案例。

表3-3 无线网络测试案例

问题名称及现象概述	【问题名称】 部分道路GPS打点失败 【问题描述】 在DT测试任务中，部分道路路段GPS打点丢失，无数据
解决方案详细说明	【问题分析】 1.GPS信号丢失时，车辆靠边停止，重新插拔USB接口，GPS信号恢复，但是连接不稳定，插拔后仍会出现丢失信号情况 2. 更换GPS备用天线，问题重复出现 3. 检查测试电脑USB端口，发现接口处芯片有脱落翘起现象 【解决措施】 更换USB接口，问题解决 GPS信号连接正常，未再出现丢失现象

任务测验

（1）如何根据测试结果判断问题类型？

（2）如何根据站点、业务类型正确保存测试数据？

项目总结

本项目介绍5G网络测试、测试问题处理、数据分析的方法，重点讲解5G网络DT、CQT测试和数据分析的流程、方法。

通过实训项目，掌握5G网络测试的内容，学完本项目后，能根据项目要求对网络进行评估测试，并针对测试过程中出现的问题进行分析处理。

本项目学习重点：
- 掌握 DT 和 CQT 测试所需要的硬件、软件和准备信息；
- 能够根据测试计划规划测试路线和测试点；
- 使用测试工具完成目标站点的测试内容；
- 测试过程中异常事件的处理方法；
- 软件测试数据导入导出方法。

本项目学习难点：
- 根据测试结果快速实现问题定位，制定问题优化整改解决方案，并进行效果验证；
- 测试关键指标的定义，优化思路。

赛事模拟

【节选自 2022 年 ×× 省“全国通建维竞赛——信息通信网络运行管理员”赛项样题】

根据任务说明，在网优仿真实训系统上完成 5G 网络测试任务，包含四个子任务：

（1）正确安装测试软件、相关驱动程序。

（2）正确选择网络测试设备，并完成设备之间的连接。

（3）完成测试任务的配置以及测试工程数据表的整理。

（4）完成测试任务并统计测试指标。

练习题

1. 画出 5G 网络测试的知识结构图。
2. 写明 DT 的定义及作用。
3. 写明 CQT 的定义及作用。
4. 5G DT/CQT 测试前需要准备哪些内容？
5. 5G DT/CQT 测试路线规划需要注意些什么？
6. 5G DT 测试路测路线选择时需要遵循哪些原则？
7. 简要描述一下在网络测试中，通常会遇到哪几类问题？
8. 在网络测试中，通常会遇到哪些硬件问题，又该如何解决？
9. 什么是 SS-RSRP？
10. 什么是 SS-SINR？
11. 什么是 NR-RSSI？
12. 什么是 SS-RSRQ？
13. 什么是吞吐量？
14. 什么是 CQI？
15. 什么是 MCS？
16. 画出覆盖类问题的处理流程图。
17. 说明弱覆盖主要成因及解决措施。

项目四 5G 网络信息管理

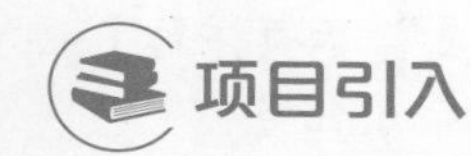

项目引入

5G 网络信息管理系统是对于网络运行状态、网络性能指标、网络参数检查和配置的重要管理系统，本项目通过介绍 5G 网络告警及性能的监控方法，以及与 5G 网络优化相关的无线接入网参数、传输网参数和核心网参数的检查和设置，使得学生完成本项目学习后，掌握 5G 网络运行监控、网络参数检查和网络参数调整等技能。由于 5G 网络信息量非常大，5G 网管系统也较为复杂，因此 5G 网络信息管理工作需要有积极的劳动态度、良好的劳动习惯和较好的动手操作能力来完成，要用耐心、责任心从细微处做好每一项看似平淡、枯燥、艰辛的工作，形成良好的工作习惯。

本项目的学习内容对应 5G 网络日常维护、日常优化工程师岗位。

项目目标

1. 岗位描述

（1）主要负责移动、联通、电信等运营商网络性能监控统计；

（2）对网络 OMC 终端使用熟练；

（3）能够熟练使用勘测或测试软硬件设备，并完成相关测试数据统计工作；

（4）独立对网络硬件性能告警信息进行统计并评估；

（5）对网络规划参数进行检查；

（6）能够修改现网参数。

2. 知识目标

（1）掌握网络拓扑中各类网元名称以及作用；

（2）熟悉网络拓扑结构中相关接口名称及功能；

（3）掌握告警码、告警名称、告警级别和告警类型等；

（4）掌握性能指标的定义、设置规则等；

（5）掌握核心网、无线网相关参数的含义和作用。

3. 技能目标

（1）会使用网管系统查询网络架构中网元、接口状态；
（2）会使用网管系统进行网络监控；
（3）会使用网管系统核查、修改、验证网络参数；
（4）会使用网管系统采集、整理、检索、统计告警并进行评估；
（5）会使用网管系统查看日志；
（6）会使用网管系统进行用户管理。

4. 素质目标

（1）培养勤于观察、艰苦奋斗、持之以恒、敬业爱岗的职业精神；
（2）具有奉献精神、团队精神、科学精神；
（3）具有语言文字表达能力和报告写作能力；
（4）培养形成规范的操作习惯，养成良好的职业行为习惯。

知识及技能图谱

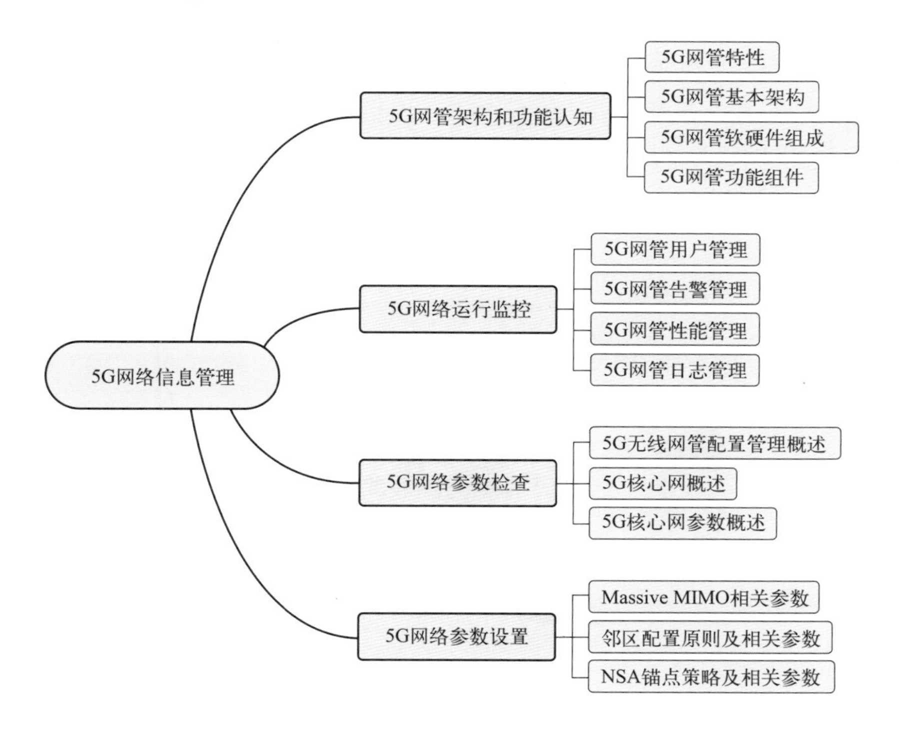

任务一 5G 网管架构和功能认知

任务描述

在 2G、3G、4G 系统，网管的主要功能有哪些呢？除了满足网络日常运行维护、告警管理、参数设置、网络性能监控等传统网络管理功能，针对 5G 网络优化自动化、智能化、远程化的发展趋势，设想一下 5G 网管可以添加哪些新功能呢？本次任务需要完成 5G 网管架构的学习和功能的使用，具体包括以下：

（1）学习 5G 网络基本架构知识；

（2）熟悉 5G 网管软、硬件组成知识；

（3）进入 5G 仿真网管系统了解功能组件。

相关知识

一、5G 网管特性

① 统一网管平台，提供零宕机升级，提升容量和可扩展性。

② Web 方式的用户界面。

③ 统一的 RAN 网络管理（如：4G / 5G 融合）。

④ RAN 网络智能分析。

⑤ 开放的 API 接口 。

⑥ 虚拟化部署。

5G 网管特性，如图 4-1 所示

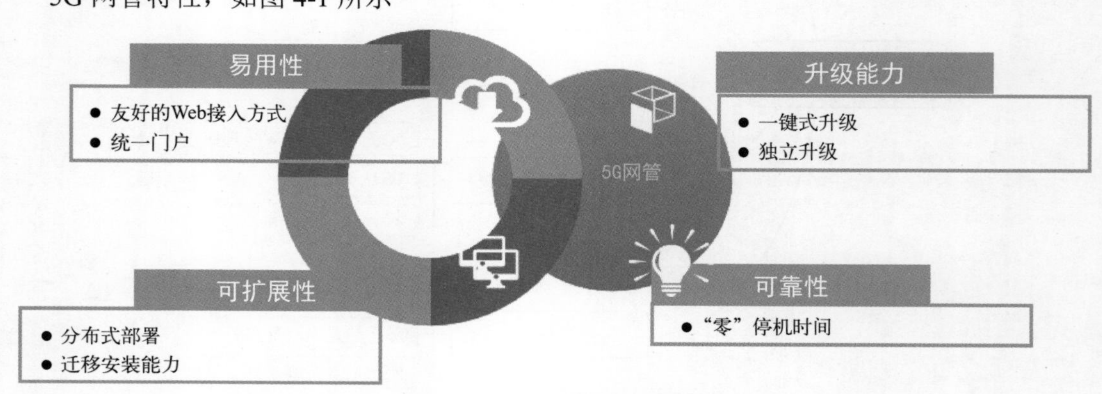

图 4-1　5G 网管特性

5G 网管是对于 SDN 网络的管理编排系统，是未来管理 SDN/NFV 网络的核心产品，通过集成的控制组件，融合管理层和控制层功能，实现网络自我管理、业务自动发放和运维自动化。

5G 网管位于 5G 云网络的管控层，向下对 PTN/IPRAN 网络、IP+ 光网络、OTN 网络和 SDN 网络进行拓扑管理、资源分析、网络监控、业务诊断部署和系统管理。对单域、多域及跨层业务进行自动化的统一管控。

5G 网管向上对接第三方管控系统和网络平台，实现跨厂商业务的编排和自动化管理。采用开放式的接口，支持客户端应用的快速开发。

二、5G 网管基本架构

微课扫一扫

5G 网管基本架构

5G 网管采用 NFV（Network Function Virtualization，网络功能虚拟化）架构，如图 4-2 所示。

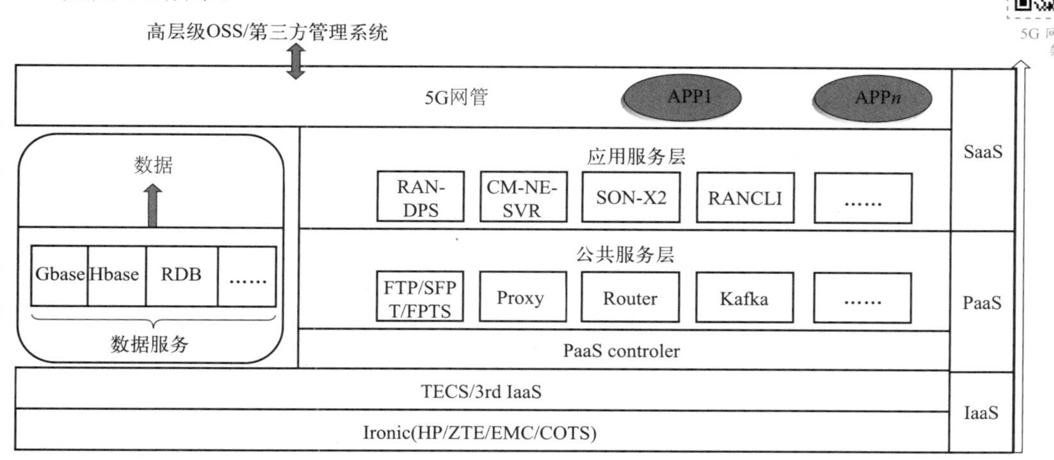

图 4-2　5G 网管架构

1. IaaS（Infrastructure as a Service，基础设施即服务）

IaaS 是云服务的最底层，主要提供一些基础资源。用户可以在云服务提供商提供的基础设施上部署和运行多种软件，包括操作系统和应用软件。用户没有权限管理和访问底层的基础设施，如服务器、交换机、硬盘等，但是有权管理操作系统、存储内容，可以安装管理应用程序，甚至有权管理网络组件。简单地说，用户使用 IaaS，有权管理操作系统之上的一切功能。常见的 IaaS 服务有虚拟机、虚拟网络以及存储功能。

2. PaaS（Platform as a Service，平台即服务）

PaaS 提供软件部署平台（runtime），简化了硬件和操作系统细节，可以无缝地扩展。开发者只需要关注自己的业务逻辑，不需要关注底层。PaaS 给用户提供的能力是使用由云服务提供商支持的编程语言、库、服务以及开发工具来创建、开发应用程序并部署在相关的基础设施上。用户无须管理底层的基础设施，包括网络、服务器、操作系统或者存储，只能控制部署在基础设施中操作系统上的应用程序，配置应用程序所托管的环境的可配置参数。常见的 PaaS 服务有数据库服务、Web 应用以及容器服务。成熟的 PaaS 服务会简化开发人员，提供完备的 PC 端和移动端软件开发套件（SDK），拥有丰富的开发环境（Inteli、Eclipse、VS 等），完全可托管的数据库服务，可配置式的应用程序构建，支持多语言的开发，面向应用市场。

3. SaaS（Software as a Service，软件即服务）

SaaS 是软件的开发、管理、部署都交给第三方，不需要关心技术问题，可以拿来即用。SaaS 给用户提供的能力是使用在云基础架构上运行的云服务提供商的应用程序。可以通过轻量的客户端接口（例如 Web 浏览器、基于 Web 的电子邮件）或程序接口从各种客户端设备访问应用程序。 用户无须管理或控制底层云基础架构，包括网络、服务器、操作系统、存储甚至单独的应用程序功能，可能的例外是有限的用户可进行特定应用程序配置的设置。类似的服务有：各类的网盘（Dropbox、百度网盘等）、JIRA、GitLab 等服务。而这些应用的提供者不仅仅是云服务提供商，还有众多的第三方提供商（ISP：Independent Software Provider 独立软件提供商）。

SaaS、PaaS 和 IaaS 的区别如图 4-3 所示。

图 4-3　SaaS、PaaS 和 IaaS 的区别

TECS 集成解决方案，是根据多年的集成经验，结合运营商实际存在的各种场景，提供的一套完整的 NFV 系统的集成解决方案，包含了对 NFV 系统所具备的完整架构、组件和 TECS 之间的多种集成方式和工作流程、组件扩容和升级的方法、整个系统的优化 & 测试 & 验证等内容的描述。

三、5G 网管软硬件组成

5G 网管软硬件部署策略如图 4-4 所示。

微课扫一扫

5G 网管软硬件组成和功能组件

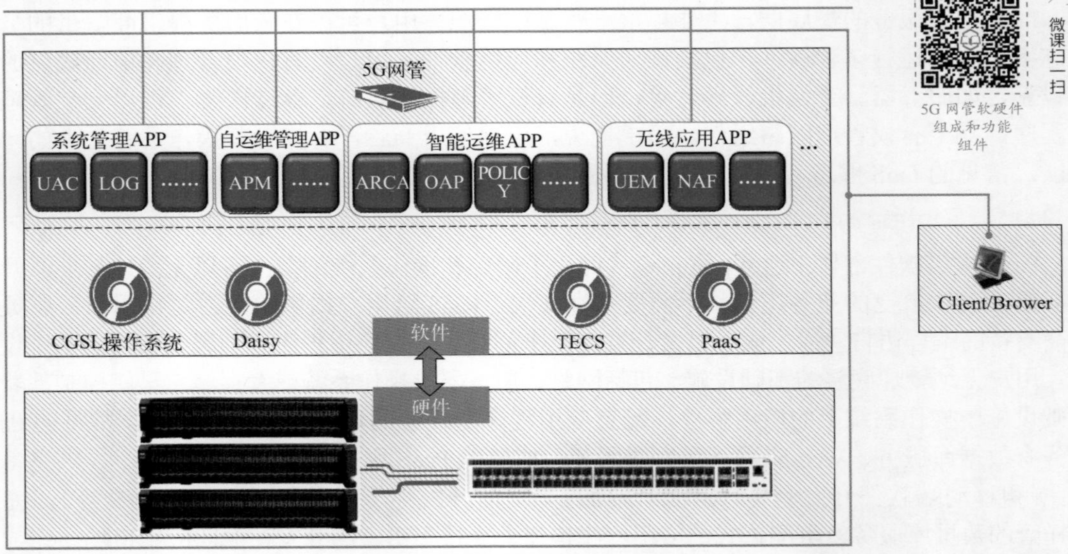

图 4-4　5G 网管部署策略

底层采用服务器提供基础的 CPU、内存、存储等物理资源，通过 TECS 平台抽取具体资源形成虚拟网管平台，然后向高层提供网管功能，包括系统管理、自运维管理、智能运维管理和无线应用等 APP 功能，客户端可远程接入 5G 网管。

四、5G 网管功能组件

5G 网管功能组件如图 4-5 所示。

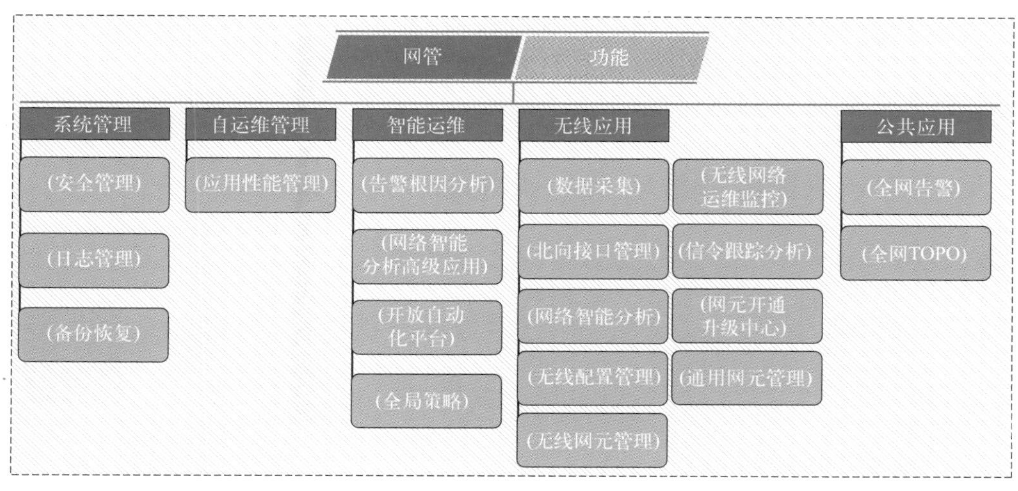

图 4-5　5G 网管功能组件

5G 网管系统组件包括：

① 系统管理提供安全管理、日志管理和备份恢复功能。

② 自运维管理提供应用性能管理。

③ 智能运维提供告警根因分析、网络智能分析高级应用、开发自动化平台和全局策略管理。

④ 无线应用提供数据采集、北向接口管理、网络智能分析、无线配置管理、无线网元管理、无线网络运维监控、信令跟踪分析、网元开通升级中心和通用网元管理。

⑤ 公共应用提供全网告警和拓扑管理。

任务实施

① 任务背景以及规划数据表的获取。

a. 使用学生账号登录 5G 网络优化仿真实训系统。

b. 打开任务说明，如图 4-6 所示。

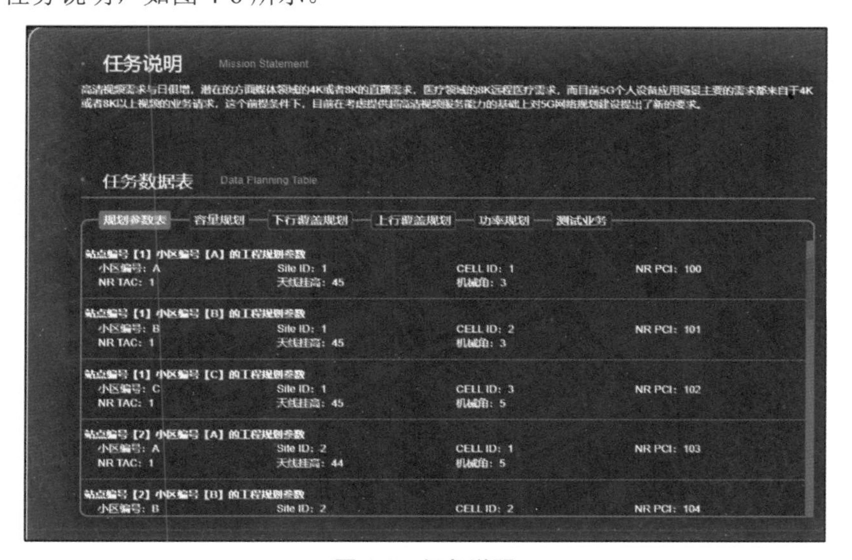

图 4-6　任务说明

② 网络规划：包括容量计算、覆盖计算和功率计算三部分。
③ 数据采集：完成基站室内和室外信息采集。
④ 网络测试准备：测试软件和测试工具准备。
⑤ 信令分析。
打开 5G 实训仿真系统，熟悉 5G 网管常用功能。

任务拓展

请扫描二维码查看。

任务拓展

任务测验

（1）5G 网管常用功能有哪些？
（2）5G 网管系统组件包括哪些？

任务二 5G 网络运行监控

任务描述

不同层次的网络优化人员对 5G 网管功能的使用和要求是不一样的，需要区别设定每个账号的使用权限和操作权限，针对初级、中级和高级网优人员工作范围的不同，应该如何分别分配账号权限呢？网络性能指标是衡量网络质量的主要依据和参考，那么网络性能指标有哪些呢？如何定义这些性能指标呢？本次任务需要完成 5G 网络运行监控，具体包括以下：
（1）查看 5G 网管用户管理功能；
（2）查看 5G 无线网络告警和性能指标监控；
（3）创建 5G 无线网络指标和使用指标查询模块进行指标查询；
（4）查询操作日志、系统日志。

相关知识

5G 网管用户管理

一、5G 网管用户管理

1. 网管用户管理基本概念

（1）用户　用户是具有给定权限的系统的使用者，是最终登录网管系统并操作网管系统的操作员的集合。系统管理员在创建用户时，通过定义角色约定用户的权限，再通过定义用户所属用户组设定用户行政归属，从而实现对用户的全面管理。新建用户必须隶属于某个用户组。

（2）角色　角色对应用户的管理权限，其实质是通过定义操作和资源来定义一组用户的管理权限。同时还可以设置是否锁定该角色。角色一旦锁定后，赋予该角色的用户在角色锁定期间，将不能再使用该角色所拥有的权限，但用户登录不受限制。

未被分配角色的用户将没有任何操作权限，因此，建立和分配好角色是安全管理的基础。

① 操作集：定义了角色可以执行的一系列操作。

② 管理资源：包括物理资源和逻辑资源。

③ 物理资源：定义了角色可以管理的具体的网元或者配置对象类型。

④ 逻辑资源：定义了角色拥有的产品权限，绑定了该角色的用户可以管理指定制式网元的告警、性能等数据。

（3）操作集　操作集是一系列操作权限的合集。如果一个角色和某个操作集进行绑定，则该角色具有该操作集包含的所有操作权限。操作权限定义了角色可以操作的 UME 系统的功能模块。例如，创建角色时，可以定义该角色是否具有日志管理模块的查询日志或维护日志的操作权限。

（4）用户组　用户组是对现实中行政部门的模拟，从而方便对用户进行组织和管理。

2. 5G 用户管理概述

用户管理以基于角色的访问控制为基础，根据需求设置用户。网管安全管理员可以创建账户规则，管理角色、操作集、用户组、用户，为平台各服务组件提供统一的身份认证和授权管理，从而实现不同权限的用户可访问或管理不同的网络资源。用户管理可确保用户合法使用系统。保证系统正常、可靠地持续运行。登录身份认证可防止非法用户进入系统，而操作身份认证则可对用户角色进行限制。5G 用户管理如图 4-7 所示。

图 4-7　5G 用户管理概述

5G 网管系统的用户模型是基于角色的。不同用户分配不同角色以便有效确定该用户权限范围，从而确保安全性。角色是关系模型中权限分配的对象，包括操作集和管理资源，用来定义用户权限。

如图 4-8 所示，1…N 表示一个用户至少包含一个角色；0…N 表示一个角色可以分配给任意多个用户，也可以不分配给任一用户。

二、5G 网管告警管理

1. 网管告警管理基本概念

（1）告警　告警是对管理网元以及网管系统本身在运行过程中发生的异常情况进行报告，提醒用户进行相应的告警处理。告警对应的问题或故障解决后，系统将自动返回告警恢复消息。当异常或故障出现时，告警管理系统将及时准确地显示相应的告警信息。告警信息一般会持续一段时间，在问题或故障消失后，告警信息才会消失，并返回相应的告警恢复消息。

（2）通知　通知是对管理网元以及网管系统在运行中的一些操作或异常信息提示，以便维护人员及时掌握各模块的运行状况。

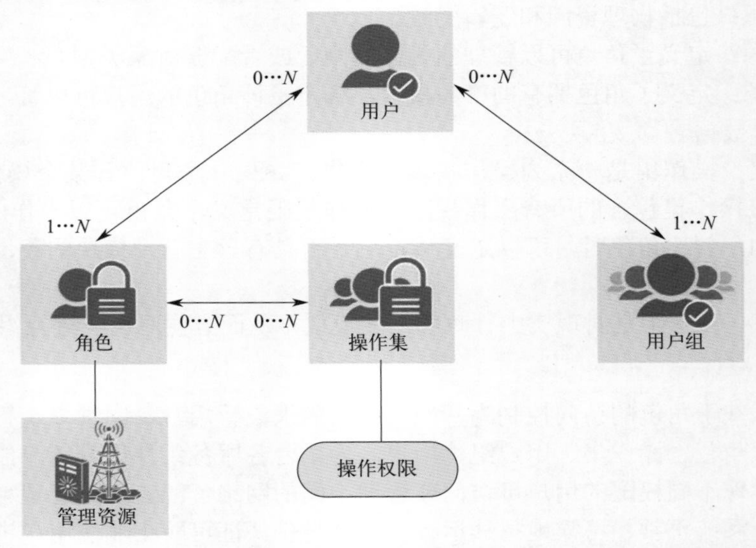

图 4-8 用户角色分配

（3）告警属性　告警属性主要包括告警码、告警名称和告警级别。

① 告警码：告警系统为每个告警定义了一个告警码，用于区分告警的标识。

② 告警名称：用于简洁直观反映故障原因、现象等内容。

③ 告警级别：按严重程度可分 4 级。

a. 严重。此类告警造成整个系统无法运行或无法提供业务，需要立即采取措施恢复和消除。

b. 主要。此类告警造成系统运行受到重大影响或者系统提供服务的能力严重下降，需要尽快采取措施恢复和消除。

c. 次要。此类告警对系统正常运行和系统提供服务的能力造成不严重的影响，需要及时采取措施恢复和消除，以避免产生更加严重的告警。

d. 警告。此类告警对系统正常运行和系统提供服务的能力造成潜在的或者趋势性的影响，需要适时进行诊断并采取措施恢复和消除，以避免产生更加严重的告警。

（4）告警状态

① 未处理未关闭、已处理未关闭。

② 未处理已关闭、已处理已关闭。

2. 告警管理基本功能

告警管理基本功能如图 4-9 所示。

3. 5G 网管告警管理窗口

5G 网管告警管理窗口如图 4-10 所示。

4. 5G 基站常见告警

5G 基站常见告警参看 5G 基站常见告警表可扫描二维码查看。

三、5G 网管性能管理

1. 网管性能管理基本概念

① 性能指标定义：在无线通信领域，性能指标是评价无线网络运行情况的重要标准。常

见性能指标有无线接通率、无线掉线率等。性能指标是通过一系列的 PI 或者计数器计算后的值，或直接是对应的计数器值。

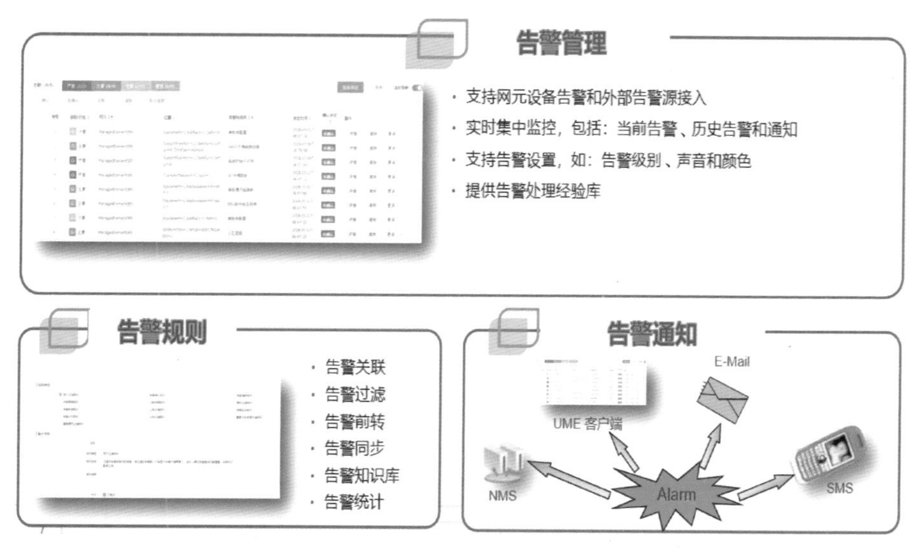

图 4-9　告警基本功能

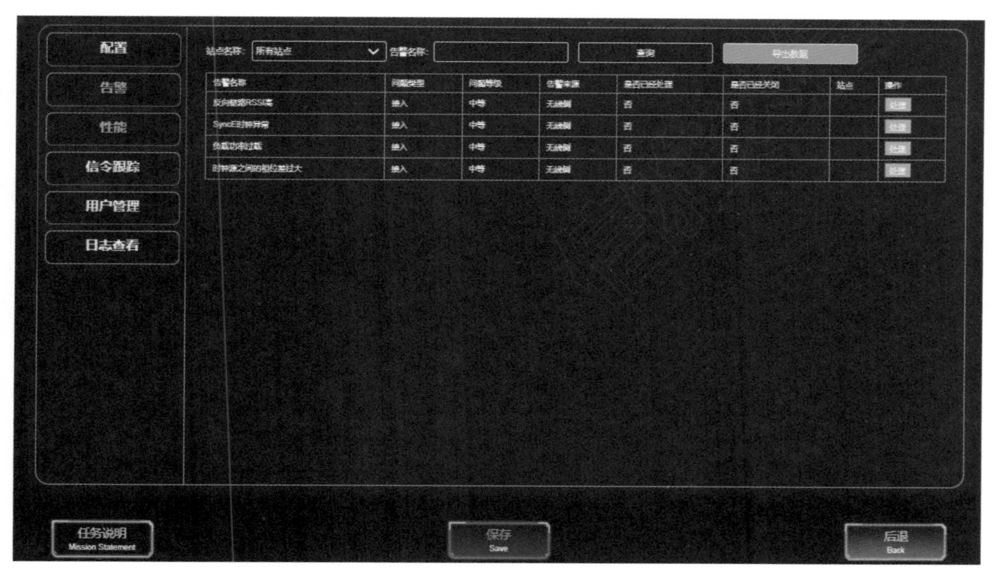

图 4-10　告警管理窗口

② 性能指标用途：性能指标反馈了网络的运行情况，也是最终工作成果的体现，因此一个网络 PI 结果的好坏是判断一个网络好坏的重要依据和客观标准。

③ 性能计数器：指测量簇中所包含的具体测量项，每一种测量簇中包含若干测量项。

④ 测量簇：测量簇是测量的基本单元，可以实现对测量对象的不同指标的测量。不同测量对象下有不同的测量簇，可以根据需要测量的指标选择测量簇，例如小区系统间切换统计、小区掉线流量统计。

⑤ 测量对象：指被测量的物理实体、逻辑实体、物理与逻辑的结合。

⑥ 采集粒度：指向网元进行数据采集的周期。维护人员可以设置多种采集粒度，例如

15 分钟。

⑦ 查询粒度：指查询测量任务数据的统计周期。维护人员可以设置的查询粒度为 15 分钟、30 分钟、1 小时、1 天。

2. 5G 网管性能管理概述

5G 网管性能管理如图 4-11 所示。

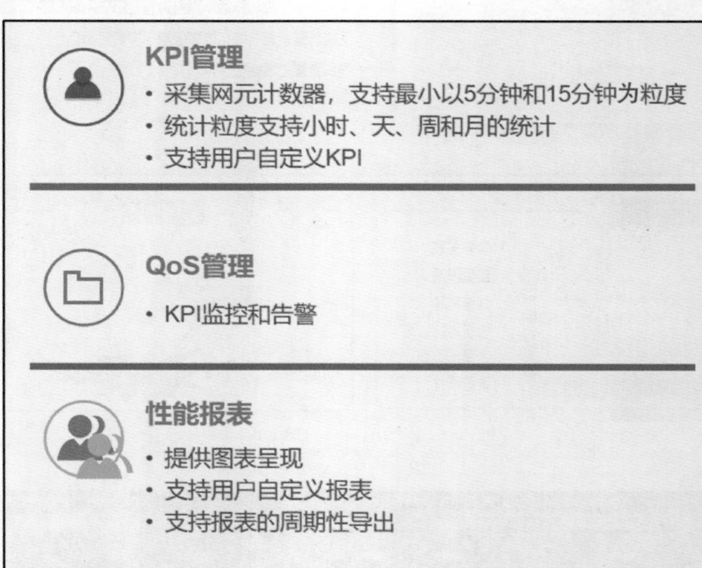

图 4-11　5G 网管性能管理

① 性能管理定义。性能管理负责网络的性能监视和分析。通过分析从网元采集到的各种性能数据，了解网络的运行情况，为操作人员和管理部门提供详细信息，指导网络规划和调整，改善网络运行的质量。

性能管理功能是 5G 网管系统中的一个子功能。5G 网管系统采集并存储管理网元的性能数据，性能管理功能支持对所管理网元性能数据的统一查询和性能统计报表的输出。

② 性能模型管理。性能模型管理包括指标的管理和指标模板的管理，指标 / 指标模板的管理是性能数据的查询 / 分析的基础。

③ 性能 QoS 门限任务。性能 QoS 门限任务的门限告警可以帮助维护人员实时掌握所关心的网络运行和质量状况。维护人员可以预先设置性能告警的门限值，当网元性能指标超过设置的门限值后，系统会自动产生性能门限越界告警，及时通知维护人员。

④ 性能历史数据分析。性能历史数据分析是对存储在网管数据库中的性能数据的分析。通过对历史数据的分析，可以发现当前网络的潜在问题，可以了解当前网络的整体质量情况，为网络运维和优化提供指导。

性能管理支持性能数据普通查询、TOPN 统计、忙时统计、逻辑分析。

3. 5G 网管性能管理窗口

5G 网管性能管理窗口如图 4-12 所示。

4. 性能指标分类

根据适用于衡量网络性能的不同方面，性能指标可以划分为以下 6 类（详见 5G 网络性能指标分类表，可扫描二维码查看）。

5G 网络性能指标分类表

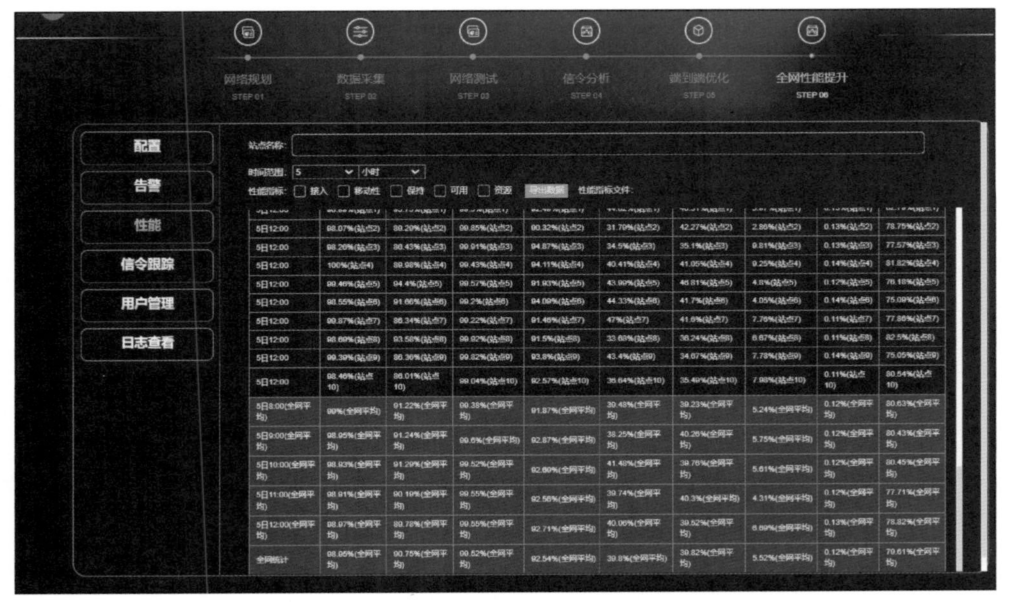

图 4-12 5G 网管性能管理窗口

① 接入性：用户的呼叫接入性能，包括用户的 RRC 连接建立阶段和业务建立阶段。

② 保持性：从用户接入网络成功，到正常释放阶段的性能。

③ 移动性：用户在无线网络中移动时的性能。

④ 完整性：gNodeB 提供的业务信息质量。

⑤ 可用性：无线网络设备的工作状态特性。

⑥ 利用率：无线系统资源的使用性能情况。

四、5G 网管日志管理

1. 5G 网管日志分类

① 操作日志。指在接口上发起的用户操作的日志，例如增加、删除网元，或修改网元参数。通过一些接入模式如客户端进行的操作也会被记录。日志项里采用了一个标记来指示操作是成功或失败。

② 系统日志。记录了在服务器后台进行的一些操作，比如性能数据定时采集和定时备份任务。其他的是通知消息从北向接口发出时的系统日志。比如，在网元上报性能数据的时候如果有通知发给网管，数据就可以上报，网管则记录系统日志。系统日志在服务器和客户端上提供了接口，处理模式和用于操作日志的一样。

③ 安全日志。记录了用户的登录信息：登录成功、失败和失败原因。此类型的日志在服务器上也提供了接口。安全日志不需要记录两个时间点，仅记录一个操作时间。即：安全日志仅需要记录一次。在不同接入模式下，安全日志当前需要被记录。

2. 5G 网管日志安全等级

基站对每条日志根据严重程度定义安全级别，以便支持过滤器功能，只有设定级别的日志才会发送到日志服务器。安全日志记录级别划分为 7 级，具体如表 4-1 表示。

表 4-1　5G 网管日志安全等级

等级	命名	说明
0	EMERGENCY	仅发送 EMERGENCY 等级的日志
1	ALERT	发送 EMERGENCY、ALERT 等级的日志
2	CRITICAL	发送 EMERGENCY、ALERT、CRITICAL 等级的日志
3	ERROR	发送 EMERGENCY、ALERT、CRITICAL、ERROR 等级的日志
4	WARNING	发送 EMERGENCY、ALERT、CRITICAL、ERROR、WARNING 级的日志
5	NOTICE	发送 EMERGENCY、ALERT、CRITICAL、ERROR、WARNING、NOTICE 等级的日志
6	INFO	发送 EMERGENCY、ALERT、CRITICAL、ERROR、WARNING、NOTICE、INFO 等级的日志

任务实施

通过学习 5G 网管用户管理操作，能够完成网管账号的基本设置，使用 5G 网管告警管理功能；能够查询告警信息，并通过告警信息查看解决方案和定位告警位置，熟悉网络性能指标管理操作；能够创建及查询网络性能指标。

第一步：用户管理。

（1）查询用户登录信息（图 4-13）

图 4-13　用户登录信息

（2）查询用户锁定状态　用户账户规则中设置了账户锁定的时效及对应的锁定条件。如果用户账户规则的锁定时效参数设置为暂时锁定或永久锁定，用户密码输入错误次数达到了设置的密码错误次数后，5G 网管系统将锁定该用户账户。安全管理员可以查看用户锁定情况，并对用户进行解锁操作。以安全管理员账户登录系统，可打开用户管理页面。

（3）强制用户退出系统　当安全管理员进行系统维护，或发现用户试图进行非法操作时，安全管理员可以强制断开该用户和 5G 网管系统的连接，迫使该用户退出系统。可防止未经授权的用户误操作或对关键数据进行恶意破坏。

（4）修改用户密码　修改除安全管理员以外的所有用户的密码，该修改不受任何有关密码规则的限制。可根据需要选择需修改密码的用户，对选中用户的密码完成修改。

单击修改密码按钮，打开修改密码对话框。具体如图 4-14 所示。

第二步：查看告警。

（1）查看当前告警　查看告警详细信息和处理建议的操作步骤，如图 4-15 所示。

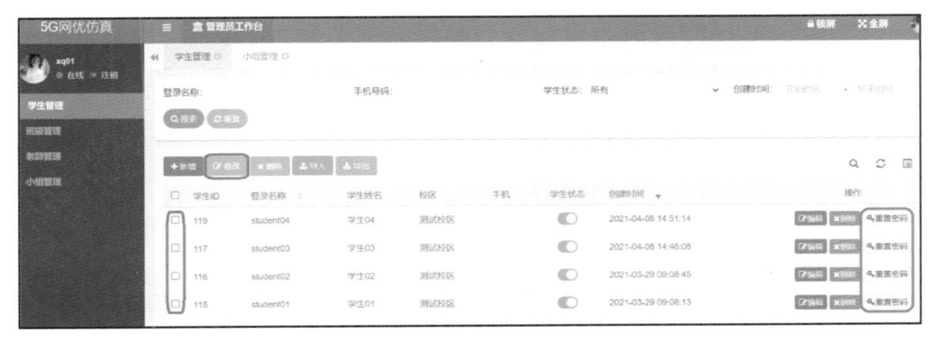

图 4-14　用户密码修改

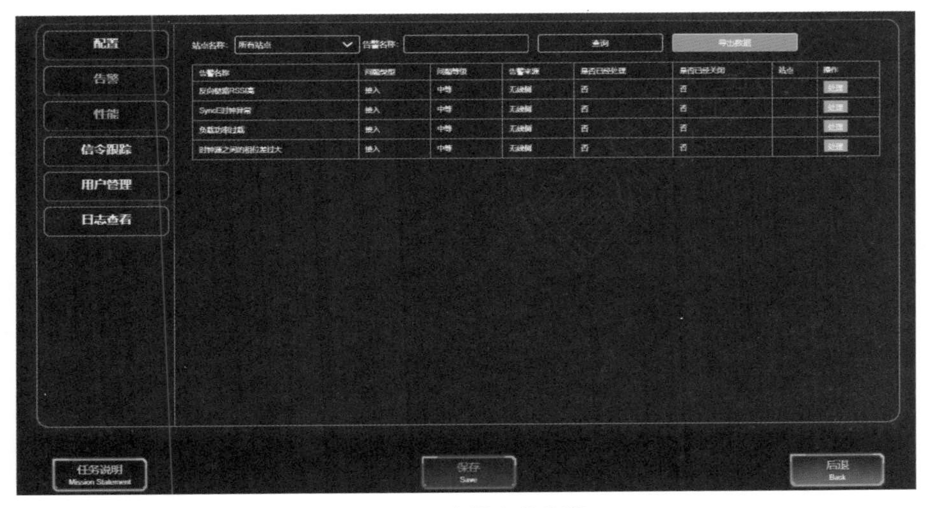

图 4-15　查看当前告警

（2）查看历史告警　历史告警指当前告警被恢复或者清除后，存放在历史告警库中的告警。相关人员可查看全网所有基站的历史告警信息，供告警处理分析参考。

（3）告警处理状态　告警处理状态表示某条告警是否已完成处理。具体操作如图 4-16 所示。

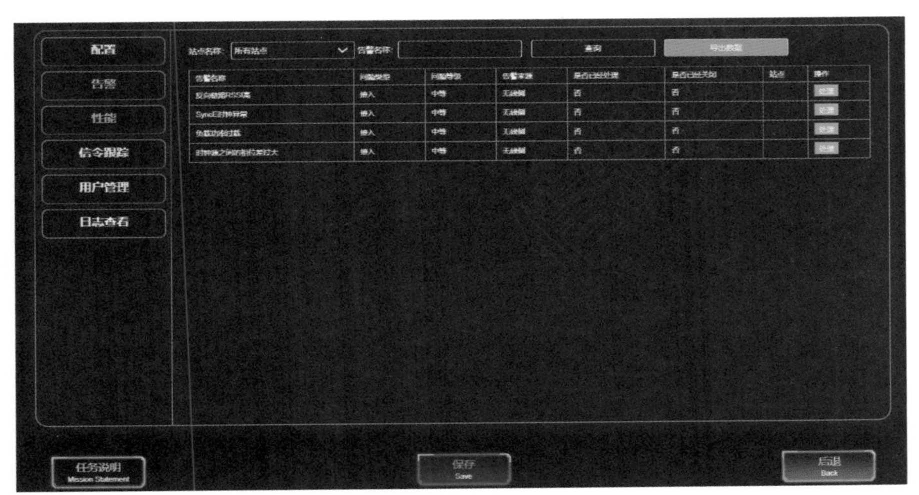

图 4-16　告警处理状态

（4）手动清除告警　通常情况下，当故障排除后，相关告警会自动清除，转为历史告警。当告警无法自动清除或已确认不存在该告警的时候，维护人员可以手动进行告警清除。

第三步：性能管理。

（1）性能指标模板创建

① 登录网管平台，在左侧导航栏选取“性能配置”，在右侧界面单击“添加”可进行性能指标模板的创建，如图 4-17 所示。

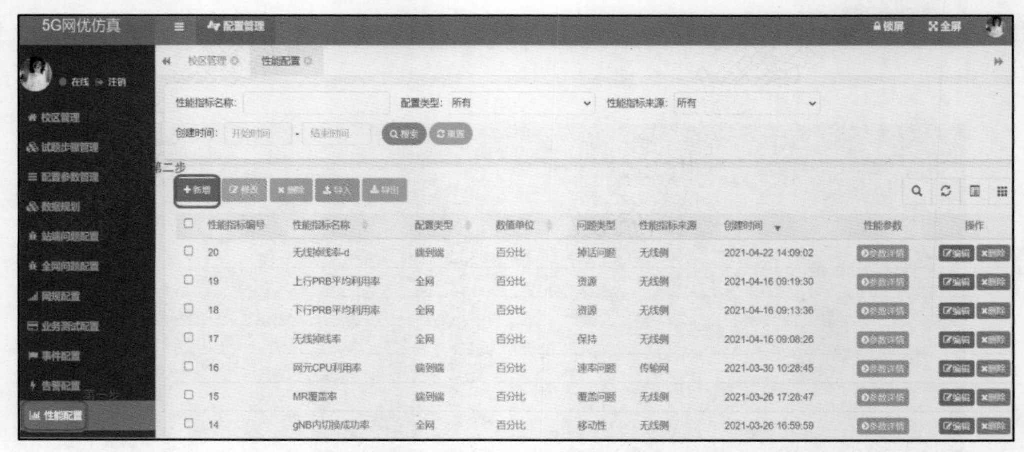

图 4-17　性能指标模板创建

② 在添加性能指标页面，填写“基本信息”和“性能指标配置范围”，如图 4-18 所示。

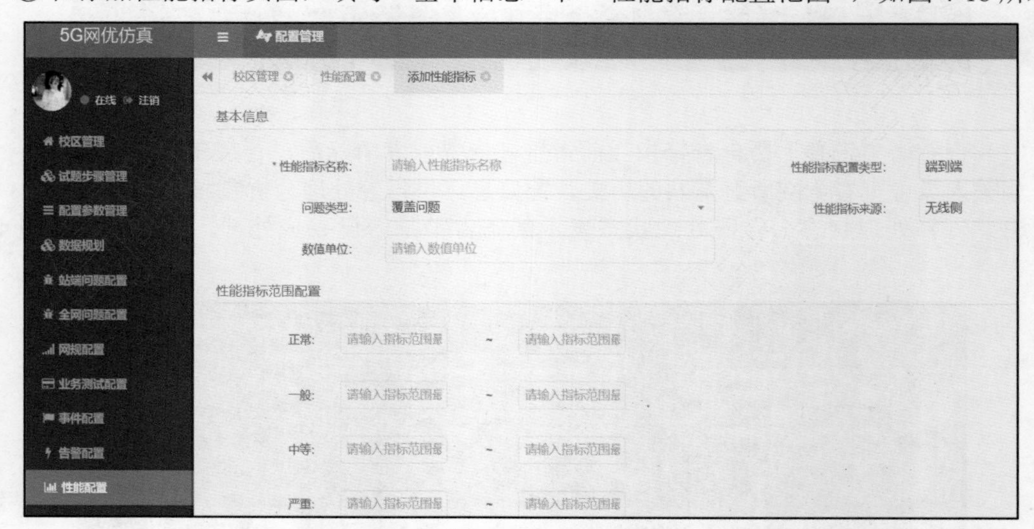

图 4-18　性能指标模板填写

（2）性能指标模板修改（图 4-19）

① 登录网管平台，单击左侧导航栏“性能配置”；

② 勾选需要修改的性能指标；

③ 可以单击“修改”或者“编辑”完成指标模板修改。

（3）性能指标模板删除（图 4-20）

① 登录网管平台，单击左侧导航栏“性能配置”；

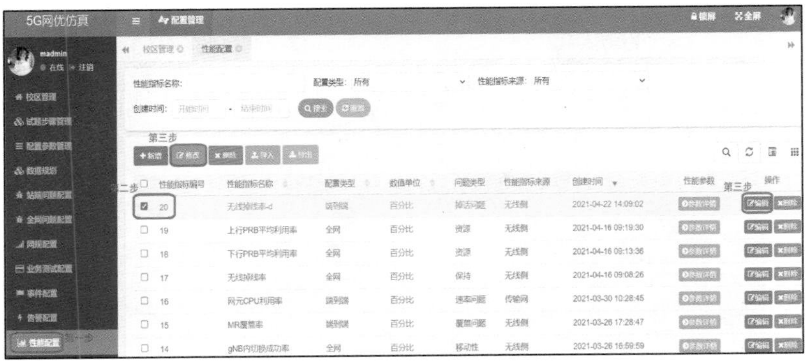

图 4-19　性能指标模板修改

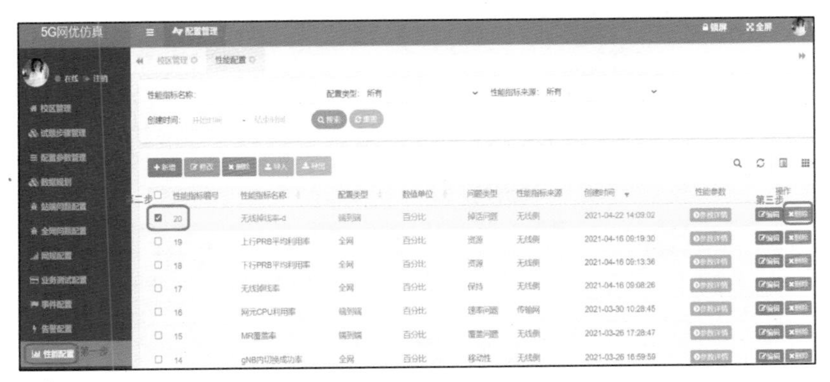

图 4-20　性能指标模板删除

② 勾选需要修改的性能指标；

③ 单击“删除”完成指标模板删除。

（4）性能指标查询

方法一：

① 在端到端优化任务，单击数据中心，如图 4-21 所示。

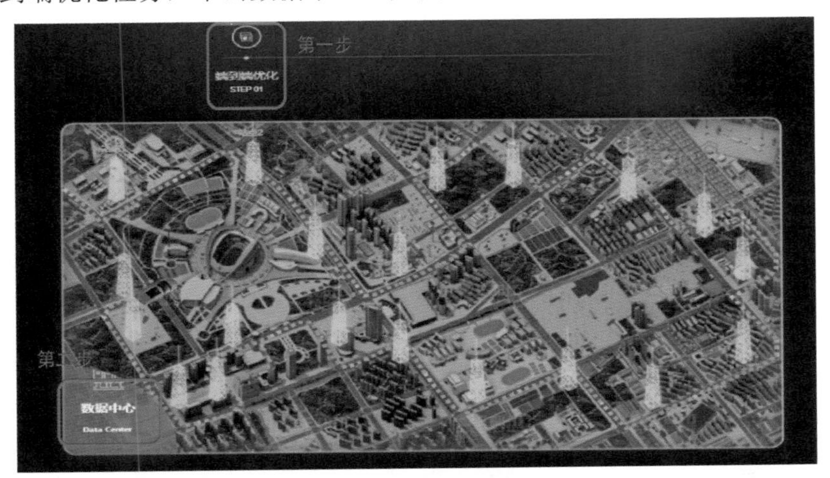

图 4-21　端到端优化主界面

② 根据指标选取相应的模块（比如：无线侧），如图 4-22 所示。

图 4-22　端到端优化模块

③ 左侧导航栏选取“性能”，右侧界面根据站点名称勾选性能指标，显示所查看指标，如图 4-23 所示。

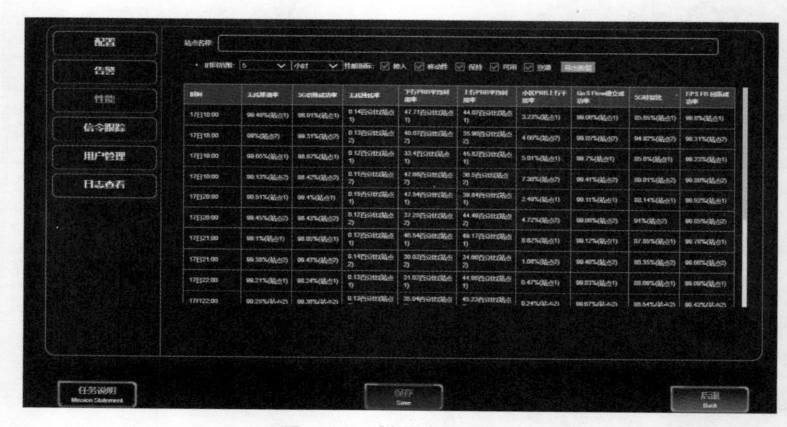

图 4-23　性能指标信息

方法二：

① 选取站点进入，如图 4-24 所示。

图 4-24　端到端优化指定站点

② 显示该站实时性能指标，如图 4-25 所示。

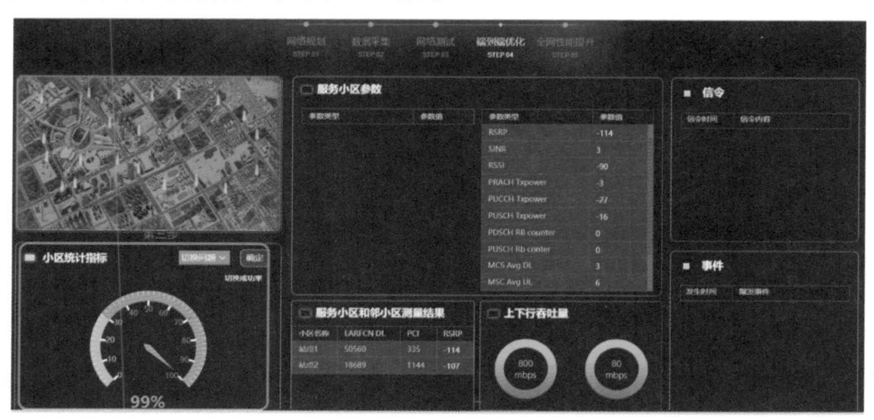

图 4-25　指定站点实时性能指标

第四步：查询操作日志、安全日志。

以学生账号登录 5G 网管，选取“端到端优化”或“全网性能提升”任务，进入“数据中心”，单击左侧导航栏中“日志查看”，可以在界面右侧选择“安全日志”或“操作日志”查看相关日志，如图 4-26 所示。

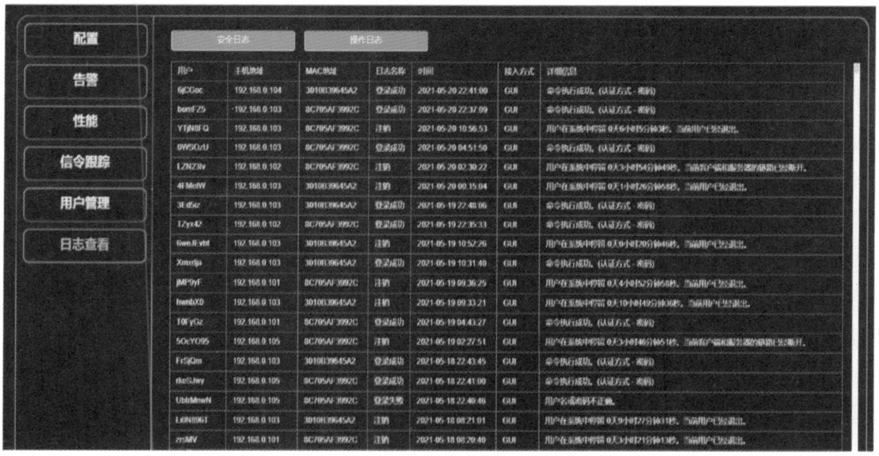

图 4-26　日志查看

任务拓展

案例 1　小区关断告警

【告警详细信息】NR 小区被关断。

【可能原因】①小区被人闭塞或关断。②系统策略导致的小区关断，如 SON 节能。

【系统影响】

单板状况：正常工作。

业务影响：对应小区业务中断。

【处理建议】小区被人闭塞或关断的网管侧处理步骤：

① 在网管中，检查小区配置的管理状态是否为“闭塞”或“正在闭塞”。

② 管理状态改为解闭塞，检查告警是否已消除。

SON 节能的网管侧处理步骤：

① 在网管中，检查小区关断节能策略下的“小区关断节能功能开关”是否为“打开”。

② 设置“小区关断节能功能开关”为“关闭”，等待 15min，检查告警是否消除。

案例 2 接收光功率异常告警

【告警详细信息】光模块接收光功率过低或过高时上报该告警。

【可能原因】①光纤损坏。②光模块老化。③光纤实际长度大于光模块支持的长度。

【系统影响】对应小区业务性能下降。

【处理建议】网管侧处理步骤如下：

① 检查光纤长度是否超过光模块支持的最大距离。

② 网管中，根据告警详细信息中的位置信息，进行光 / 电模块诊断。根据告警详细信息中的“光口号”信息，查看光模块支持的最大距离，检查光纤长度是否超过光模块支持的最大距离。

网元侧处理步骤：根据告警详细信息中的位置信息，拔插光纤或光模块，若距离过大则需要更换光模块型号。

案例 3 GPS 时钟告警

【告警详细信息】某站点自从开通后，反复出现 GPS 时钟异常告警，后台网管上报 GNSS 接收机搜星不足（告警码：198096837）的告警，同时三个 AAU 有伴随 1588 时钟链路异常告警（告警码：198096831）。出现告警时网管查询 GPS 搜星及锁定情况，发现搜到的卫星数量很少，而且载噪比没有达到大于 40dB-Hz 的要求；常规情况下 GPS 信号锁定需要至少搜索到 4 颗载噪比大于 40dB-Hz 的卫星。

【可能原因】GPS 故障常见的原因有以下三类，需要分类排查处理；

（1）工程问题　GPS 天线安装位置存在遮挡，不满足 120° 净空要求；馈线接头接触不良，给 GPS 天线供电不能满足 5V 要求；馈线受损变形，造成较大驻波比。

（2）设备故障　GPS 天线故障，GPS 天线是有源设备，内部器件故障；GPS 接收机故障，GPS 接收机内置于 BBU 的交换单板内。

（3）GPS 信号被干扰　GPS 信号工作在 1575.42MHz±1.023 MHz 频段，如果该频段被干扰，接收机则无法正常工作。

【处理过程】现场人员按照以下步骤逐个环节进行了排查：

① 确认 GPS 的安装位置非常空旷，周围无任何遮挡；

② 检查并重新连接 GPS 系统的各接头情况；

③ 重新制作 GPS 馈线接头；

④ 更换 GPS 馈线并再次检查接头连接情况；

⑤ 更换 GPS 天线；

⑥ 更换 BBU 上的交换单板（内置 GNSS 接收机）；

⑦ 更换 BBU 机框。

上述步骤完成后依旧没有解决 GNSS 接收机搜星不足问题。

在基站周边进行 GPS 信号频段扫频（中心频点：1575.4MHz，带宽范围：40MHz），扫频结果如下：在 GPS 的带宽范围（1575.4MHz±5MHz）内，存在较强干扰，由此可以判定 GPS 信号被严重干扰。

【处理建议】GPS 频段（1575.4MHz±5MHz）内存在强干扰，北斗频段（1561MHz±

1.023MHz）内没有干扰，建议修改时钟配置为 GPS+ 北斗的模式。将 GNSS 接收机工作模式，由 GPS 更改为 GPS+BDS。原配置方案：GNSS 接收机为 GPS。

任务测验

（1）通过 5G 仿真实训系统，列出指定基站过去一周告警。

（2）通过 5G 仿真实训系统完成指定站点、指定时间段的吞吐率、掉线指标提取。

（3）基站传输在网管上能看到哪些告警？

（4）如果基站的驻波比高于 1.5，网管上会看到哪些告警？带来什么影响？

（5）列出掉线和保持类相关指标、覆盖相关指标、干扰相关指标、接入相关指标、可用性相关指标、切换和移动性相关指标、时延和速率相关指标、资源相关指标。每类指标列举不少于五个。

任务三　5G 网络参数检查

任务描述

在网络规划过程中，需要考虑哪些因素？如果网络性能指标出现下降，比如说，掉线率升高了，除了检查基站设备告警信息和天馈系统工作状态，还有哪些方面需要检查？对于掉线问题、无线网络参数检查，大家能想到哪些呢？传输网和核心网需要配合检查哪些参数？本次任务需要完成 5G 网络参数检查，具体包括以下：

（1）检查与 5G 网优相关的核心网络参数；

（2）检查与 5G 网优相关的无线参数；

（3）导入 / 导出无线网络参数，并进行参数比较。

相关知识

一、5G 无线网管配置管理概述

1. 5G 无线网管配置功能

网管提供多种场景下的配置数据检查功能，帮助排除参数类故障。主要包括数据比较和网元变更查看两个子功能，如图 4-27 所示。

数据比较：提供现网区数据与网元实际数据、两个网元的现网区数据的对比。

网元变更查看：查询指定时间段内网元数据变化情况。

运维人员可以通过对现网区保存的网元数据与网元实际数据、两个网元在现网区保存的数据的比较结果确认数据的正确性。5G 无线网管参数查询窗口如图 4-28 所示。

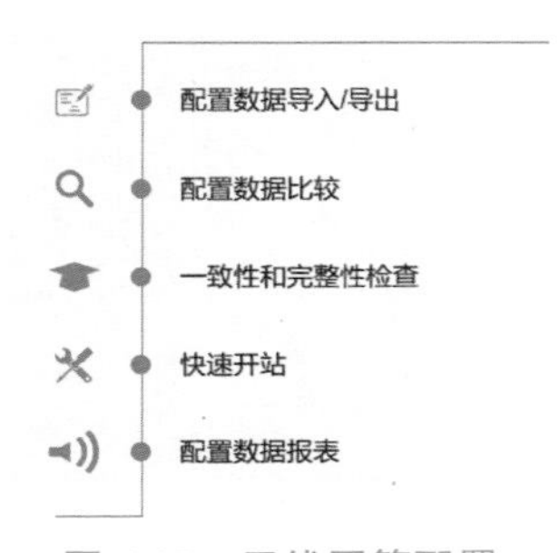

图 4-27　无线网管配置

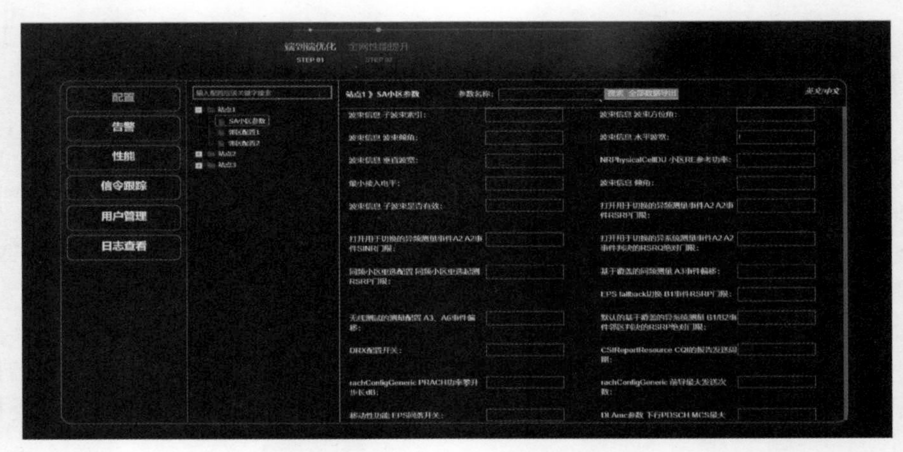

图 4-28　5G 无线网管参数查询窗口

2. 配置数据导入

登录 5G 网管后，从左侧导航栏选取“配置参数管理”，然后在右侧界面单击导入，将本地 excel 格式配置文件批量导入网管如图 4-29 所示。

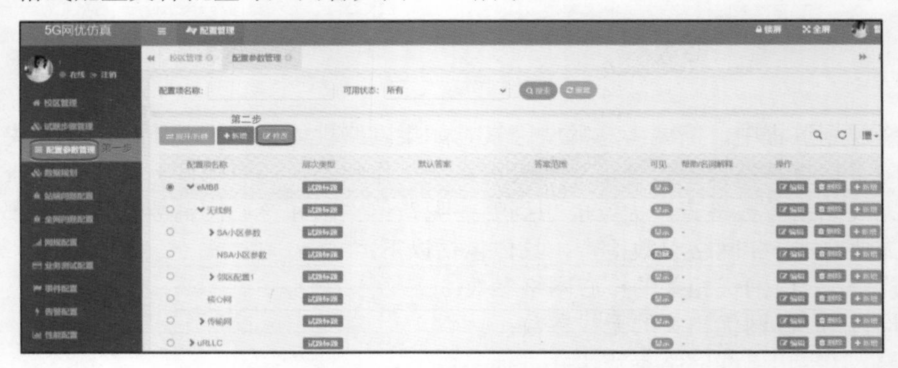

图 4-29　配置数据模板

3. 配置数据导出

通过数据导出功能可以将站点配置参数导出后离线检查参数设置，如图 4-30 所示。

以学生账号登录 5G 网管后，从左侧导航栏选取“配置”，选取“站点”“小区参数”，然后在右侧界面单击“全部数据导出”，将该小区所有配置数据以 excel 格式导出到网管。

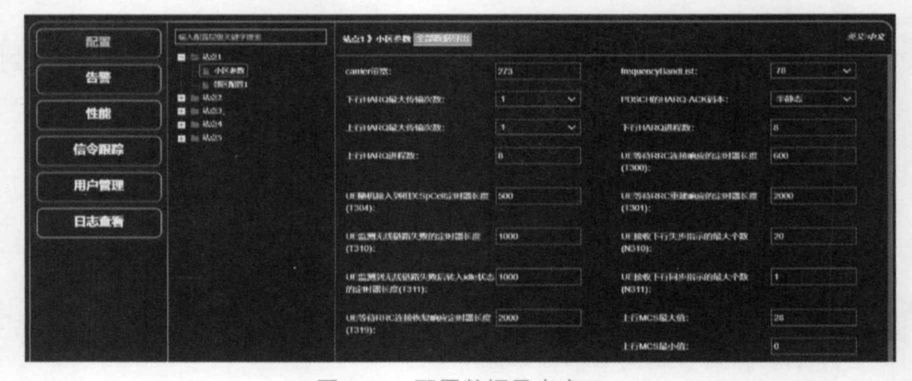

图 4-30　配置数据导出窗口

二、5G 核心网概述

1. 5G 核心网架构

5G 核心网（5GC）的设计理念是“Cloud Native”。它利用网络功能虚拟化（NFV）和软件定义网络（SDN）技术，并在控制面功能间基于服务进行交互。

这些服务部署在一个共享的、编排好的云基础设施上，然后再进行相应的设计最终完成不同业务诉求。5GC 架构关键特征如图 4-31 所示。

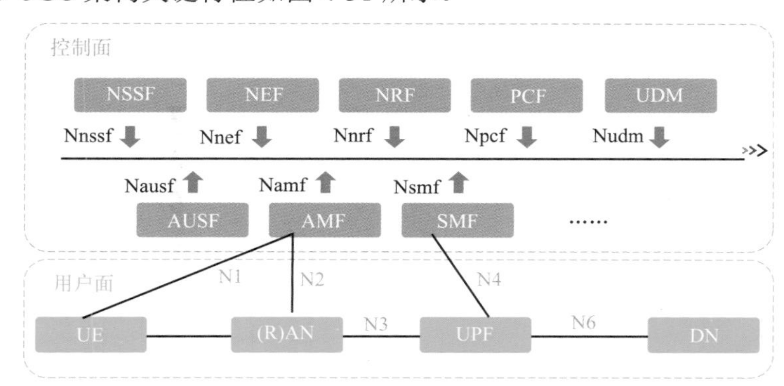

图 4-31 5GC 架构关键特征

为了适配未来不同服务的需求，5G 网络架构被寄予了非常高的期望。业界专家们也意识到了这个问题，并结合 IT 的 Cloud Native 的理念，将 5G 网络架构进行了两个方面变革：一是将控制面功能抽象成为多个独立的网络服务，希望以软件化、模块化、服务化的方式来构建网络。二是控制面和用户面的分离，让用户面功能摆脱“中心化”的束缚，使其既可以灵活部署于核心网，也可以部署于更靠近用户的接入网。

每个网络服务和其他服务在业务功能上解耦，并且对外提供服务化接口，可以通过相同的接口向其他调用者提供服务，将多个耦合接口转变为单一服务接口，从而减少了接口数量。这种架构即是 SBA（Service Based Architecture，基于服务的架构）。

2. 面向“Cloud Native”定义服务是 SBA 架构的优势

① 模块化便于定制：每个 5G 软件功能由细粒度的“服务”来定义，便于网络按照业务场景以“服务”为粒度定制及编排。

② 轻量化易于扩展：接口基于互联网协议，采用可灵活调用的 API（Application Programming Interface）交互。对内降低网络配置及信令开销，对外提供能力开放的统一接口。

③ 独立化利于升级：服务可独立部署、灰度发布，使得网络功能可以快速升级引入新功能。服务可基于虚拟化平台快速部署和弹性扩缩容。

5GC 与 LTE EPC 功能对比，如表 4-2 所示。

表 4-2 5GC 与 LTE EPC 功能

网元	功能简介	类比 EPC 网元
AMF（Access and Mobility Management Function）	接入和移动性管理功能，执行注册、连接、可达性、移动性管理。为 UE 和 SMF 提供会话管理消息传输通道，为用户接入时提供认证、鉴权功能，终端和无线的核心网控制面接入点	MME 中移动性管理 MME ➡ AMF

续表

网元	功能简介	类比 EPC 网元
SMF（Session Management Function）	会话管理功能，负责隧道维护、IP 地址分配和管理、UP 功能选择、策略实施和 QoS 中的控制、计费数据采集、漫游等	MME+SGW+PGW 中会话管理等控制面功能
AUSF（Authentication Server Function）	认证服务器功能，实现 3GPP 和非 3GPP 的接入认证	MME 中鉴权功能 +HSS 鉴权数据管理
UPF（The User Plane Function）	用户面功能，分组路由转发，策略实施，流量报告，Qos 处理	S-GW-U/P-GW-U
PCF（Policy Control Function）	策略控制功能，统一的政策框架，提供控制平面功能的策略规则	PCRF
UDM（The Unified Data Management）	统一数据管理功能，3GPP AKA 认证、用户识别、访问授权、注册、移动、订阅、短信管理等	HSS+
NRF（NF Repository Function）	该功能是一个提供注册和发现功能的新功能，可以使网络功能（NF）相互发现并通过 API 接口进行通信	无
NSSF（The Network Slice Selection Function）	网络切片选择，根据 UE 的切片选择辅助信息、签约信息等确定 UE 允许接入的网络切片实例	无
NEF（Network Exposure Function）	网络开放功能，开放各 NF 的能力，转换内外部信息	无

3. 5GC 互操作业务流程中的基本概念

为了更好地理解互操作业务流程，先简要介绍一下互操作用到的常用概念。

（1）CM-IDLE 与 CM-CONNECTED

① CM-IDLE state：处于 CM-IDLE 的 UE 没有通过 N1 接口与 AMF 建立 NAS 信令连接。

② CM-CONNECTED state：处于 CM-CONNECTED state 的 UE 通过 N1 接口与 AMF 建立了 NAS 信令连接。

（2）单注册与双注册

① 单注册：UE 只能在一个网络中注册，注册在 EPC 中或者注册在 5GC 中。在单注册模式下，UE 只有一个主用 MM 状态（5GC 中的 RM 状态或 EPC 中的 EMM 状态）。UE 为 5GC 和 EPC 维护一个单独的协同注册，因此 UE 在 EPC 和 5GC 之间移动时，UE 将 EPS GUTI 映射到 5G 的 GUTI，反之亦然。UE 在返回 5GC 时，可以重新使用之前建立的 5G 安全上下文，所以 UE 从 5GC 移动到 EPC 时，需要保留了 5G-GUTI 和 5G 的安全上下文。单注册能力是 UE 必选的能力项。

② 双注册：UE 能同时在两个网络中留存注册信息。在双注册模式下，UE 通过独立的 RRC 连接来处理 5GC 和 EPC 的独立注册。在这种模式下，UE 独立维护 5G-GUTI 和 EPS-GUTI。在这种模式下，向 5GC 注册时，UE 提供之前 5GC 分配的本地 5G-GUTI，Attach/TAU to EPC 时，UE 提供之前 EPC 分配的 EPS-GUTI。UE 可以只注册到 5GC，只注册到 EPC，或者同时注册到 5GC 和 EPC。

（3）GUTI　5G 网络因为网络切片的引入，UE 临时身份标识的格式发生了变化，当 UE 在 5GS 和 E-UTRAN 之间移动时，需要按照图 4-32 的映射关系将 5G-GUTI 映射成 EPS GUTI，或者将 EPS GUTI 映射成 5G GUTI，在相应的消息中带给 AMF 或 MME。

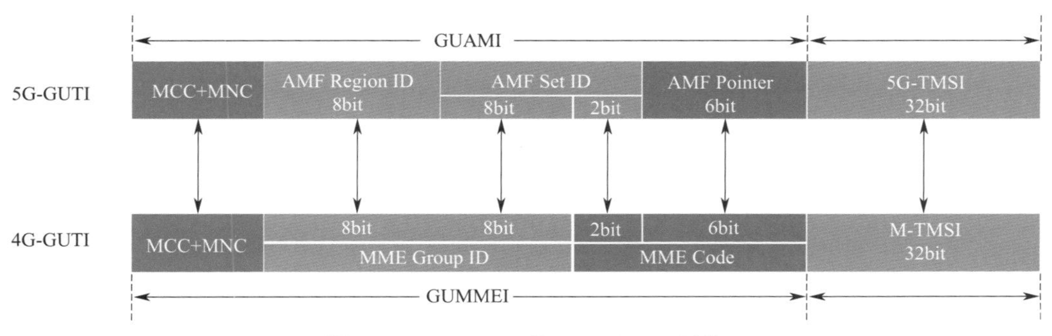

图 4-32　5G-GUTI 和 EPS GUTI 对比

（4）5G-GUTI 和 EPS GUTI 对比　5G UE 临时身份标识中引入了 AMF Set（集合）的概念，一个 AMF 集合由一些为给定区域和网络切片服务的 AMF 组成。每个 AMF Region 由一个或多个 AMF 集合构成。5G 引入网络切片的概念后，将一个 Region 下的 AMF 按照对网络切片的支持能力划分为不同的集合，一个集合内的 AMF 对网络切片的支持能力完全相同（相当于 4G 的一个 MME Pool）。

4. 5G 核心网网管简介

5G 核心网参数查询窗口介绍，如图 4-33 所示。

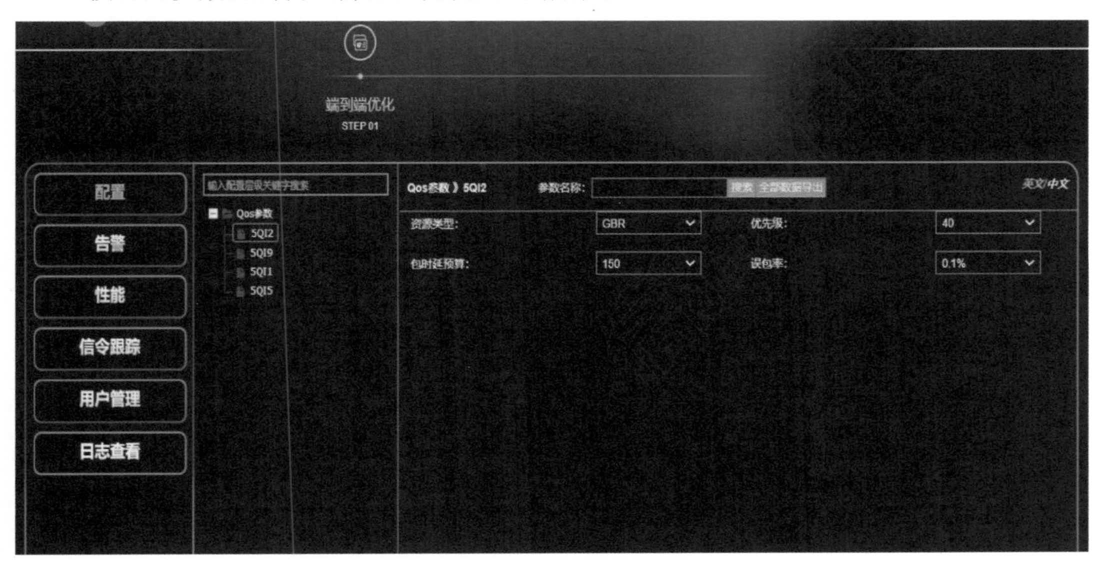

图 4-33　5G 核心网参数查询窗口

三、5G 核心网参数概述

1. 5G 核心网控制类参数

5G 核心网控制类参数如表 4-3 所示。

表 4-3　5G 核心网控制类参数

参数名称	参数类别	参数位置（网元）	参数功能	默认值或者推荐值
TAU 流程中初始上下文建立失败是否开启会话上下文保留	系统控制参数	AMF	该软件参数用于控制 TAU 流程中收到 eNodeB 发送的 Initial Context Setup Failure 消息或者超时无响应时，MME 是否保留用户的会话和承载	1
当前 TA 在 TA List 时是否认为 SGW 不变	系统控制参数	AMF	该软件参数用于控制局内非切换 TAU 流程中，在 MME 发送 Create Session Request 消息给 SGW 前，如果当前接入的 TA 在 MME 分配的 TA List 范围内时，是否需要重选 SGW 以及怎样选择 SGW	0
全局寻呼的最大 RNC 个数（65611）	系统控制参数	AMF	该软件参数用于设置全局寻呼的最大 RNC 个数的场景	128
全局寻呼的最大 eNodeB 个数（65613）	系统控制参数	AMF	该软件参数用于设置全局寻呼的最大 eNodeB 个数	2048
寻呼消息信令跟踪上报方式（262260）	移动管理参数	AMF	该软件参数用于控制 OMM 网管的信令跟踪功能中 Paging（寻呼）消息的上报方式。同一个 eNodeB 发送给 MME 的所有 Paging 消息，同一类型的只上报一条。同一个 eNodeB 发送给 MME 的 Paging 消息，全部上报	0
TAU 过程中 PLMN 改变是否延迟鉴权（327815）	分组域管理参数	AMF	该软件参数用于控制 TAU 过程中 PLMN 改变后是否延迟鉴权，针对用户处于 ECM-CONNECTED 状态的情况	0
S1 建立或配置更新失败时 eNB 等待时长（262316）	移动管理参数	AMF	该软件参数用于控制 MME 在 S1 消息中是否携带“time to wait”，并设置其取值	0
支持基于 IMSI 和 TAI 映射 LAI（262366）	移动管理参数	AMF	该软件参数用于控制当 MME 需要发送 Location Update Request（位置更新请求）消息到 VLR 时，为了通过 LAI 获取 VLR 局向 ID，是否使用用户的 IMSI 号码+TAI 映射得到 LAI。在通常情况下，MME 根据 UE 上报的 TAI（建网时该 TAI 的取值参考对应的 LAI）推导出 VLR 局向 ID，从而选择 VLR。使用该软件参数可以让运营商基于用户接入的 IMSI 号段灵活选择 VLR，使不同 IMSI 号段的用户接入到不同的 VLR	0
普通寻呼时的 eNodeB 个数保持最多 7 个（262550）	移动管理参数	AMF	该软件参数用于控制非寻呼增强的情况下，MME/SGSN 基于“最近的 eNodeB 列表”策略对用户进行寻呼，下发的最大 eNodeB 个数是否和 V4.17.10 版本之前的版本一致（个数为 7）	1
是否携带 eNB 默认 DRX（262303）	移动管理参数	AMF	如果用户附着时未携带自身的 DRX 参数，该软件参数用于控制 MME 对此用户进行寻呼时是否携带 DRX 参数。DRX（Discontinuous Reception，非连续接收）是在 LTE 中引入的一种新的省电工作机制，使 UE 在没有数据传输时不需要进入空闲模式，仍保持与基站的同步状态。如果用户附着时携带了自身 DRX 参数，MME 对此用户寻呼时会使用 DRX 参数	0

续表

参数名称	参数类别	参数位置（网元）	参数功能	默认值或者推荐值
是否基于签约 STN-SR 通知 eNB SRVCC 能力（262334）	移动管理参数	AMF	在 UE 及 MME 均支持 SRVCC 能力的前提下，MME 发给 UE 的 Initial Context Setup Request 和 Handover Request 消息中是否携带“SRVCC 支持”指示，需要通过本软件参数控制是否根据用户签约的 STN-SR（Session Transfer Number Single-Radio）信息来进行判断	0
非全局寻呼时，每次寻呼 eNB 的个数（262218）	移动管理参数	AMF	该软件参数用于控制 MME 发起非全局的寻呼流程时，每次寻呼 eNodeB 的个数	1
SGSN 是否降低协商 QoS 版本（786448）	分组域管理参数	AMF	SGSN 通过该软件参数控制是否降低与外部接口消息的 QoS 版本	0

2. 5GC QoS 必选参数

随着 5G 的到来，移动网络的架构及承载的业务都发生了很大的变化，产生了车联网、云 AR/VR、高清直播、工业控制等新的应用场景，对 5G 提出了更高的端到端 QoS（Quality of Service，服务质量）要求。

eMBB（增强移动宽带）：要求大容量、高速、动态带宽分配，可以高速上传下载 GB 量级的视频内容，可以为超高清视频、VR/AR 等业务动态分配带宽。

uRLLC（超可靠低时延通信）：要求高可靠、高可用、低时延，可以支持自动化工厂、远程手术等紧要关键（mission-critical）业务可靠运行，可以满足自动驾驶，远程控制无人机等 delay-critical 业务的低时延需求。

mMTC（海量机器类通信）：要求大容量、高速、动态带宽分配，可以为智慧城市等 IoT 业务提供十亿级设备的连接，密度可以达到百万设备 / 平方千米。

5G 要求更大的带宽、更短的时延和更灵活可靠的控制，这些都是通过 5G QoS 来实现。

5GC 与 4G EPC QoS 参数对比如表 4-4 所示。

表 4-4　5GC 与 4G EPC QoS 参数

对比项	4G	5G
Resource Type	取值范围： GBR Non-GBR	取值范围： GBR Non-GBR delay-critical GBR：用于 uRLLC 类型业务
Averaging Window	NA	5G 新增，应用于 GBR QoS Flow，定义了计算 GFBR/MFBR 的时间窗口，使 GFBR/MFBR 定义更严谨
Maximum Data Burst Volume	NA	5G 新增，应用于 uRLLC 业务（delay-critical 类型的 GBR QoS Flow），定义了要求空口在时延预算内传输的最大数据包长度，用于空口准入控制，也避免在 N3 Tunnel 上进行 IP 分片

3. 5GC QoS 可选参数

除了上述对 4G 已有 QoS 参数的完善和增强外，为了更灵活地控制 QoS，以及更好地保障业务质量，5G 还新增了可选参数，如表 4-5 所示。

表 4-5　5GC QoS 可选参数

新增参数	适用对象	作用	应用场景	协议参考
RQA	Non-GBR QoS Flow	指示该 QoS Flow 支持 Reflective QoS 机制，详见后文	不需保证带宽的业务，如网页浏览等	23501 5.7.2.3
Notification Control	GBR QoS Flow	当 RAN 侧不能满足 GFBR 时通知 SMF，5GC 发起 N2 信令流程来修改或移除 QoS flow；当条件改善能够再次执行 GFBR	可以根据 QoS 变化改变速率的业务，如视频直播等	23501 5.7.2.4
Maximum Packet Loss Rate	GBR QoS Flow	指示空口侧 QoS Flow 能接受的最大丢包率	只应用于语音业务	23501 5.7.2.8

任务实施

第一步：通过网管，线上查询。

① 学生账号登录，根据任务选取（比如：端到端优化或全网性能提升），单击数据中心进入。

② 单击无线侧图标进入。

③ 在配置中选取站点在右侧界面显示所有配置参数，如图 4-34 所示。

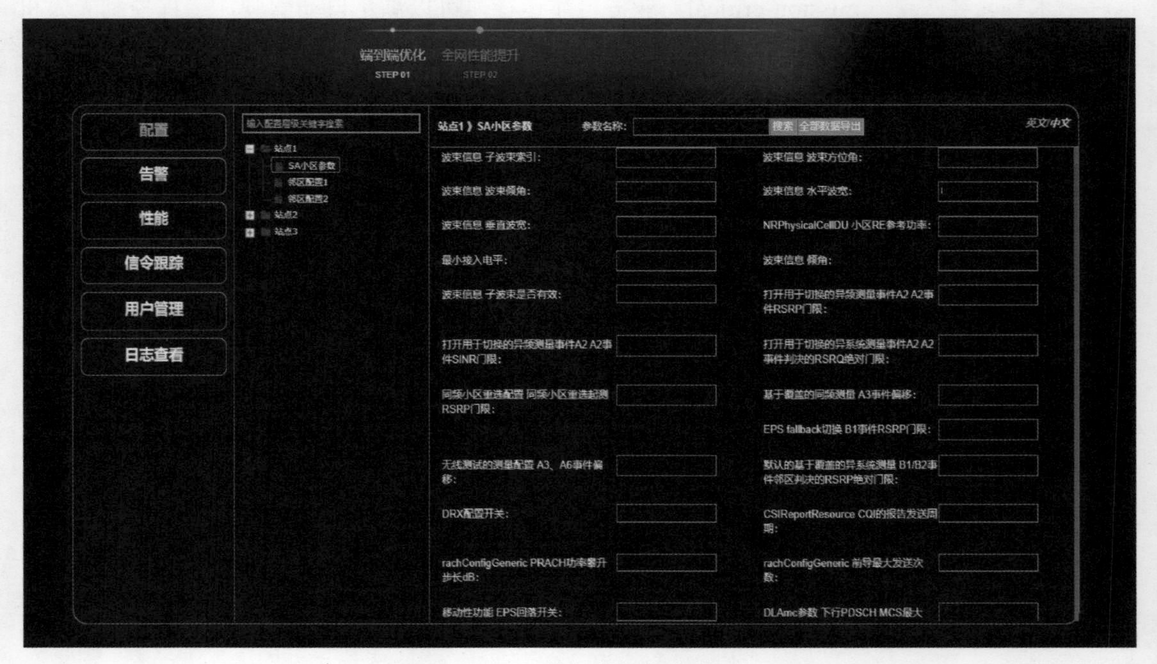

图 4-34　无线侧参数检查窗口

第二步：5G 无线配置数据离线查询及比较。

利用该功能可以将整网配置数据导出，用于查看和比较现网所有参数，如图 4-35 所示。

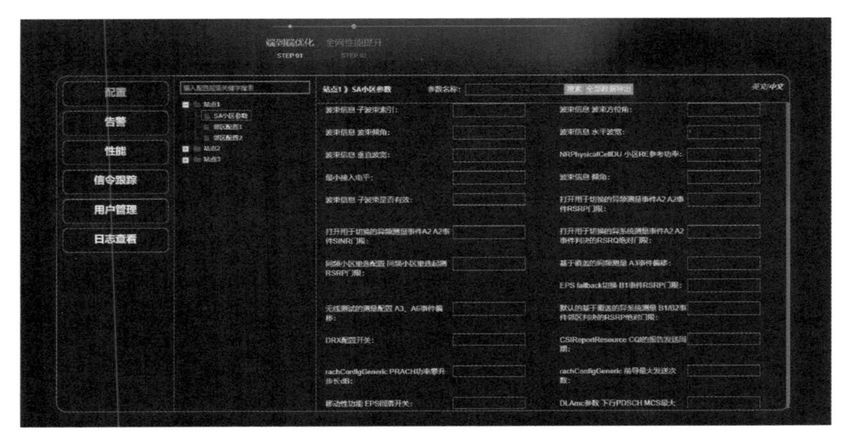

图 4-35　配置数据导出窗口

任务拓展

案例　通过核查网管数据解决切换失败问题

【问题描述】网格拉网测试过程中，主占用小区 RSRP 为 −105dBm，邻区 RSRP 为 −85dBm 左右，下发 A3 事件，但一直未发起切换。

【问题分析】首先对 PCI=490 与 PCI=61 两个小区的邻区关系进行核查，邻区已配置，同时外部邻区信息配置无异常。

对目标 PCI=61 小区告警状态核查如图 4-36 所示，该小区无告警；进一步核查 Xn 链路如图 4-37 所示，发现与切换目标站点 Xn 链路故障。

```
      附加信息  =  基站制式=N, 影响制式=N, 部署标识=NULL, 累计时长(s)=90, 描述信息=648652&590342&590343
     附加信息1  =  AF_N=西安灞桥灞业大境西门-HNH-XAS0243NTTD
      根源标记  =  1
  关联标识类型  =  2
           LCK  =  2102311VBKN0L200826400000616

ALARM  1559      故障      重要告警        gNodeB     29810     信令系统
    告警同步号  =  2860
      告警名称  =  gNodeB Xn接口故障告警
  告警发生时间  =  2020-09-01 14:59:36
      定位信息  =  具体问题=底层链路故障产生
          功能  =  gNodeB名称=西安灞桥灞业大境西门-HNH-XAS0243NTTD, objId=0
  告警变更时间  =  2020-09-10 05:22:10
      附加信息  =  基站制式=N, 影响制式=N, 部署标识=NULL, 累计时长(s)=90, 描述信息=2362101
     附加信息1  =  AF_N=西安灞桥灞业大境西门-HNH-XAS0243NTTD
      根源标记  =  1
  关联标识类型  =  2
           LCK  =  2102311VBKN0L200826400000617
(结果个数 = 3)

---    END
```

图 4-36　告警查询

查询gNodeB CU Xn接口信息

gNodeB CU Xn接口标识	gNodeB CU Xn接口CP承载标识	运营商标识	异常原因	gNodeB CU Xn接口CP承载状态	gNodeB CU Xn接口状态	最近一次故障产
0	70031	0	无	正常	正常	2020-09-01 14
1	70032	0	无	正常	正常	2020-09-01 14
2	70033	0	无	正常	正常	2020-09-01 17
3	70037	0	无	正常	正常	2020-09-01 14
4	70042	0	无	正常	正常	2020-09-01 14
5	70043	0	无	正常	正常	2020-09-01 14
6	70044	0	无	正常	正常	2020-09-01 14
7	70045	0	无	正常	正常	2020-09-01 14
8	70048	0	无	正常	正常	2020-09-01 14
9	70049	0	无	正常	正常	2020-09-01 14
10	70050	0	无	正常	正常	2020-09-01 14
11	70052	0	无	正常	正常	2020-09-01 14
12	70056	0	底层链路故障	异常	异常	2020-09-01 14

(结果个数 = 13)

---　END

图 4-37　Xn 接口信息查询

【解决方案】对 Xn 口告警进行处理后复测切换正常。

任务测验

（1）通过 5G 仿真实训系统，找出基站 1 和覆盖优化、速率优化、接入优化相关的参数设置值。

（2）通过 5G 仿真实训系统，查询核心网中 QoS 类参数配置值。

（3）通过 5G 仿真实训系统，导出基站 1、小区 1 和小区 2 的配置数据并进行比较，标出不同配置。

（4）列举出配置基站传输链路相关参数。

（5）列举出五个影响传输网 QoS 的参数。

（6）列举出五个影响核心网 APN 注册的相关参数。

任务四 5G 网络参数设置

任务描述

为什么手机在移动过程中可以打电话，可以保持在线而不掉线呢？小区和小区间的邻区是怎样规划的？本次任务需要完成以下内容：

（1）配置 / 修改 5G 网管平台的参数；

（2）在网管系统上添加和删除 5G 网络邻区；

（3）管理 NSA 指定的 5G 网络的相关锚点参数。

相关知识

一、Massive MIMO 相关参数

① 5G 典型 Massive MIMO 天线为 64 通道，为 8 列 ×4 行 ×2 极化。

② 2 个极化方向的天线使用相同的权值，总共是 32 组权值数据生成一个波束；通过设置每个端口的权值，可以形成需要的子波束形态。

③ 和 MIMO 的区别：多个子波束，分别内置方位角和下倾角。

④ 波束用 4 元组来刻画：波束（方位角、倾角、水平波束宽度、垂直波束宽度）。

a. 方位角：正北方向为 0，顺时针旋转依次为 0 ～ 360°。

b. 倾角：天线法线（垂直于天线天面）与波束中线夹角，向下为正，向上为负。

c. 波束宽度：波束两个半功率点（下降 3dB）之间的夹角，分为水平波束宽度和垂直波束宽度。

• 水平波束宽度：在水平方向上，在最大辐射方向两侧，辐射功率下降 3dB 的两个方向的夹角。

• 垂直波束宽度：在垂直方向上，在最大辐射方向两侧，辐射功率下降 3dB 的两个方向

的夹角。

⑤ 子波束网管配置，如表 4-6 所示。

表 4-6　子波束网管配置

参数	说明
子波束索引	子波束编号，索引值与 SSB 对应
方位角	分辨率 1°，建议 −20°～ +20°之间配置
倾角	分辨率 1°，建议 −10°～ +10°之间配置
水平波宽	用于调整子波束的水平半功率角，1°～ 65°之间可配置
垂直波宽	用于调整子波束的垂直半功率角，1°～ 65°之间可配置
子波束是否有效	控制子波束是否使能

二、邻区配置原则及相关参数

邻区配置的目的在于保证在小区服务边界的手机能及时切换到信号最佳的邻小区，以保证业务质量和整网的性能。

1. SA 组网场景需要配置的邻区

① 4G → 5G 的系统间邻区：用于 UE 从 4G 切换到 5G 系统服务。

② 5G → 4G 的系统间邻区：用于 UE 从 5G 弱覆盖或者没有 5G 覆盖的区域切换到 4G 系统服务。

③ 5G → 5G 的系统内邻区：包括同频和异频，用于 UE 在 5G 系统内部的移动连续性。

上述邻区初始配置推荐正对 2 层背向 1 层，邻区个数各约 20 个（含本系统同频或异系统的每个频点）。

2. NSA 组网场景需要配置的邻区

① 4G → 5G 的系统间邻区：只需规划锚点频点对应的 NR 邻区。

② 5G → 5G 的系统内邻区：包括同频和异频，用于 UE 在 5G 系统内部小区间的移动。

上述邻区初始配置建议 20 个。

3. 邻区参数配置

邻区参数配置，如表 4-7 所示。

表 4-7　邻区参数配置

参数名称	英文名称	参数说明	参数取值
天线方位角	Antenna Azimuth	基站小区的天线方位角	0 ～ 180°
天线机械角	Antenna mechanical inclination	基站小区的天线机械角	0 ～ 15°
天线挂高	antenna height	基站小区的天线挂高	1 ～ 50
基站标识	gNBId	该参数用于指示基站标识	0 ～ 4294967295
小区标识	cellLocalId	该参数用于指示小区标识	0 ～ 16383
物理小区 ID	pci	基站小区的物理小区标识	100 ～ 1000

续表

参数名称	英文名称	参数说明	参数取值
NR 邻接关系 支持 Xn 切换	supportXnHo	该参数是邻区是否支持 Xn 切换开关，用于 RRM 做切换判决时选择切换类型，默认值为支持。该参数设置为支持时，RRM 切换判决优先选择 Xn 切换，可提升切换性能。该参数设置为不支持时，RRM 选择其他切换类型，比如 N2 切换	1：支持 /0：不支持
外部 NR 邻接小区公共陆地移动网络标识号	pLMNId	该参数是用于配置运营商信息，由运营商的移动国家码 mcc、移动网络码 mnc 组成	460-00/460-01/460-15/460-03
外部 NR 邻接小区类型	coverageType	该参数用于指示小区类型	Macro/Micro
外部 NR 邻接小区上行载波的中心频点	frequencyUL	上行载波的中心频点	
外部 NR 邻接小区上行载波带宽	bandwidthUL	上行载波带宽	5 ～ 100
外部 NR 邻接小区上行子载波间隔	subcarrierSpacingUL	该参数指示外部小区上行的子载波间隔，根据该参数可以计算小区带宽和测量频点	15/30/60/120
外部 NR 邻接小区下行载波的中心频点	frequencyDL	下行载波的中心频点	
外部 NR 邻接小区下行载波带宽	bandwidthDL	下行载波带宽	5 ～ 100
外部 NR 邻接小区下行子载波间隔	subcarrierSpacingDL	该参数指示外部小区下行的子载波间隔，根据该参数可以计算小区带宽和测量频点	15/30/60/120
外部 NR 邻接小区下行 Point A 频点	pointAFrequencyDL	该参数用于指示下行 Point A 频点	
外部 NR 邻接小区上行 Point A 频点	pointAFrequencyUL	该参数用于指示上行 Point A 频点	
外部 NR 邻接小区物理小区 ID	nRPCI	标识小区的物理层小区标识号：NR 系统共有 1008 个物理层小区 ID，分成 336 组，每组 3 个，一个物理层小区 ID 只能归属于一个小区组。配置这个参数时，根据网络规划配置，保证不同小区的物理层小区 ID 是空间复用的	0 ～ 1007
外部 NR 邻接小区双工方式	duplexMode	双工模式	TDD/FDD
异频测量事件 A2 A2 事件 RSRP 门限	rsrpThreshold	测量时服务小区 A2 事件 RSRP 绝对门限，当测量到的服务小区 RSRP 低于门限时 UE 上报 A2 事件	−156 ～ −31
EPS fallback 切换 B1 事件 RSRP 门限	rsrpThreshold	测量时 B1 事件 RSRP 绝对门限，当测量到的 RSRP 高于门限时 UE 上报 B1 事件	−140 ～ −43
默认的基于覆盖的异系统测量 B1/B2 事件邻区判决的 RSRP 绝对门限	rsrpThreshold	测量时 B1/B2 事件邻区判决的 RSRP 绝对门限	−140 ～ −43
NR 邻接关系	LIJIE	与邻小区的站号、小区号、物理小区相关	11100 ～ 300000
小区个体偏移	cellIndivOffset	该参数为下行 SPS 使用的 HARQ 进程数，该参数设置越大，可配置的下行 SPS 最大重传次数越大，数据传输的可靠性越高。但动态调度的 HARQ 进程数会变小，影响动态调度满调度	−24 ～ 24

4. 邻区参数配置窗口（图 4-38）

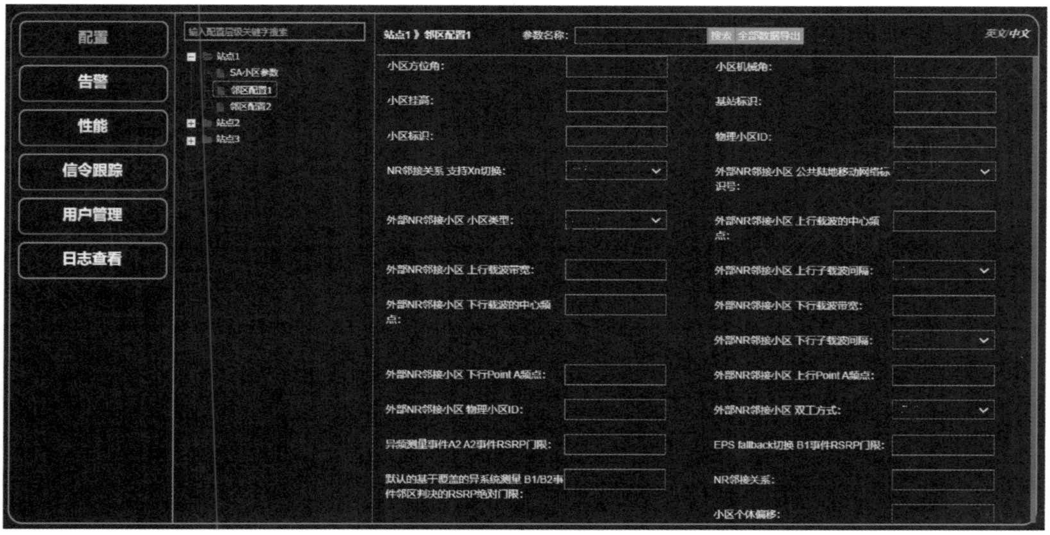

图 4-38　邻区参数配置窗口

三、NSA 锚点策略及相关参数

1. NSA 终端锚点策略

当前 5G NSA 组网模式，NSA 终端必须占用锚点小区后，才能使用 5G 业务提升用户感知。如何及时将 NSA 终端迁移到锚点小区并保证稳定占用，是当前面临的重要问题，是当前 NSA 终端移动性策略遇到的重要问题。

实现 NSA 终端优先占用锚点小区的目的，就是 NSA 终端从非锚点小区能迁移到锚点小区，当 NSA 终端迁移到锚点小区后，要能尽可能多占用锚点小区，所以需要非锚点小区和锚点小区同时开启相关功能配合实现。从非锚点小区的角度看，就是如何在空闲态和连接态分别把终端赶到锚点小区 / 频点。从锚点小区的角度看，就是如何在空闲态和连接态分别把终端留在锚点小区 / 频点。

5G UE 接入非锚点小区，如果它的邻区中存在锚点邻区，则在连接态下主动发起向锚点邻区的定向切换，或在 RRC 释放过程中携带 IMMCI 重选信息引导 NSA 终端迁移至锚点小区。

在锚点小区通过独立的移动性策略和 RRC 释放过程中携带 IMMCI 重选信息确保 NSA 终端在锚点小区 / 频点的稳定占用，多功能配合使用，达到优先占用锚点的目的。驻留策略如表 4-8 所示。

表 4-8　NSA 终端小区驻留策略

非锚点小区策略	锚点小区策略
空闲态：NSA 终端的 IMMCI 重选	空闲态：NSA 终端的 IMMCI 重选
连接态：非锚点到锚点定向切换：独立的移动策略，通过配置 NSA 独立的 A1/A2/A4/A5 事件等，确保在锚点小区稳定驻留	连接态：独立的移动策略，通过配置 NSA 独立的 A1/A2/A4/A5 事件等，确保在锚点小区稳定驻留
	高负荷：LB/CLB 不选 5G 用户

2. 5G网络的相关锚点参数设置

① 非锚点小区开启NSA定向切换锚点小区功能涉及参数，如表4-9所示。

表4-9　NSA定向切换参数

序号	参数所在的表名称	参数中文名	参数英文名	推荐值
1	EN-DC策略表	EN-DC锚定切换功能开关	enDcAnchorHoSwch	打开
2	EN-DC策略表	基于EN-DC锚定切换是否考虑切换入场景	EnDcAnchHoWhr4HOinScen	打开
3	E-UTRAN TDD/FDD小区	基于语音的ENDC锚点切换限制开关	RestrictVoiceAnchorHo	打开
4	测量参数→导频配置	EN-DC主载波频点优先级	endcPccFreqPrio	如果是单锚点场景，配置100即可，如果是双锚点场景，连续覆盖的锚点配置200，非连续锚点配置100，其余导频配0
5	E-UTRAN FDD邻接小区	邻区EN-DC锚点指示	NbrEnDcAnchorind	是
6	控制面定时器配置	EN-DC锚定功能切换测量等待定时器	MeasTimer4EnDcAncho	10000ms
7	测量配置索引集	EN-DC锚定功能切换测量索引	enDcAnchHOMeasCfo	542
8	UE系统内测量参数	【测量配置号542】事件判决的RSRP门限（dBm）	thresholdofRSRP	−43dBm
9		【测量配置号542】A5事件判决的RSRP绝对门限2（dBm）	a5Threshold2OfRSRP	−105dBm

② 非锚点小区和锚点小区都配置NSA终端定向重选锚点的参数，如表4-10所示。

表4-10　NSA终端定向重选锚点的参数

序号	参数所在的表名称	参数中文名	参数英文名	推荐值
1	EN-DC策略表	EN-DC锚定IMMCI功能开关	ucEndcAnchorlmmciSwch	打开
2	UE常量和定时器	EN-DC锚定IMMCI功能T320定时器时长	ucEndcAnchorlmmciT320	30

③ 锚点小区NSA独立移动性相关参数，如表4-11所示。

表4-11　锚点小区NSA独立移动性相关参数

锚点小区的NSA独立移动性参数配置（连接态）				
序号	参数所在的表名称	参数中文名	参数英文名	推荐值
1	测量参数	PerQCI测量配置开关	perQCIMeasSwch	打开
2	测量参数	PerQCI测量配置策略	QCIMeasCfgStrategy	优先级策略
3	测量参数	EN-DC用户专用移动性测量配置开关	EnDcSpecMobilityMeasSwch	打开
4	测量参数——导频载频配置	EN-DC用户EUTRAN频点的PS HO测量指示	enDcEutranfreqPSHOMeasind	F1锚点异地配置为200，FDD1800锚点配置为100，非锚点导频配置为1
5	测量配置索引集	EN-DC用户基于覆盖的导频切换测量配置	EnDcinterFHOMeasCfg	建议将切换至非锚点导频的事件配置为A5（30005），切换到其他导频锚点的事件配置为A3（30003）

续表

锚点小区的 NSA 独立移动性参数配置（连接态）							
序号	参数所在的表名称	参数中文名	参数英文名	推荐值			
6	UE 系统内测量参数 -（用于 NSA 终端，新建测量配置号 30005）	事件判决 RSRP 门限（dBm）	a4ThresholdOfRSRP	−110			
		A5 事件判决 RSRP 门限		−100			
	UE 系统内测量参数 -（用于 NSA 终端，新建测量配置号 30003）	判决迟滞范围（dB）		0			
		A3 事件偏移（dB）		3			
7	测量参数	EN-DC 用户 PerQCIA1A2 测量配置索引组 ID	EnDcPerQCIA1A2MeaGrpCfg	5			
8	perQCIA1A2 测量配置	PerQCIA1A2 测量配置索引组 ID	perQCIA1A2MeaGroupld	5			
		业务类型 QCI 编号	QCI	1	5	8	9
		QCI 的测量优先级	measPriority	10	8	5	2
		异频 A1 事件 RSRP 门限	interFA1ThrdP	−85	−100	−100	−100
		异频 A2 事件 RSRP 门限	interFA2ThrdP	−90	−108	−108	−100
9	测量参数	EN-DC 用户 PerQCI 异频测量配置索引组 ID	EnDcPerQCIFMeaGrpCfo	51			
10	PerQCI 测量配置	PerQCI 测量配置索引组 ID	MesGroupld	51			
		业务类型 QCI 编号	QCI	1			
		QCI 的测量优先级	measPriority	10			
		A5 事件 RSRP 门限 1	a5Thrld1p	−95			
		A5 事件 RSRP 门限 2	a5Thrld2P	−92			
		A3 事件 RSRP 偏移（dB）	a3offsetP	2			
		A4 事件 RSRP 门限（dBm）	a4ThresholdOfRSRP	−92			

④ 非锚点小区 NSA 独立移动性相关参数，如表 4-12 所示。

表 4-12 非锚点小区 NSA 独立移动性相关参数

非锚点小区的 NSA 独立移动性参数配置（连接态）				
序号	参数所在的表名称	参数中文名	参数英文名	推荐值
1	测量参数	PerQCI 测量配置开关	perQCIMeasSwch	打开
2	测量参数	PerQCI 测量配置策略	QCIMeasCfgStrategy	优先级策略
3	测量参数	EN-DC 用户专用移动性测量配置开关	EnDcSpecMobilityMeasSwch	打开
4	测量参数——导频载频配置	EN-DC 用户 EUTRAN 频点的 PS HO 测量指示	enDcEutranfreqPSHOMeasind	F1 锚点异地配置为 200，FDD1800 锚点配置为 100，非锚点导频配置为 1

续表

<table>
<tr><th colspan="8">非锚点小区的 NSA 独立移动性参数配置（连接态）</th></tr>
<tr><th>序号</th><th>参数所在的表名称</th><th>参数中文名</th><th>参数英文名</th><th colspan="4">推荐值</th></tr>
<tr><td>5</td><td>测量配置索引集</td><td>EN-DC 用户基于覆盖的导频切换测量配置</td><td>EnDcinterFHOMeasCfg</td><td colspan="4">建议将切换至锚点导频的事件配量为 A4（30004），切换到其他非锚点的事件保持现网默认</td></tr>
<tr><td>6</td><td>UE 系统内测量参数——（用于 NSA 终端，新建测量配置号 30004）</td><td>A4 事件 RSRP 门限（dBm）</td><td>a4ThresholdOfRSRP</td><td colspan="4">−105</td></tr>
<tr><td>7</td><td>测量参数</td><td>EN-DC 用户 PerQCIA1A2 测量配置索引组 ID</td><td>EnDcPerQCIA1A2MeaGrpCfg</td><td colspan="4">6</td></tr>
<tr><td rowspan="5">8</td><td rowspan="5">perQCIA1A2 测量配置</td><td>PerQCIA1A2 测量配置索引组 ID</td><td>PerQCIA1A2MeaGroupld</td><td colspan="4">6</td></tr>
<tr><td>业务类型 QCI 编号</td><td>QCI</td><td>1</td><td>5</td><td>8</td><td>9</td></tr>
<tr><td>QCI 的测量优先级</td><td>measPriority</td><td>10</td><td>8</td><td>5</td><td>2</td></tr>
<tr><td>异频 A1 事件 RSRP 门限</td><td>interFA1ThrdP</td><td>−85</td><td>−85</td><td>−85</td><td>−85</td></tr>
<tr><td>异频 A2 事件 RSRP 门限</td><td>interFA2ThrdP</td><td>−90</td><td>−90</td><td>−90</td><td>−90</td></tr>
<tr><td>9</td><td>测量参数</td><td>EN-DC 用户 PerQCI 异频测量配置索引组 ID</td><td>EnDcPerQCIFMeaGrpCfo</td><td colspan="4">52</td></tr>
<tr><td rowspan="4">10</td><td rowspan="4">PerQCI 测量配置</td><td>PerQCI 测量配置索引组 ID</td><td>MesGroupld</td><td colspan="4">52</td></tr>
<tr><td>业务类型 QCI 编号</td><td>QCI</td><td colspan="4">1</td></tr>
<tr><td>QCI 的测量优先级</td><td>measPriority</td><td colspan="4">10</td></tr>
<tr><td>A4 事件 RSRP 门限（dBm）</td><td>a4ThresholdOfRSRP</td><td colspan="4">−92</td></tr>
</table>

⑤ 开启 NSA 终端禁止负荷均衡功能。锚点小区进行负荷均衡的时候，为了防止在连接态和空闲态将 NSA 终端均衡切换到其他小区，需要配置 NSA 用户过滤功能，如配置为打开，则负荷均衡不会选中 NSA 终端。涉及 1 个参数，推荐配置如表 4-13 所示。

表 4-13 NSA 终端禁止负荷均衡功能开关

序号	参数所在的表名称	参数中文名	参数英文名	推荐值
1	小区负荷均衡配置表	负荷均衡 NSA 用户过滤开关	IBNSAUEFilterSwch	打开

任务实施

第一步：设置 5G 无线相关参数。

① 根据任务选取（比如：端到端优化或全网性能提升），单击数据中心进入。
② 单击无线侧图标进入。
③ 在配置中选取站点，在右侧界面设置指定参数并保存，如图 4-39 所示。

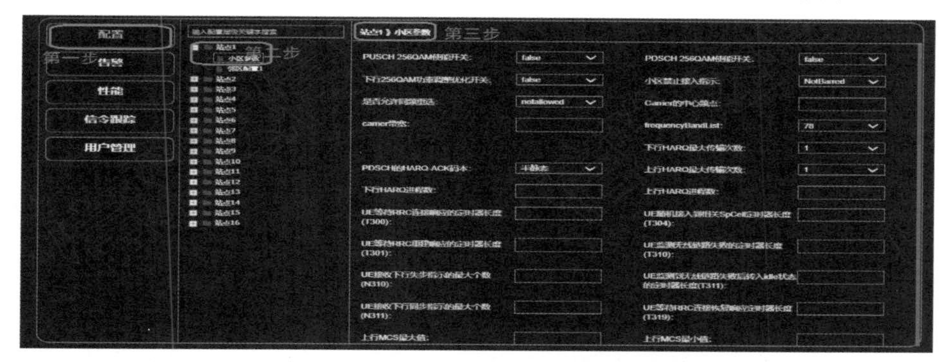

图 4-39 5G 无线网络参数修改窗口

第二步：5G 网管邻区配置。

（1）邻区添加（图 4-40）

① 登录 5G 网管，在左侧导航栏选取“配置参数管理”。
② 在右侧界面根据任务场景选取（比如：eMBB），单击“无线侧”。
③ 单击“添加”。
④ 填写“参数名称”和“显示排序”，保存设置。

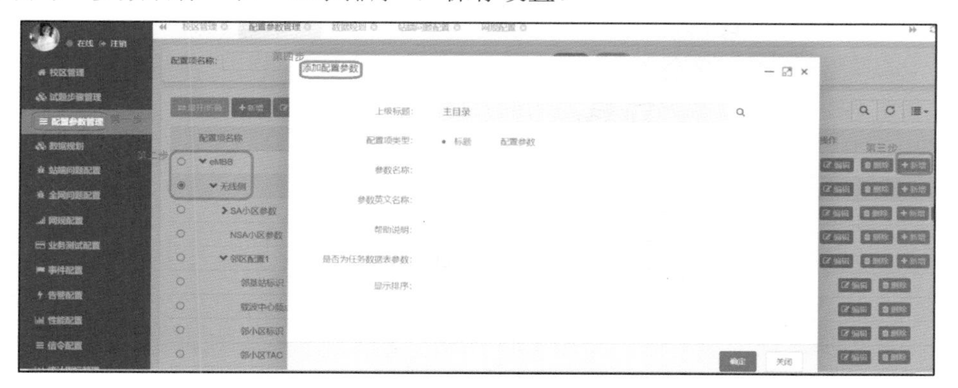

图 4-40 5G 基站邻区添加

（2）邻区删除（图 4-41）

图 4-41 5G 基站邻区删除

① 登录 5G 网管，在左侧导航栏选取“配置参数管理”。

② 在右侧界面，根据任务场景（比如：eMBB），选取“无线侧”。

③ 选取需要删除邻区。

④ 单击“删除”。

⑤ 单击“确认”，完成邻区删除。

（3）邻区参数调整

① 根据任务选取（比如：端到端优化或全网性能提升），单击数据中心进入。

② 单击无线侧图标进入。

③ 在配置中选取站点→邻区配置，在右侧界面中修改相关参数并保存，如图 4-42 所示。

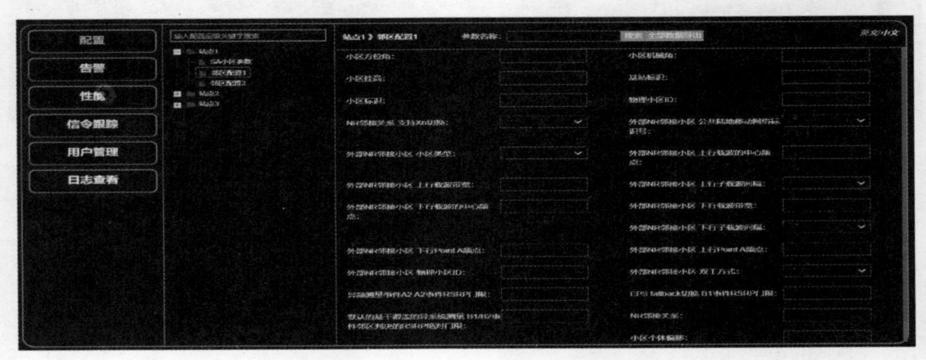

图 4-42　5G 基站邻区参数修改窗口

任务拓展

无线网络虚拟化技术

1. 虚拟化概述

一套机制实现资源 M∶N 的映射，提供给不同客户端以满足不同的需求，如图 4-43 所示。虚拟化指将物理 CPU、内存、网卡等计算机资源通过一定的方法生成虚拟的 CPU、内存、网卡，提供给不同的客户端，如图 4-44 所示。虚拟化技术实现在相同的物理服务器上运行多个不同的操作系统，它们既共享底层的物理硬件，同时又被隔离在不同的虚拟机上。

2. 虚拟化的好处

① 资源共享：在一台物理服务器上运行多个操作系统能提高硬件容量的利用率。

② 功能封装：整个虚拟服务器仅仅是一个映像文件和一个配置文件快速部署。

③ 隔离作用：故障和安全隔离资源调度。

④ 与硬件无关：异构系统可以在同一物理平台共存，只需一次构建便可以运行且硬件和软件可以独立发展。

3. 无线网络虚拟化带来的好处

（1）无线网络虚拟化将成为移动网络演进的一种趋势　为了支持业务快速部署，降低网络建设运维成本和复杂度，满足未来业务差异化、定制化需求，提升运营商竞争力，采用通用硬件平台，通过虚拟化技术实现软硬件解耦，使得网络具有灵活的可扩展性、开放性和演进能力。

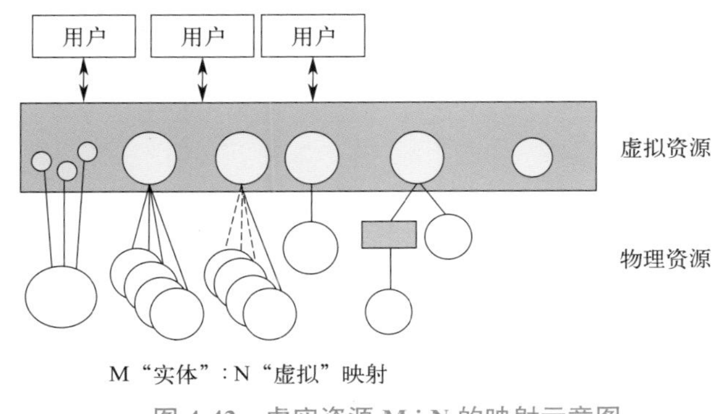

图 4-43　虚实资源 M：N 的映射示意图

图 4-44　IT 领域的虚拟化

（2）无线网络虚拟化是实现 5G 移动网络端到端虚拟化的重要环节　通过"用户↔无线接入网↔核心网↔业务平台"端到端的虚拟化，虚拟出多个虚拟网络，实现资源的共享与隔离，提供给虚拟运营商 / 业务提供商。RAN 虚拟化是实现端到端网络切片的重要环节。

（3）无线网络虚拟化有利于新业务开发验证　虚拟化可以将资源虚拟为不同的切片，每个切片实现了资源的共享与隔离，因此，新业务可以在现网进行开发和实验，且不会对现有网络的业务造成影响。此外，作为未来网络架构不可或缺的无线接入技术，通过虚拟化技术的引入，也可以实现新的无线接入技术在现有的虚拟化网络中进行规模验证实验，缩短开发验证周期，加快网络的演进步伐，同时又不影响现网运营。

4. 虚拟化后的业务部署方式变化

① 传统网络业务部署方式如图 4-45 所示。

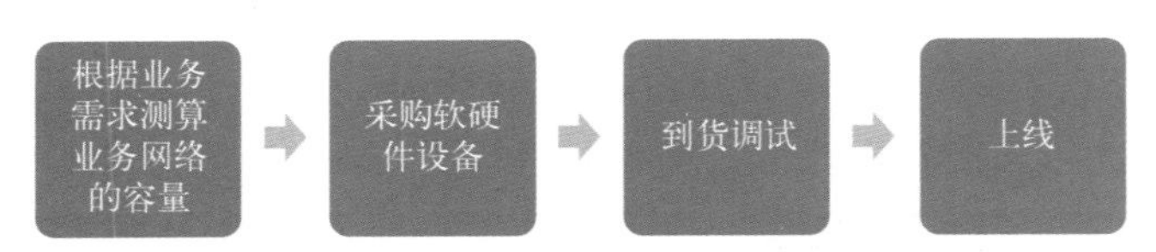

图 4-45　传统网络业务部署方式

② NFV（Network Functions Vrtualizaion，网络功能虚拟化）之后业务部署方式如图 4-46 所示。

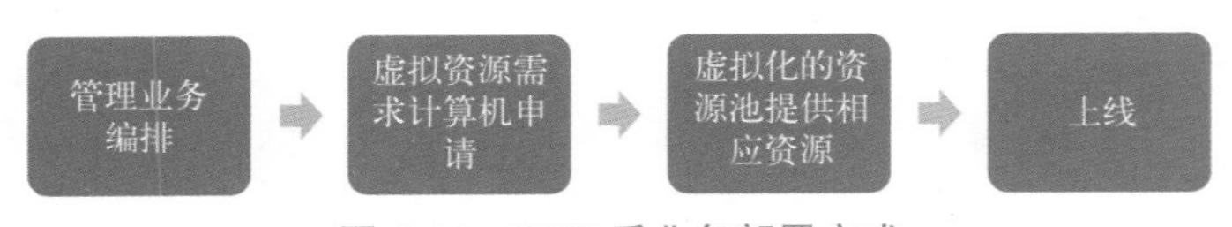

图 4-46　NFV 后业务部署方式

任务测验

（1）通过 5G 仿真实训系统，根据基站 1 现有邻区，为三个扇区各添加一个合理邻区。

（2）通过 5G 仿真实训系统，修改站点 2 的波束赋形权值，调整后使其满足 SS-RSRP ≥ −93dBm 且 SS-SINR ≥ −3。

（3）列举出五个影响终端掉线的无线侧参数。

（4）列举出五个影响小区覆盖的无线侧参数。

（5）列举出五个影响终端切换成功率的无线侧参数。

项目总结

本项目介绍5G网络信息的管理方法，从5G网络的总体架构，网络监控、参数检查与修改等角度，对网络信息的采集、统计、校对、评估等方面进行了讲解和学习。

通过本项目的实训内容，学生掌握5G网络中各网元、各种信息的检索以及分析网络信息。学完本项目后学生能独立完成告警统计、网元健康检查、网络性能监控、参数检查和调整等任务。

本项目学习重点：

- 5G网络架构。
- 5G网络监控的方式及种类。
- 5G网络参数的类别及概念。
- 5G网络参数的核查与调整。

本项目学习难点：

- 5G网络参数的核查与调整。

赛事模拟

【节选自“2022年金砖国际职业技能大赛”的5G网络优化虚拟仿真实训系统赛项样题】

任务要求：使用GPS、罗盘、测距仪、坡度仪、万用表等工具采集规划站点的室内外关键信息。

结果输出：

（1）5G室内外信息采集工具选择如图4-47所示。

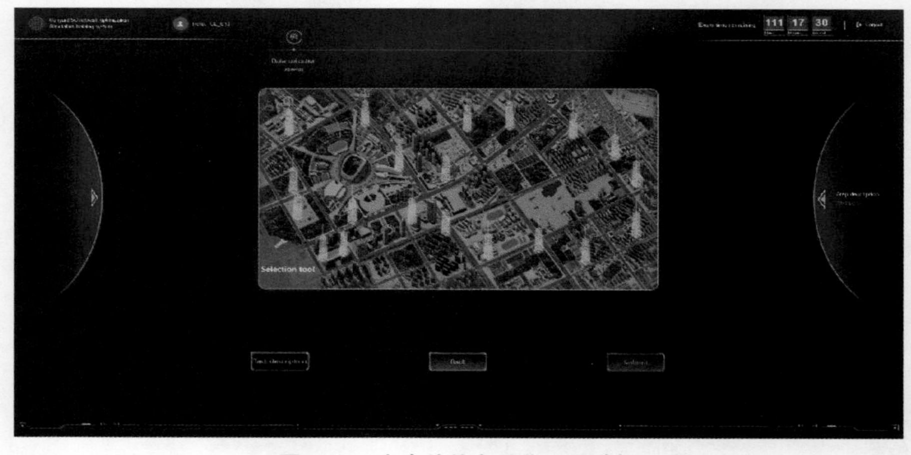

图4-47 室内外信息采集工具选择

（2）规划站点的室内工勘信息如图4-48所示。

（3）规划站点的室外工勘信息如图4-49所示。

图 4-48 室内信息采集

图 4-49 室外信息采集

练习题

1. 画出 5G 网络信息管理的知识结构图。
2. 写出 5G 网管的特性。
3. 对 IaaS 做简要说明。
4. 对 PaaS 做简要说明。
5. 对 SaaS 做简要说明。
6. 5G 网管系统组件包括哪些内容？
7. 简要说明性能指标分类。
8. 写出 Massive MIMO 的特点。
9. 画出 SPN 组网方案图。
10. 说明 5GC 互操作业务流程中单注册与双注册的基本概念。
11. 说明邻区配置原则。
12. 5G 网管具备哪些优点?
13. 网管的告警等级分为几级?

项目五 5G 网络端到端优化

项目引入

在大学数学中，对于具体的目标函数求最优化的过程，也就是求某个函数的最大值和最小值的问题，在数学课程中学习的方法是先求导数再来求极限值。在现实中生活当中，实现最优化并不是那么简单的。在生活中做某种选择，总是先考虑几样重要的因素满足要求就可以。比如坐出租车出行是考虑时间最短还是路途最短，由这两种考虑法选择得出的路线是不一样的。移动通信系统是一个复杂的系统，有很多的因素影响它的运行，难以用一个确切的表达式表示网络优化函数。因此移动通信无线网络优化的过程只能通过“试错”法之类的迭代算法来实现。

网络优化就是不断地根据网络的性能，动态地改变网络参数，形成一个闭环优化的过程。在做5G 网络端到端优化的时候，涉及的参数是比较多的，需要在学习的时候学会融会贯通、举一反三。

本项目介绍 5G 端到端网络优化的工作内容，学习内容包括了端到端优化方案实施，端到端优化结果验证，端到端优化报告输出。通过本项目的学习，能够掌握 5G 端到端网络优化的基本技能。

本项目的学习内容对应 5G 网络端到端优化工程师的岗位。

项目目标

1. 岗位描述

（1）主要负责移动、联通、电信等运营商的 5G 网络端到端优化工作；
（2）熟练使用通信软件和测试仪器设备；
（3）负责用户投诉处理、道路测试与分析、端到端 KPI 指标优化与提升、优化报告的输出等；
（4）对无线网络端到端参数进行规划与优化；
（5）能够展示优化成果，并对优化工作进行相应总结；
（6）对将来网络建设与维护提出可行性建议；
（7）对运营商客户进行相关技术培训。

2. 知识目标

（1）掌握天线（方向图、倾角、MIMO 等）相关参数名称、定义及取值范围；
（2）掌握无线相关参数（随机接入类，移动性管理类，寻呼，功率控制，4/5G 互操作类，定时器类等）名称、短名称（缩写）、用途、默认值、取值范围、类型等内容；

（3）掌握端到端相关承载网（新建L3VPN业务、路由策略等）名称、位置、功能、默认值等；

（4）掌握核心网参数（ARP、xBR、Qos参数等）类别、名称、位置、功能、默认值等；

（5）掌握无线网络覆盖优化结果验证、切换、时延、速率、容量、掉线指标计算公式、评估指标等；

（6）了解5G网络优化报告的模板及输出要求。

3. 技能目标

（1）会分析端到端优化的相关数据；

（2）能够独立对天线相关参数进行优化及调整；

（3）能够独立对无线接入网、承载网、核心网相关参数提出优化及调整方案；

（4）能够完成5G网络优化报告的输出；

（5）能够对不同问题场景的优化覆盖进行结果验证。

4. 素质目标

（1）培养自学能力、创新能力、辩证思维能力、逻辑思维能力；

（2）具有奉献精神、团队精神、科学精神；

（3）具有语言文字表达能力和报告写作能力；

（4）培养形成规范的操作习惯，养成良好的职业行为习惯；

（5）培养理性思维：尊重事实和证据，有实证意识和严谨的求知态度；能运用科学的思维方式认识事物、解决问题。

知识及技能图谱

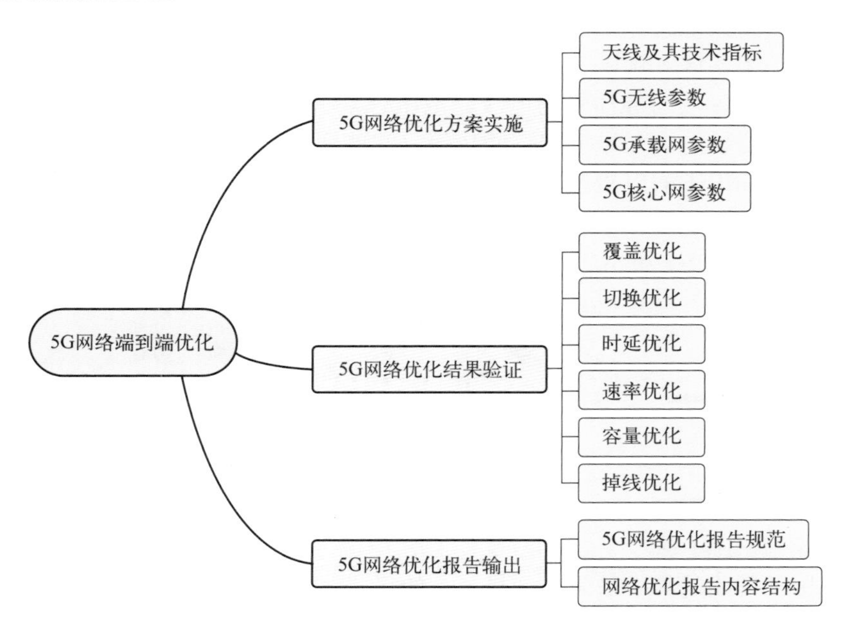

任务一 5G网络优化方案实施

任务描述

在日常的生活和学习中，是不是会遇到通信不畅的问题？有的时候，网络差影响的是你一个人；有的时候，网络差影响的是一群人。有什么区别呢？如何去调整呢？各位同学放开脑洞思考一下。

通过本任务内容，能够了解5G网络优化方案的具体方向，并且能够针对不同的问题发生的场景和现象，通过分析，判断出是天线问题，还是无线、承载或者核心网的问题。本次任务具体内容包括：

（1）天线参数查看调整；

（2）无线参数查看调整；

（3）承载网参数查看调整；

（4）核心网全局参数查看调整。

相关知识

一、天线及其技术指标

在无线通信系统中，与外界传播媒介接口的是天线系统。天线发射和接收无线电波：发射时把高频电流转换为电磁波；接收时把电磁波转换为高频电流。天线的型号、增益、方向图、驱动天线功率、简单或者复杂的天线配置和天线极化等都会影响系统的性能。

1. 天线辐射原理

当导体上通以高频电流时，在其周围空间会产生电场与磁场。按电磁场在空间的分布特性，可分为近区、中间区、远区。设R为空间一点距导体的距离，在$R \leqslant \lambda/2\pi$时的区域称近区，在该区内的电磁场与导体中的电流、电压有紧密的联系；在$R \geqslant \lambda/2\pi$的区域称为远区，在该区域内电磁场能离开导体向空间传播，它的变化相对于导体上的电流电压就要滞后一段时间，此时传播出去的电磁波不与导线上的电流、电压有直接的联系，这个区域的电磁场称为辐射场。发射天线正是利用辐射场的这种性质，使传送的信号经过发射天线后能够充分地向空间辐射，如图5-1所示。

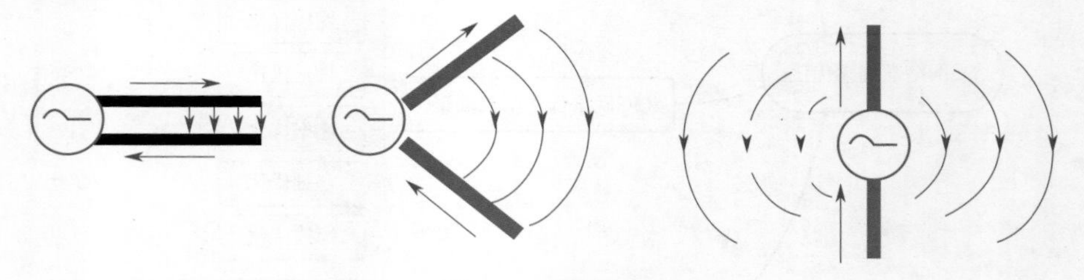

图5-1 电偶极子

半波对称振子天线是其中最简单、最基本的形式。

电磁波从发射天线辐射出来以后，向四面传播出去，若在电磁波传播的方向上放一对称振子，则在电磁波的作用下，天线振子上就会产生感应电动势。如此时天线与接收设备相连，则在接收设备输入端就会产生高频电流。这样天线就起着接收作用并将电磁波转化为高频电流，也就是说此时天线起着接收天线的作用，接收效果的好坏除了电波的强弱外还取决于天线的方向性、半波对称振子与接收设备的匹配程度等因素。

辐射强度的决定因素如下。

导线形状：两导线的距离很近，电场被束缚在两导线之间，辐射微弱；将两导线张开，电场就散播在周围空间，辐射增强。

导线长度：当导线的长度 L 远小于波长 $R \leqslant \lambda$ 时，辐射微弱；导线的长度 L 增大到可与波长相比拟时，导线上的电流将大大增加，辐射增强。

两臂长度相等的振子叫作对称振子。每臂长度为四分之一波长、全长为二分之一波长的振子，称为半波对称振子，如图 5-2 所示。

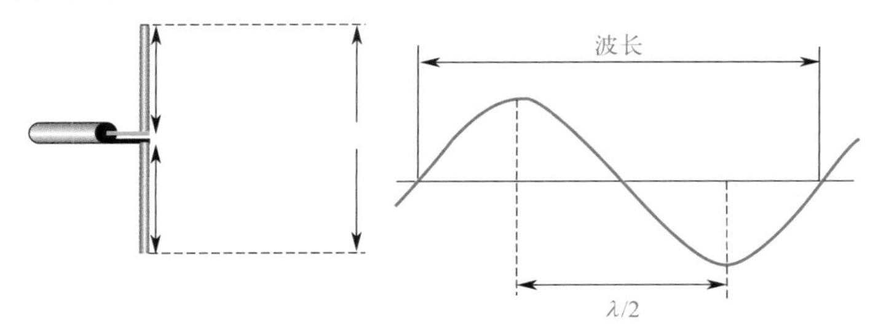

图 5-2 半波对称振子

对称振子是一种经典的、迄今为止使用最广泛的天线，单个半波对称振子可简单地独立使用或用作为抛物面天线的馈源，也可采用多个半波对称振子组成天线阵。

2. 天线增益（GAIN）

天线增益是天线系统的最重要参数之一，天线增益是在输入功率相等的条件下，实际天线与理想的辐射单元在空间同一点处所产生的信号的功率密度之比。如图 5-3 所示，全向辐射器就是一种理想辐射点源，是一种假设所有方向上都辐射相等功率的辐射器。天线增益是用来衡量天线朝一个特定方向收发信号的能力，它是选择基站天线最重要的参数之一。

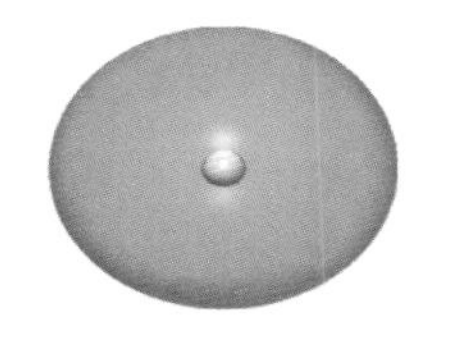

(a) 理想辐射点源(无损辐射)

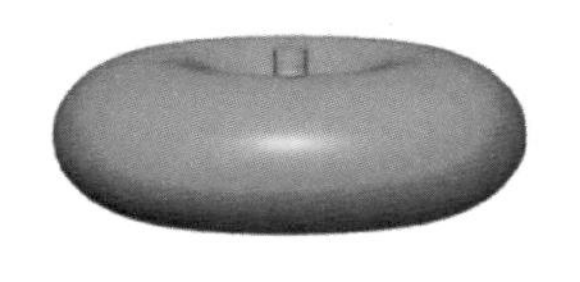

(b) 半波振子

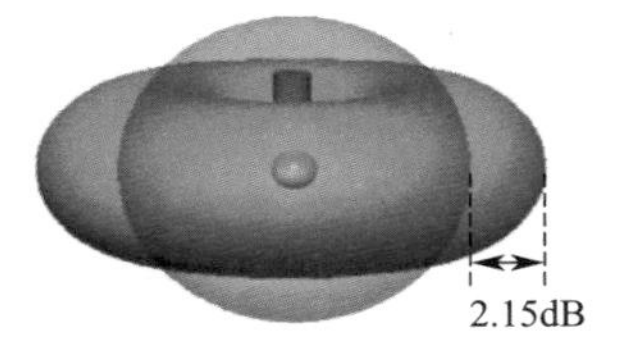

(c) 0dBd=2.15dBi

图 5-3 两种增益单位比较

dBi 是实际天线相对于全向辐射器算出的增益值，dBd 是实际天线相对于半波振子天线算出的增益值，两者之间的关系是 dBi=dBd+2.15，如图 5-3 所示。

3. 天线方向图

天线的辐射电磁场在固定距离上随角坐标分布的图形，称为方向图，用辐射场强表示的称为场强方向图，用功率密度表示的称为功率方向图，用相位表示的称为相位方向图。

天线方向图是空间立体图形，但是通常应用的是两个互相垂直的主平面内的方向图，称为平面方向图。在线性天线中，由于地面影响较大，都采用垂直面和水平面作为主平面。

在方向图中，包含所需最大辐射方向的辐射波瓣叫天线主波瓣，也称天线波束。主瓣之外的波瓣叫副瓣或旁瓣或边瓣，与主瓣相反方向上的旁瓣叫后瓣。全向天线其天线水平波瓣为圆柱形，如图 5-4 所示。定向天线其天线水平波瓣为板状，如图 5-5 所示。

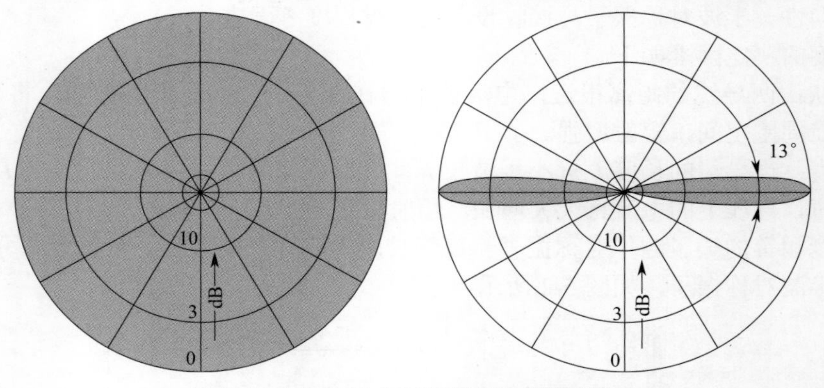

图 5-4　全向天线水平波瓣和垂直波瓣情况

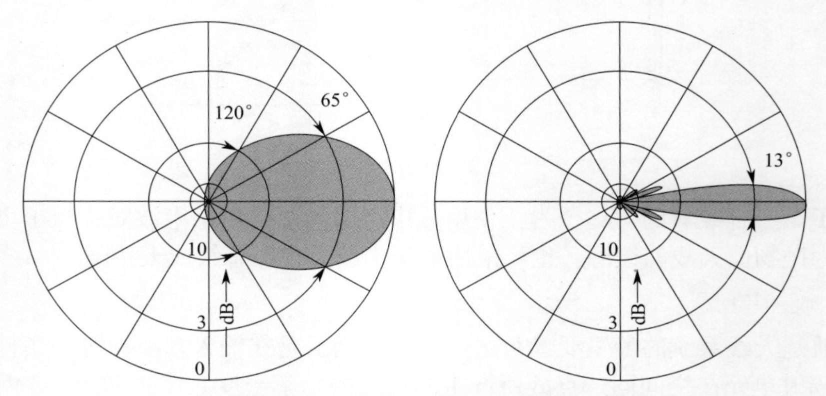

图 5-5　定向天线水平波瓣和垂直波瓣情况

一般天线方向图包含参数如下。

① 前后比：前波瓣与后波瓣最大值之比。

② 半功率点波瓣宽度：天线最大值下降 3dB 点的夹角。

③ 零功率波瓣宽度：指主瓣最大值两边两个零辐射方向之间的夹角。

④ 副瓣电平：副瓣与主瓣最大值之比。

4. 天线倾角

天线倾角必须考虑的因素有：天线的高度、方位角、增益、垂直半功率角，以及期望小区覆盖范围。

在天线增益一定的情况下，天线的水平半功率角与垂直半功率角成反比，当天线增益较小时，天线的垂直半功率角和水平半功率角通常较大，而当天线增益较高时，天线的垂直半功率角和水平半功率角通常较小。

对于分布在市区的基站，当天线无倾角或倾角很小时，各小区的服务范围取决于天线高度、方位角、增益、发射功率以及地形地物等，此时覆盖半径可以采用 Okumura-Hata 或 COST231 公式计算。当天线倾角较大时，无法计算出的覆盖半径（如有比较准确的传播模型和数字地图），可以根据天线垂直半功率角和倾角大小按三角几何公式直接估算，方法如下。

假设所需覆盖距离为 L（m），天线高度为 H（m），下倾角为 φ，垂直半功率角为 α，则天线主瓣波束与地平面的关系如图 5-6 所示。

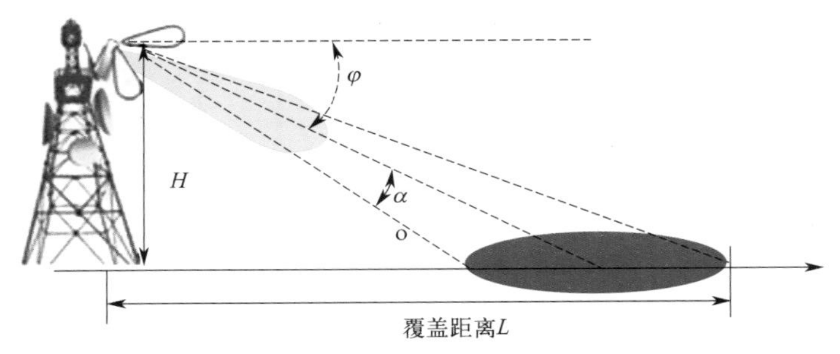

图 5-6 下倾角与覆盖范围

5. 多天线技术 Massive MIMO

MIMO，即多输入多输出（Multiple-Input Multiple-Output），是一种利用发射与接收端的多天线获取分集增益、实现多个空间数据流的传输、提升频谱利用率的技术。基于大规模 MIMO 的无线传输技术能够深度利用空间维度的无线资源，进而显著提升系统频谱效率和功率效率，也具有提高信道容量和改善系统性能等优点，如图 5-7 所示。同时基于 MIMO 信道提供的空间复用增益，可以利用多天线来抑制信道衰落。多天线系统的应用，使得并行数据流可以同时传送，可以显著克服信道的衰落，降低误码率。

大规模天线的优势可以归结为以下几点：

① 提升网络容量。波束赋形的定向功能可极大提升频谱效率，从而大幅度提高网络容量。

② 减少单位硬件成本。波束赋形的信号叠加增益功能使得每根天线只需以小功率发射信号，从而避免使用昂贵的大动态范围功率放大器，减少了硬件成本。

③ 与毫米波技术形成互补。毫米波拥有丰富的带宽，但是衰减强烈，而波束赋形则正好可以解决这一问题。

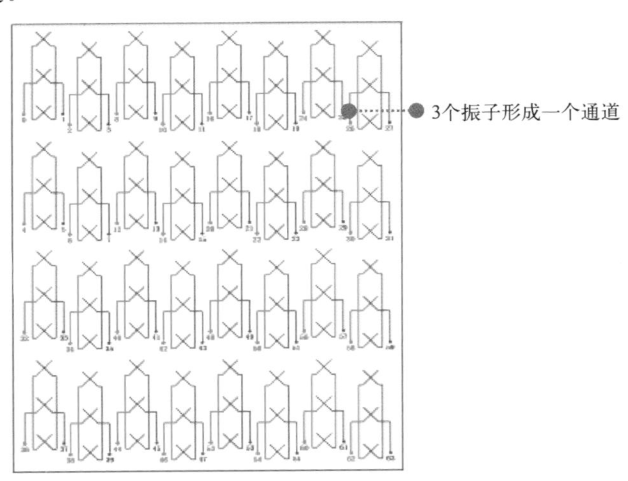

图 5-7 Massive MIMO 天线振子

5G 典型 Massive MIMO 天线为 64 通道，为 8 列 ×4 行 ×2 极化。

2 个极化方向的天线使用相同的权值，总共是 32 组权值数据生成一个波束。通过设置每个端口的权值，可以形成需要的子波束形态。

传统 4G 只能通过在天线波瓣水平方向上调整权值，有限地改变水平波瓣角，如图 5-8 所示；而 Massive MIMO 可以支持在天线波瓣水平和垂直维度进行调整，如图 5-9 所示。

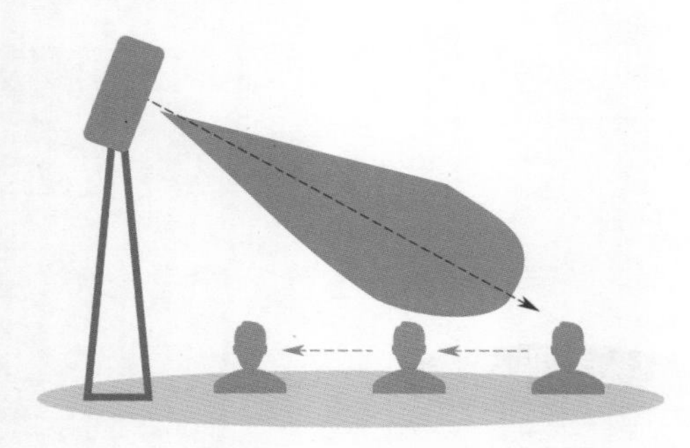

图 5-8 传统天线

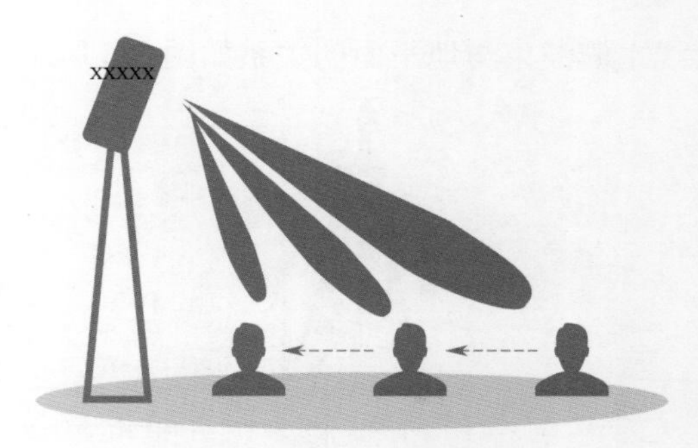

图 5-9 Massive MIMO 天线

6. 天线其他技术指标

① 电压驻波比（VSWR）。电压驻波比是在移动通信蜂窝系统的基站天线中的一个重要参数，其最大值应小于或等于 1.5。

天线输入阻抗和馈线的特性阻抗不一致时，产生的反射波和入射波在馈线上形成叠加电磁波信号，这个叠加信号称为“驻波”，其相邻电压的最大值和最小值之比是电压驻波比，它是检验馈线传输效率的依据。电压驻波比过大，将缩短电磁波信号传输距离。而且反射功率将返回发射机功放部分，容易烧坏功放管，影响通信系统正常工作。

② 前后比。定向天线的前后比指主瓣的最大辐射方向（规定为 0°）的功率通量密度与相反方向附近（规定为 180° ±20°范围内）的最大功率通量密度之比值。一般天线的前后比在 18 ～ 45dB 之间。对于密集市区要积极采用前后比大的天线，如 40dB。

网管对应天线相关参数的说明如表 5-1 所示。

表 5-1 天线参数说明

波束参数名称	说明
子波束索引	子波束编号，索引值与 SSB 对应
方位角	分辨率 1°，建议 -85°～ +85°之间配置
倾角	分辨率 1°，建议 -85°～ +85°之间配置
水平波宽	用于调整子波束的水平半功率角，1°～ 65°可配
垂直波宽	用于调整子波束的垂直半功率角，1°～ 65°可配
子波束功率因子	调整每个子波束的功率因子（当前网管没有，后续加入）
子波束是否有效	控制子波束是否使能

二、5G 无线参数

1. 无线通信网络基础

无线接入网是无线通信网络的基础，无线通信网络构成如图 5-10 所示。5G 时代，接入网又发生了很大的变化。5G 需要满足业务面向多样化需求，支持超高速率、超低时延和超多连接，因此对基站和接入网架构都提出新的需求：

5G 基站前传带宽高达数百 Gbit/s 至 Tbit/s，传统 BBU 与 RRU 之间的 CPRI 光线接口压力太大，需将部分功能分离，以减少前传带宽。5G 面向多业务，低时延应用需更加靠近用户，超大规模物联网应用需高效的处理能力，5G 基站应具备灵活的扩展功能、低时延、支持海量连接、支持高速移动等特性。5G 网络部署结构如图 5-11 所示。

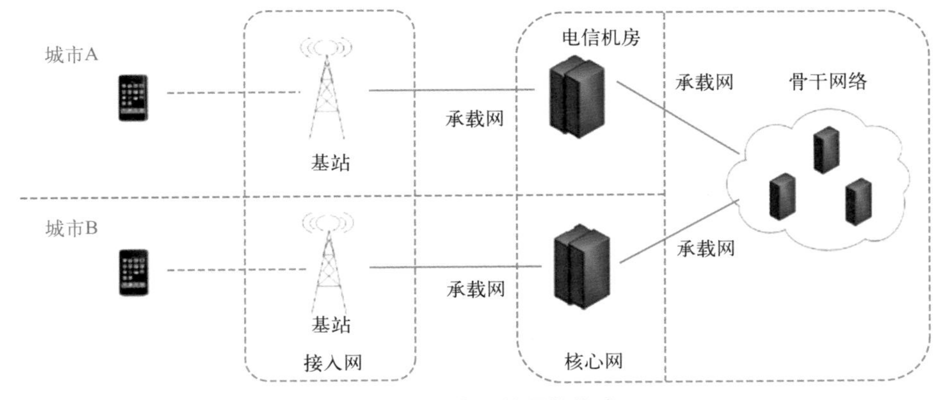

图 5-10　无线通信网络构成

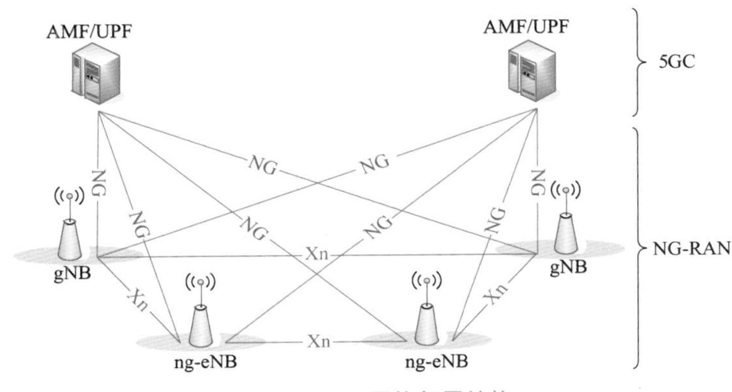

图 5-11　5G 网络部署结构

不同场景下，对于网络的特性要求（网速、时延、连接数、能耗）是不同的。

2. 无线参数概念

在无线通信系统中，无线参数就是影响网络性能指标的各种参数指标，无线参数的变化，会对网络性能指标有直接影响。在无线网络中涉及的无线参数非常多，可分为随机接入类、移动性管理类、寻呼、功率控制、4/5G 互操作类、定时器类等类型。参数详情参见项目四中任务三　5G 网络参数检查。

三、5G 承载网参数

什么是承载网？顾名思义，承载网就是专门负责承载数据传输的网络。如果说核心网是人的大脑，接入网是四肢，那么承载网就是连接大脑和四肢的神经网络，负责传递信息和指令，如图 5-12 所示。

图 5-12　承载网在网络中的位置图

5G 基站被重构为三部分：CU、DU 和 AAU。AAU 与 DU 之间的网络称为前传，CU 和 DU 之间的称为中传，而 CU 到核心网之间的称为回传。接入网组成方式如图 5-13 所示。

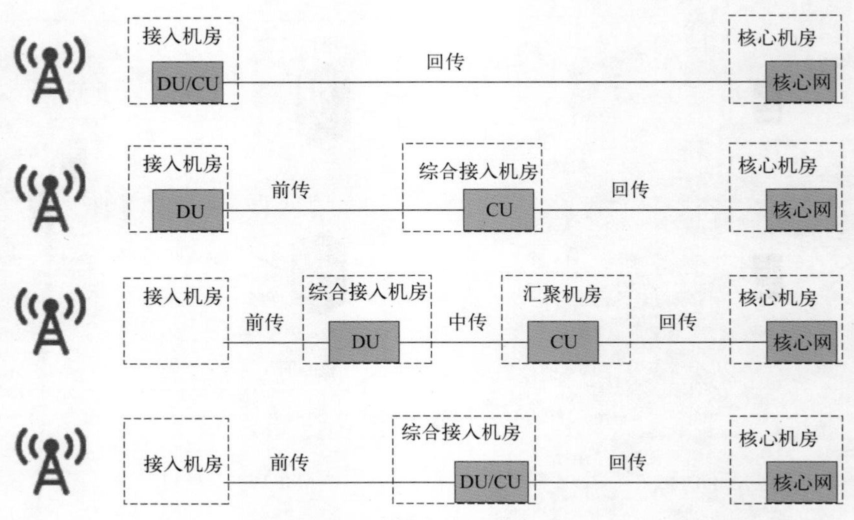

图 5-13 接入网组成方式

1. 前传组网

在 5G 前传系统架构方面，存在无源 WDM、有源 WDM 和半有源 WDM 三种方案。

无源 WDM 系统由 AAU 和 DU 上的 WDM 光模块、AAU 侧远端合分波器、DU 侧局端合分波器组成，其系统架构如图 5-14 所示。无源 WDM 方案具有部署灵活、系统成本低等优势，可以实现快速建站和低成本部署。由于无源 WDM 系统采用两端无源的架构，若光纤链路、光模块发生故障，需要人工排障和定位。

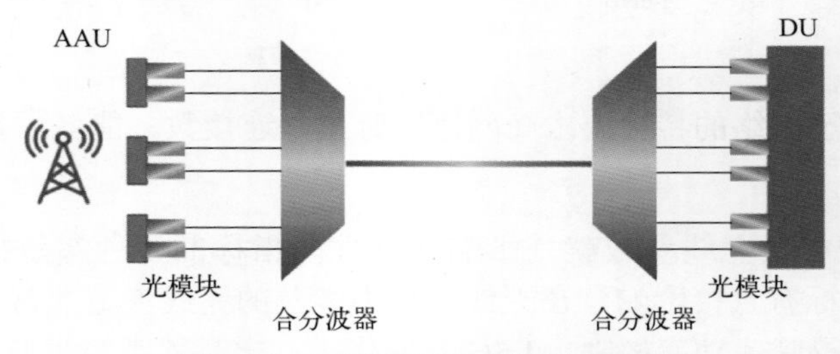

图 5-14 无源 WDM 系统架构方案

有源 WDM 系统由 AAU 和 DU 上的灰光模块、AAU 侧远端 WDM 有源设备、DU 侧局端 WDM 有源设备组成，其系统架构如图 5-15 所示。有源 WDM 系统采用两端有源的架构，具有丰富的 OAM（光分插复用）功能和设备处理功能，可以实现故障的快速定位和在线监控，支持对前传网络的可管可控。但是，该方案显著提升系统成本，远端采用有源设备还受供电等影响，部署受一定限制。

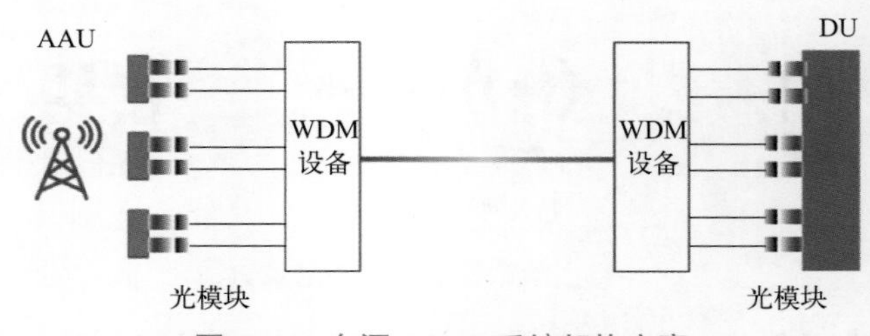

图 5-15 有源 WDM 系统架构方案

半有源 WDM 系统由 AAU 和 DU 上的 WDM 光模块、AAU 侧远端合分波器、DU 侧局端 WDM 有源设备组成，其系统架构如图 5-16 所示。该方案实现简单，但 WDM 通道较多带来 OAM 解调单元分立器件需求多、成本上升。从系统性能来看，半有源 WDM 系统局端采用有源 WDM 设备，结合光模块状态、功率等信息实现对前传网络的轻量级管控和快速故障定位。此外，半有源 WDM 系统远端仅采用无源合分波器，部署灵活、不受供电等条件限制，建网成本相比有源 WDM 系统大幅下降。

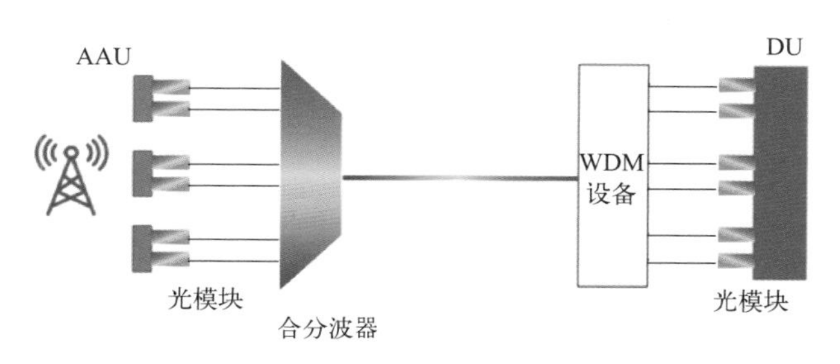

图 5-16　半有源 WDM 系统架构方案

2. 中传（DU ↔ CU）和回传（CU 以上）组网

第一种，分组增强型 OTN+IPRAN。利用分组增强型 OTN 设备组建中传网络，回传部分继续使用现有 IPRAN 架构，如图 5-17 所示。

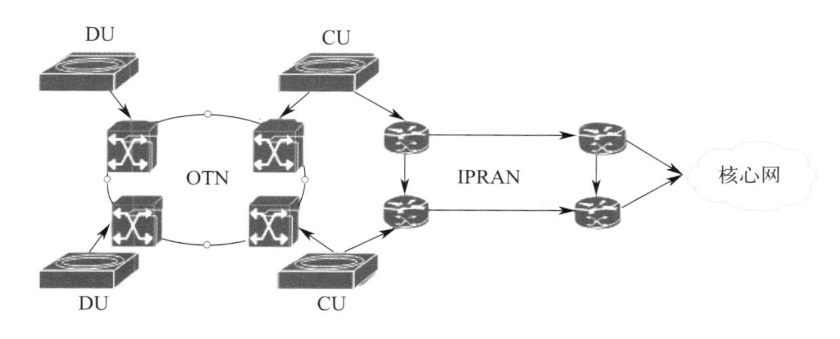

图 5-17　分组增强型 OTN+IPRAN

第二种，端到端分组增强型 OTN。中传与回传网络全部使用分组增强型 OTN 设备进行组网，如图 5-18 所示。

3. 切片分组网络（SPN）

SPN（Slicing Packet Network）是中国移动面向 5G 承载的自主创新的技术体系。SPN 将分为切片分组层（SPL）、切片通道层（SCL）、切片传送层（STL）三层，结合时间 / 时钟同步功能模块和管理 / 控制功能模块，实现大带宽、低时延、高效率的综合业务承载，是打造下一代的以 5G 承载为核心，兼顾家客、集客业务的统一高效综合业务传输网络的优选方案。什么是切片？简单来说，就是把一张物理上的网络，按应用场景划分为 N 张逻辑网络，不同的逻辑网络，服务于不同场景，如图 5-19 所示。网络中可以同时部署多个相同类型的网络切片实例，服务于不同类型的用户和场景。单个终端可以同时访问多个网络切片，每一个网络切片承载特定类型的业务。在一对多场景下，允许不同切片之间共享特定的网络功能（AMF 等）。

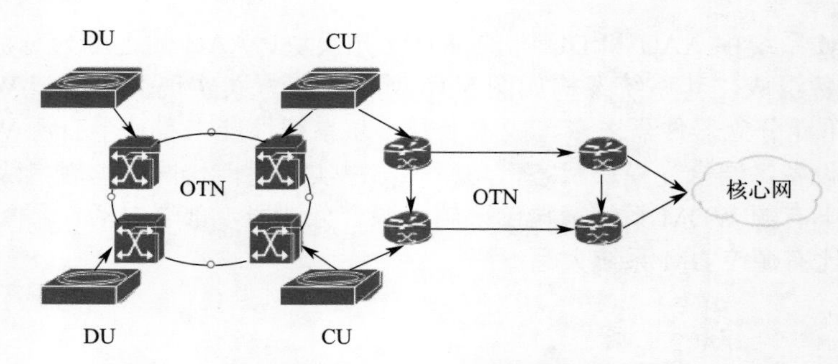

图 5-18 端到端分组增强型 OTN

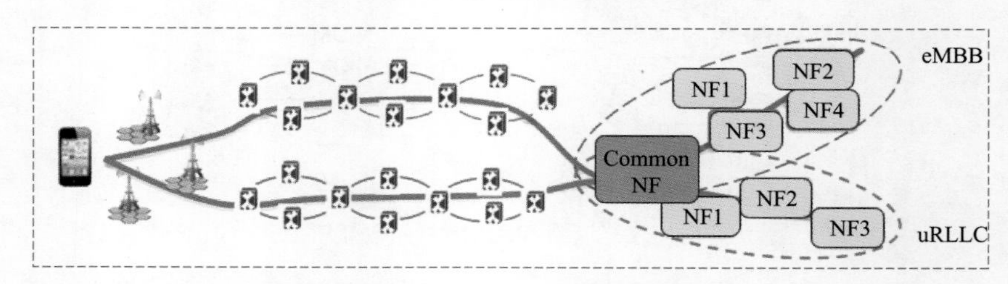

场景一：单用户同时接入多个网络切片，共享部分网络功能
(共享基站，共享核心网网络功能)

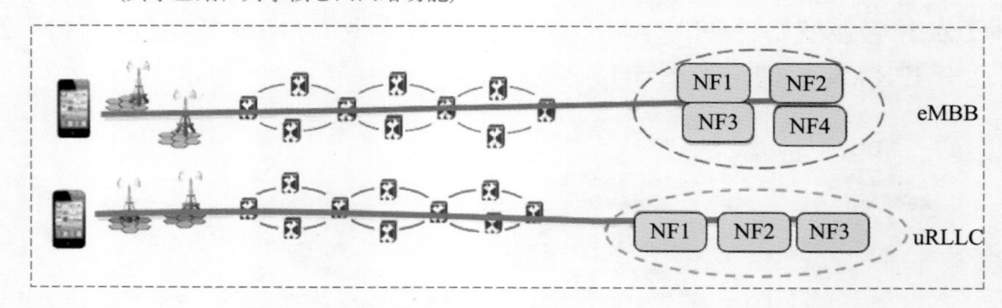

场景二：单用户接入单个网络切片，完全隔离

图 5-19 不同场景下的用户终端与网络切片的绑定关系

不同传输承载方式对比，如表 5-2 所示。

表 5-2 传输承载方式对比

项目	光纤直连	无源 WDM	有源 WDM/OTN	SPN
拓扑结构	点到点	点到点	全网（环形 / 链形 / 星形等）	全网（环形 / 链形 / 星形等）
光纤资源	消耗多	消耗少	消耗少	消耗少

四、5G 核心网参数

1. 5G 核心网概述

5G 核心网，采用的是 SBA（Service Based Architecture，基于服务的架构）。SBA，基于云原生构架设计，借鉴了 IT 领域的“微服务”理念。把原来具有多个功能的整体，拆分为多个具有独自功能的个体。每个个体，实现自己的微服务。5G 核心网如图 5-20 所示。5G 核心网网元功能如表 5-3 所示。

服务化架构（SBA：Service-based Architecture）是第五代移动通信系统（5G）的重要特征，结合移动核心网的特点和技术发展趋势，将网络功能划分为可重用的若干个“服务”。“服务”

之间使用轻量化接口通信。其目标是实现 5G 系统的高效化、软件化、开放化。

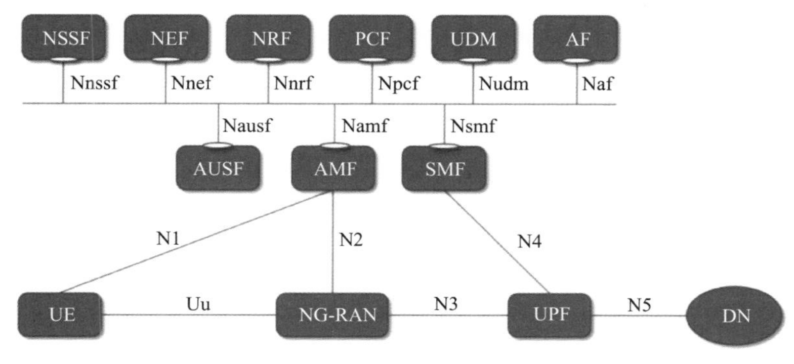

图 5-20 5G 核心网结构

表 5-3 5G 核心网网元功能

5G 网络功能	功能简介
AMF	接入管理功能，包括注册管理、连接管理、可达性管理、移动管理、访问身份验证、授权、短消息等功能。AMF 为终端和无线的核心网控制面接入点
AUSF	认证服务器功能，实现 3GPP 和非 3GPP 的接入认证
UDM	统一数据管理功能，包括 3GPP AKA 认证、用户识别、访问授权、注册、移动、订阅、短信管理等功能
PCF	策略控制功能，统一的政策框架，提供控制平面功能的策略规则
SMF	会话管理功能，隧道维护，IP 地址分配和管理，UP 功能选择，策略实施和 QoS 中的控制部分，计费数据采集，漫游功能等
UPF	用户面功能，分组路由转发，策略实施，流量报告，QoS 处理
NRF	NF 存储库功能，服务发现，维护可用的 NF 实例的信息以及支持的服务
NEF	网络开放功能，开放各网络功能的能力，内外部信息的转换
NSSF	网络切片选择功能，选择为 UE 服务的一组网络切片实例

2. 5G 核心网 QoS 参数

QoS 的目的是在资源有限的情况下“按需定制”，为业务提供差异化服务质量的网络服务。QoS 通常有两种含义：一是服务质量怎么样，即表征 QoS 的具体指标（参数）；二是如何保证这些指标，即实现 QoS 的机制。

如果把 5G 数据通信看作交通运输，那么用户面就是道路，业务数据就是道路上运输的乘客或物资，如图 5-21 所示。不同的运输需求可以使用不同的道路来实现，如一般车辆运输使用普通公路、一般公交车可以使用公交车专用车道、BRT 使用 BRT 专用行车道等。根据运输业务的需求，铺设 / 分配道路的过程就是数据通信中的信令过程。相应地，QoS 就是运输得怎么样，能不能把必要的物资在必要的时间内运送到目的地，也就是满不满足客户的需求。

图 5-21 交通运输车道图

在物流中，要把物资运送到目的地，首先需要有路可走。类似地在移动网络中，要传输业务数据，首先要有“数据通路”，即4G中的EPS Bearer和5G中的QoS Flow。后文用“数据通路”统称EPS Bearer和QoS Flow。“数据通路”是端到端QoS控制的最小粒度，即相同通路上的所有数据流将获得相同的QoS保障（如调度策略、缓冲队列管理等），不同的QoS保障需要不同的通路来提供，如图5-22所示。

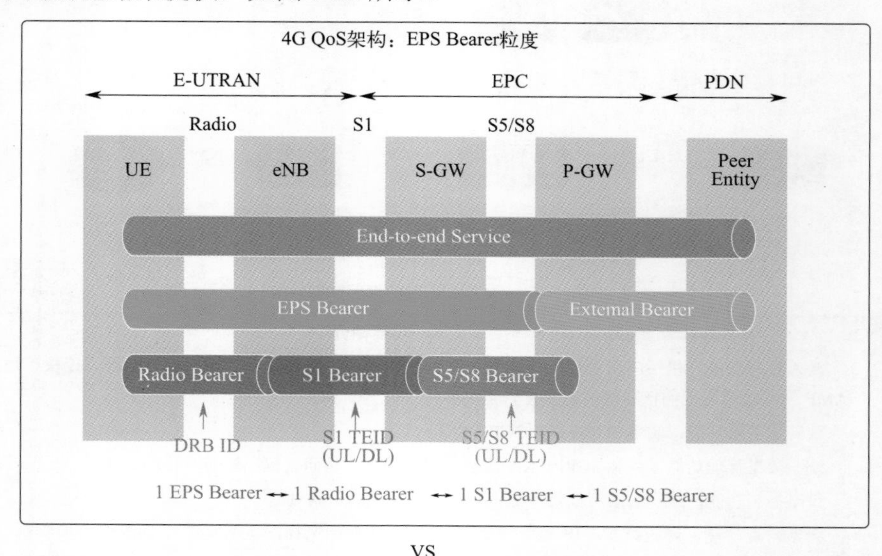

图5-22　4G、5G承载对比（一）

4G QoS参数可以从有没有路（ARP）、车跑得好不好（QCI）、路够不够宽（xBR）三个维度评价。5G QoS参数继承了4G QoS的基本架构，在其基础上修改了部分参数的名称及含义，并增加了RQA（Reflective QoS Attribute）等3个可选参数，如图5-23所示。

① ARP：有没有路。在4G和5G中，都是使用ARP（Allocation and Retention Priority，分配保留优先级）来标识业务获取通路（主要是空口）的能力，也就是用ARP来控制EPS Bearer/QoS Flow建立、修改的优先级。ARP包括三个参数：优先级、抢占能力和被抢占属性，分别标识创建通路的优先级、创建或修改通路时能否抢占其他通路的资源、是否能被其他通路抢占资源。

4G QoS参数：QCI/ARP/xBR

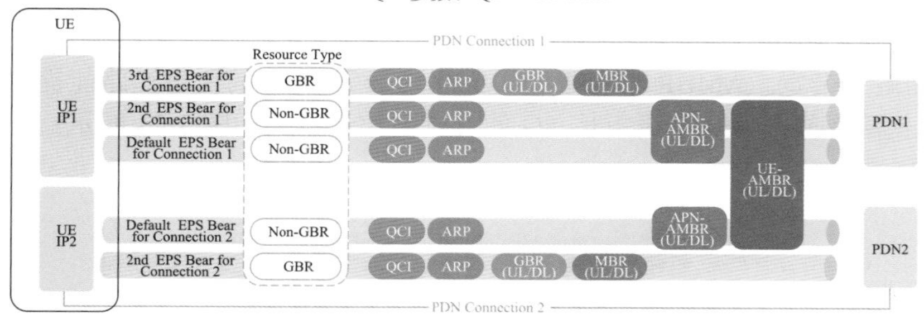

VS

5G QoS参数：5QI/ARP/xBR/新增可选参数

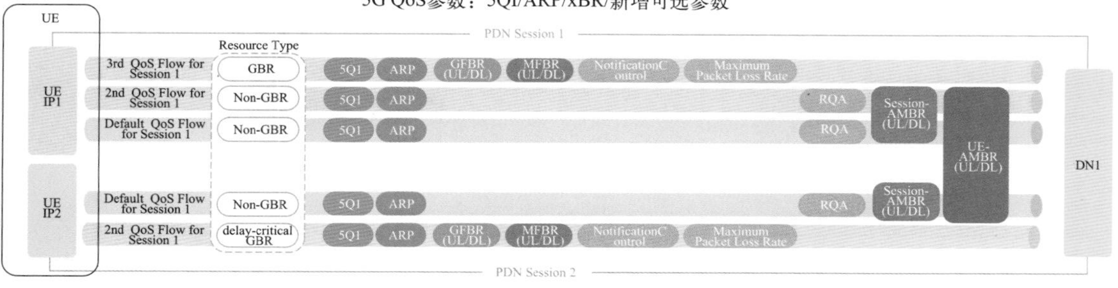

图 5-23 4G、5G 承载对比（二）

② 5QI：怎样算“好”。5QI 对应 4G 的 QCI，是业务质量的索引，代表了资源类型、优先级、可靠性、丢包率等一组参数的取值集合，应用于所有的通路。定义了索引之后，核心网不需要传递全部参数，只传递索引值就可以将一组 QoS 信息通知无线侧，减少了网元间的参数传递。为了支持车联网、远程控制等新业务，5QI 在 QCI 的基础上进行了完善和增强，如增加了新的标准索引值 69、79 ～ 85，细化了资源类型的分类等。除新增标准 5QI 外，5QI 与 QCI 的其他差异如表 5-4 所示。

表 5-4 5QI 与 QCI 对比

对比项	QCI（4G）	5QI（5G）
Resource Type （资源类型）	取值范围： GBR Non-GBR	取值范围： GBR Non-GBR delay critical GBR：用于 uRLLC 类型业务
Averaging Window （平均窗口）	NA	5G 新增，应用于 GBR QoS Flow，定义了计算 GFBR/FR 的时间窗口，使 GFBR/MFBR 定义更严谨
Maxium Data Burst Volune （最大数据突发量）	NA	5G 新增，应用于 uRLLC 业务（Delay-critical 类型的 GBR QoS Flow），定义了要求空口在时延预算内传输的最大数据包长度，用于空口准入控制，也避免在 N3 Tunnl 上进行 IP 分片

③ xBR：路有多宽。在业务质量中，带宽一直是终端用户最关心，也是最容易被用户观察到的质量参数。带宽分为上行带宽和下行带宽。4G/5G 的通路都可以分为两种资源类型，保证带宽的 GBR（Guaranteed Bit Rate）通路和非保证带宽的 Non-GBR 通路。两种通路的带宽保障不同。

a. 对 GBR 通路，每条通路都有自己的带宽参数，定义该通路“保证（Guaranteed）的带宽”和“可能的最大（Maximum）带宽”。

b. 对 Non-GBR 通路，都不保证带宽了，就不能奢望每条通路都有自己的带宽参数了，从而引出聚合最大比特率（AMBR，Aggregate Maximum Bit Rate）的概念，即一组 Non-GBR 通路一共可以使用的最大带宽。AMBR 参数限制了共享这一 AMBR 的所有通路能提供的总速率。不同聚合粒度使用不同的 AMBR。4G、5G 的带宽参数示意图如图 5-24 所示。

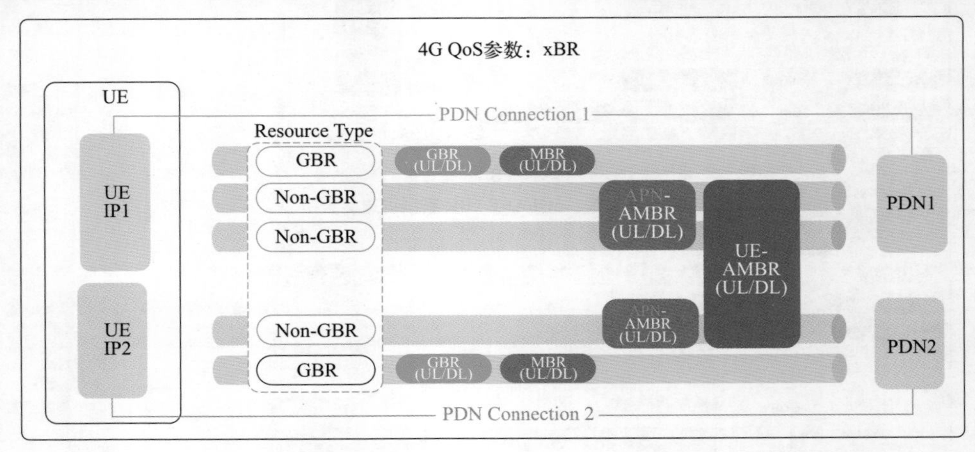

VS

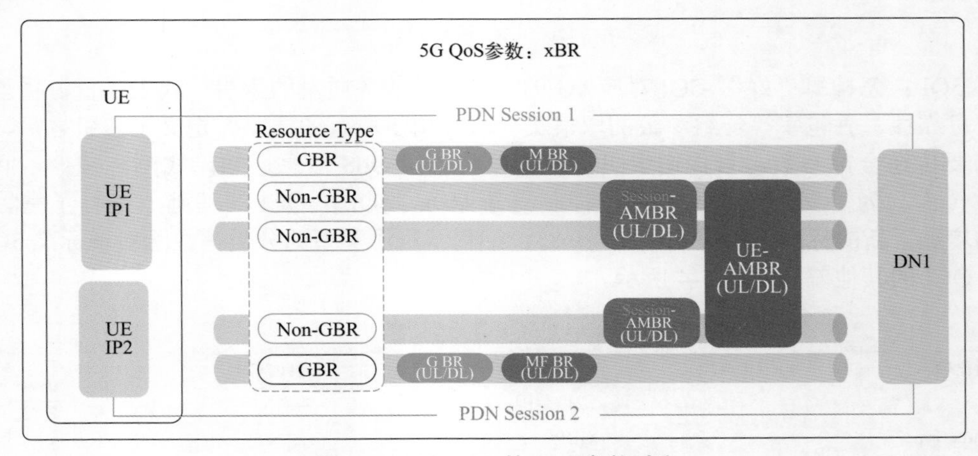

图 5-24　4G、5G 的 QoS 参数对比

由图 5-24 可以看到，UE-AMBR 名称及含义未变。APN-AMBR 变为 Session-AMBR，即聚合粒度从 4G 的 PDN 细化为 5G 的 PDU 会话。

除了上述对 4G 已有 QoS 参数的完善和增强外，为了更灵活地控制 QoS，以及更好地保障业务质量，5G 还新增了参数，如表 5-5、表 5-6 所示。

表 5-5　QoS 参数对比

新增参数	适用对象	作用	应用场景	协议参考
RQA	Non-GBR QoS Flow	指示该 QoS Flow 支持 Reflection QoS 机制，详见后文	不需保证带宽的业务，如网页浏览等	23501 5.7.2.3
Notification Control	GBR QoS Flow	当 RAN 不能满足 GFBR 时通知 SMF，5GC 发起 N2 信令流程来修改或移除 QoS flow；当条件改善能够再次执行 GFBR	可以根据 QoS 变化改变速率的业务，如视频直播等	23501 5.7.2.4
Maximum Packet Loss Rate	GBR QOS FIow	指示空口侧 QoS Flow 能接受的最大丢包率	只应用于语音业务	23501 5.7.2.8

表 5-6 QoS 规则调整表

标识	名称	范围	说明
name	QoS 策略名称	1 ～ 31	该参数用于设置 QoS 策略名称，字符长度范围 1 ～ 31。 该参数为唯一索引，不能为空。 该参数被命令 ADD RULE 或 SET RULE 的“QoS 策略”字段引用
gate	门控	0 ～ 3	该参数用于设置门控，取值： ENABLE_UPLINK：上行通过。 ENABLE_DOWNLINK：下行通过。 ENABLE：通过。 DISABLE：不通过。 该参数可以为空，为空时使用默认值 ENABLE（通过）
ulDscpSwitch	上行 DSCP 开关	0 ～ 1	该参数用于设置上行是否支持 DSCP，取值： DISABLE：否。 ENABLE：是。 该参数可以为空，为空时使用默认值 DISABLE（否）
ulDSCP	上行 DSCP	0 ～ 63	该参数用于设置上行 DSCP 值，范围 0 ～ 63。 该参数可以为空
dlDscpSwitch	下行 DSCP 开关	0 ～ 1	该参数用于设置下行是否支持 DSCP，取值： DISABLE：否。 ENABLE：是。 该参数可以为空，为空时使用默认值 DISABLE（否）
dlDSCP	下行 DSCP	0 ～ 63	该参数用于设置下行 DSCP 值，范围 0 ～ 63。 该参数可以为空
ulMbrSwitch	上行 MBR 开关	0 ～ 1	该参数用于设置上行是否支持 MBR，取值： DISABLE：否。 ENABLE：是。 该参数可以为空，为空时使用默认值 DISABLE（否）
ulMbr	上行 MBR	0 ～ 4294967295	该参数用于设置上行 MBR 值，范围 0 ～ 4294967295。 该参数可以为空
dlMbrSwitch	下行 MBR 开关	0 ～ 1	该参数用于设置下行是否支持 MBR，取值： DISABLE：否。 ENABLE：是。 该参数可以为空，为空时使用默认值 DISABLE（否）
dlMbr	下行 MBR	0 ～ 4294967295	该参数用于设置下行 MBR 值，范围 0 ～ 4294967295。 该参数可以为空
ulGbrSwitch	上行 GBR 开关	0 ～ 1	该参数用于设置上行是否支持 GBR，取值： DISABLE：否。 ENABLE：是。 该参数可以为空，为空时使用默认值 DISABLE（否）
ulGbr	上行 GBR	0 ～ 4294967295	该参数用于设置上行 GBR 值，范围 0 ～ 4294967295。 该参数可以为空
dlGbrSwitch	下行 GBR 开关	0 ～ 1	该参数用于设置下行是否支持 GBR，取值： DISABLE：否。 ENABLE：是。 该参数可以为空，为空时使用默认值 DISABLE（否）
dlGbr	下行 GBR	0 ～ 4294967295	该参数用于设置下行 GBR 值，范围 0 ～ 4294967295。 该参数可以为空

续表

标识	名称	范围	说明
ulShareKey	上行 ShareKey	1 ～ 31	多业务可以共享带宽，上下行也可以共享带宽。引用相同的带宽信息，即可实现共享。该参数用于设置上行引用的带宽信息，可从（SHOW CAR）命令中获取。该参数可以为空
dlShareKey	下行 ShareKey	1 ～ 31	多业务可以共享带宽，上下行也可以共享带宽。引用相同的带宽信息，即可实现共享。该参数用于设置下行引用的带宽信息，可从（SHOW CAR）命令中获取。该参数可以为空

任务实施

用网络优化仿真软件查看调整天线、无线、传输承载、核心网数据，具体操作如下。

① 登录仿真软件后，单击进入“端到端优化”，进入系统后，单击左下角，数据中心，如图 5-25 所示。

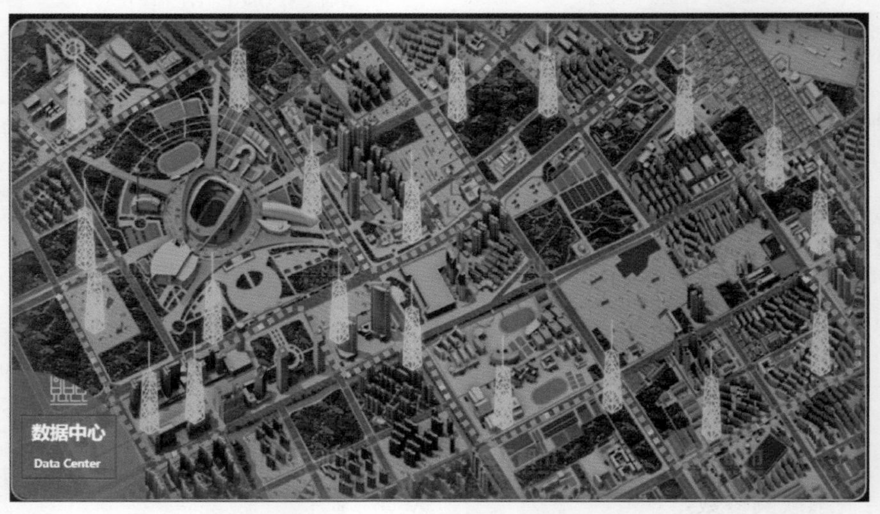

图 5-25　网络优化仿真软件站点图

② 进入到如图 5-26 所示界面。

图 5-26　数据选择图

③ 可以分别查询无线侧、核心侧、传输侧配置数据。查询天线参数，如图 5-27（与无线侧数据查询在一起）所示。

图 5-27　查询天线参数

查询无线参数，如图 5-28 所示。

图 5-28　查询无线参数

查询传输承载网参数，如图 5-29 所示。

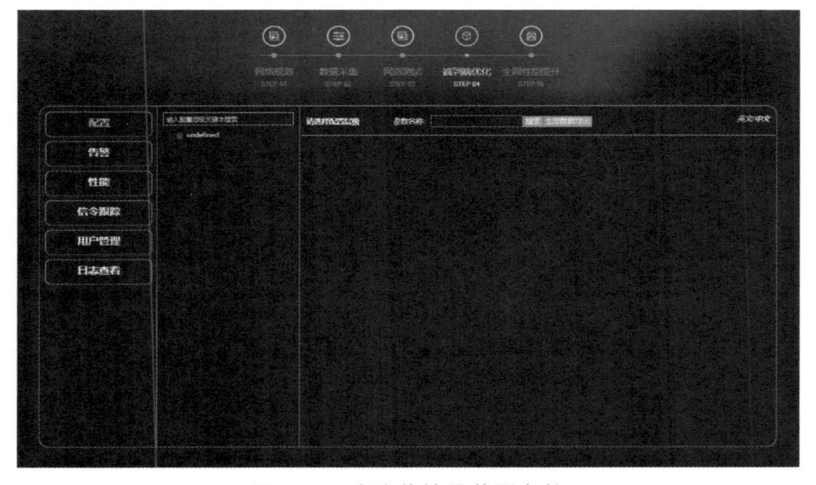

图 5-29　查询传输承载网参数

查询核心网参数，如图 5-30 所示。

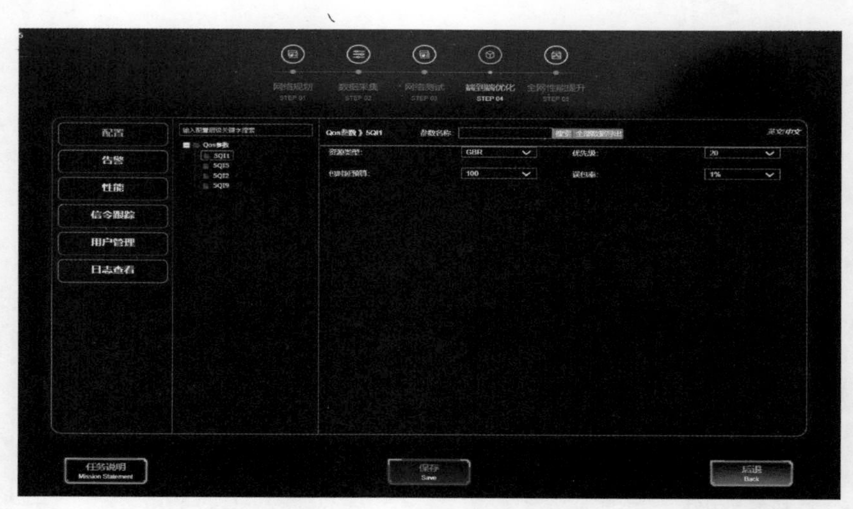

图 5-30　查询核心网参数

任务拓展

案例　CSI-RS 配置问题导致速率下降

【问题描述】拉网测试过程中发现在某些覆盖很好（SSB_SS_RSRP ＞ −80dBm，SSB_SS_SINR ＞ 20dB）的路段，下行业务速率较低。针对这些覆盖很好但业务速率较低的路段进行单点测试，发现部分路段存在如下两个问题。

问题 1：个别路段驻留测试小区上使用的 MCS 很低，与 SINR 不匹配；

问题 2：个别路段驻留测试小区上终端上报 RI 为 2，下行只能使用 2 流，导致下行业务速率受到限制。

【问题原因分析】问题 1 排查：①检查重配（RRC Reconfiguration）信令，发现终端驻留测试小区和周围邻区均采用 8P2B 配置，CRI 40 和 41 的 CSI-RS 资源用于 PMI 测量。但终端驻留测试小区的 CSI-RS 周期配置为 10ms，时隙偏移分别为 6 和 16；周围邻区的 CSI-RS 周期配置均为 20ms，时隙偏移分别为 10 和 30。两者配置不一致，会导致周围邻区 CSI-RS 对终端驻留小区的固定时隙造成干扰。按时隙统计终端 CRC Fail 误块，发现时隙 10 上误块率在 85% 左右，如图 5-31 所示。显然终端在时隙 10 上受到了固定干扰。②将驻留测试小区 CSI-RS 周期和时隙偏移改到与周围邻区一致后（周期 20ms，时隙偏移分别为 10 和 30），在该路段重新进行测试，下行平均 MCS 从 12 提升到 20，下行 MAC 层速率则从 138Mbit/s 提升到 270Mbit/s，相关指标统计如表 5-7 所示。

表 5-7　CSI 周期配置

CSI 周期配置	SSB-SS-RSRP	SSB-SS-SINR	下行 MCS	下行 RI	下行 MAC 层速率	下行 PDCP 层速率	下行 BLER	下行调度次数	下行平均调度 RB 数	CQI
CSI 周期 20ms，时隙偏移 10/30	−86	18.3	20	3.72	270.1	268.2	9.10%	1601	81.9	12
CSI 周期 10ms，时隙偏移 6/16	−86	17.6	12	3.34	138.7	137.7	10.50%	1602	80.9	12

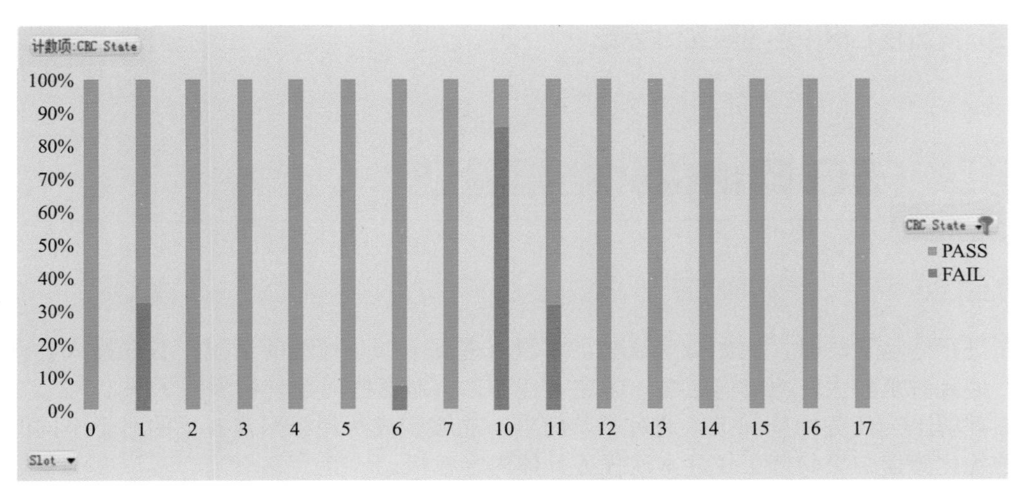

图 5-31　时隙误块率

【问题原因分析】问题 2 排查：检查重配（RRC Reconfiguration）信令，发现终端驻留测试小区的 CSI-RS 周期配置为 20ms，时隙偏移分别为 6 和 16；CSI-IM 周期配置为 20ms，时隙偏移 16，如图 5-32 所示。

由配置可见，CSI-IM 配置与 CSI-RS 配置冲突，终端进行干扰检测的位置上存在 CSI-RS 参考信号的发送，从而导致终端上报 RI 降低，CQI 上报不准，速率降低的问题。

```
csi-IM-ResourceToAddModList
        {
         {
          csi-IM-ResourceId 0,
          csi-IM-ResourceElementPattern pattern1 :
           {
            subcarrierLocation-p1 s0,
            symbolLocation-p1 13
           },
          freqBand
          {
           startingRB 0,
           nrofRBs 160
          },
          periodicityAndOffset slots20 : 16
         },
```

图 5-32　CSI-IM 配置

任务测验

（1）简述天线的参数及其含义。

（2）简述 5G 无线接入网组网方式。

（3）简述核心网中各个网元的功能。

任务二 5G网络优化结果验证

任务描述

在进行通信活动时，比如微信视频，有没有遇到卡顿、掉线的情况？看直播或者直播的时候，遇到时延较大，应如何应对？学完本任务，会对这些问题有初步的了解。

在理解上一任务的基础上，通过本节内容，能够完成两种组网模式下的对于不同的问题场景的优化覆盖结果验证工作。本次任务具体内容包括：

（1）无线网络覆盖优化结果验证；
（2）无线网络切换优化结果验证；
（3）无线网络时延优化结果验证；
（4）无线网络速率优化结果验证；
（5）无线网络容量优化结果验证；
（6）无线网络掉线优化结果验证。

相关知识

一、网络覆盖优化

1. 覆盖优化概述

5G NR覆盖优化是网络业务和性能的基石，通过开展无线网络覆盖优化工作，可以使网络覆盖范围更合理、覆盖水平更高、干扰水平更低，为业务应用和性能提升提供重要保障。无线网络覆盖优化工作伴随实验网建设、预商用网络建设、工程优化、日常运维优化、专项优化等各个网络发展阶段，是网络优化工作的主要组成部分。

5G NR覆盖优化主要消除网络中存在的四种问题：覆盖空洞、弱覆盖、越区覆盖和导频污染。覆盖空洞可以归入到弱覆盖中，越区覆盖和导频污染都可以归为交叉覆盖，所以，从这个角度和现场可实施角度来讲，优化主要有两个内容：消除弱覆盖和交叉覆盖。

5G NR覆盖主要基于同步信号（SS-RSRP和SINR）或CSI-RS信号（CSI-RSRP和SINR）进行测量，当前阶段主要采用SS-RSRP/SS-SINR进行覆盖评估。中国电信5G NR边缘覆盖要求如表5-8所示。

表5-8　中国电信5G NR边缘覆盖要求

波束配置	场景类型	SS-RSRP（95%概率）	SS-SINR（95%概率）
宽波束	城区（核心）	≥−100	−7
	城区&一般城区	≥−105	−7
2波束	城区（核心）	≥−98	−5
	城区&一般城区	≥−103	−5

续表

波束配置	场景类型	SS-RSRP（95% 概率）	SS-SINR（95% 概率）
4 波束	城区（核心）	≥ −95	−3
	城区 & 一般城区	≥ −100	−3
7 波束	城区（核心）	≥ −92	0
	城区 & 一般城区	≥ −97	0

中国电信以 SA 为目标网开展 5G 网络规划，规划优化覆盖指标要求：以 SS-RSRP ≥ 105dBm 覆盖率满足 95%，在 SSB 宽波束时频域对齐配置下，SS-SINR ≥ −7dB 覆盖率满足 95% 为参考。对应边缘速率 UL/DL=（2Mbit/s）/（100Mbit/s）。

2. 覆盖问题优化原则

原则一：先优化 SSB RSRP，后优化 SSB SINR。

原则二：优先弱覆盖、越区覆盖，再优化导频污染。

工程优化阶段按照规划方案优先开展工程质量整改，其次建议优先权值功率优化，再物理天馈调整。

3. SA 组网覆盖问题优化原则

按照天线上 3dB 落点在第一层邻区最大站间距 3/4 之内原则进行工程优化。

覆盖优化调整顺序：工程质量整改→权值→功率→天馈，天馈调整优先进行下倾角、方位角调整，再考虑天线挂高调整、迁站及加站。严格控制导频污染。其中最佳覆盖时，天线上 3dB 对准该小区第一层邻区最大站间距的 3/4 的位置，这是要满足关于重叠覆盖优化的要求。

4. NSA 网络优化调整注意事项

NSA 覆盖优化涉及 4/5G 两张网络，首先要保证锚点 4G 小区覆盖良好，无弱覆盖、越区覆盖和无主导小区的情况，其次要保证业务性能，如接入 / 切换成功率良好，切换关系合理，抑制乒乓切换。5G/4G 1∶1 组网下，5G RF 覆盖优化目标是和锚点 LTE 同覆盖，5G 小区的工参（工程参数）如方向角、下倾角初始规划可以和锚点 LTE 小区一致，在单验、簇优化、全网优化阶段再进行精细调整。运维优化阶段，锚点 4G 覆盖如果有调整，5G 同步跟进调整。

5. 5G NR 覆盖优化方法

（1）工程参数调整　调整内容：机械下倾角、机械方位角、AAU 天线挂高、AAU 位置调整等。

（2）参数配置优化

① 基础参数配置优化：频点、功率、PCI/PRACH、邻区、切换门限等基础参数调整优化。

② 波束管理优化。

③ 广播波束管理优化，主要涉及宽波束和多波束轮询配置以及波束级的权值配置优化。

（3）规划改造方案　对于通过优化手段无法解决的覆盖问题，及时反馈规划建设部分，协同进行天线挂高改造、天线位置改造、新增 AAU、站址调整、新增宏站、新增室分系统或宏微协同组网等工程规划方案的设计，从根本上解决覆盖问题。

6. 覆盖相关的网络优化参数（表 5-9）

表 5-9　覆盖类主要参数

参数名称	英文名称	取值范围	参数说明
波束信息 子波束索引	subBeamIndex	0 ～ 63	SSB 子波束索引

续表

参数名称	英文名称	取值范围	参数说明
波束信息 波束方位角	azimuth	−85 ～ 85	子波束方位角，用来指示波束水平指向
波束信息 波束倾角	tilt	−85 ～ 85	子波束倾角，用来指示波束垂直指向
波束信息 水平波宽	beamWidthH	1 ～ 65	子波束水平波宽。用来指示子波束水平覆盖3dB宽度，配置值非连续，系统自动匹配最接近的参数，不同AAU型号，均向65.45.30、25.20、15或10匹配
波束信息 垂直波宽	beamWidthV	1 ～ 65	子波束垂直波宽。用来指示子波束垂直覆盖3dB宽度。配置值非连续，系统自动匹配最接近的参数
小区RE参考功率	powerPerRERef	−600 ～ 500	小区最大发射功率平均到每个RE的功率值
波束信息 子波束是否有效	subBeamValid	1打开/2关闭/3空置	子波束是否有效。子波束有效设置为1，无效设置为0
小区天线方位角	antenna azimuth	0 ～ 180	基站小区的天线方位角
小区机械角	antenna mechanical inclination	0 ～ 15	基站小区的天线机械角
小区天线挂高	antenna height	1 ～ 50	基站小区的天线挂高

二、网络切换优化

1. 5G NR切换概述

切换，指终端从一个小区或信道变更到另外一个小区或信道时业务能继续进行。切换过程由终端、接入网、核心网共同完成。

切换优化是移动网络业务连续性的基础保障，合理而及时的切换可以有效地保障用户感知，防止出现掉线等引发投诉的现象，在网络优化中占有非常重要的意义。

5G的切换优化整体上继承了4G的优化策略，但由于存在SA（独立组网）和NSA（非独立组网）两种组网方式而略有不同。

2. 切换事件

理想情况下，基站允许终端上报服务小区和邻居小区信号质量，通过单次的测量触发切换。而在现实中，频繁的乒乓切换，会造成基站过载。为了避免这种情况发生，3GPP规范提出了一套测量和报告机制。这些测量和报告类型称为“事件”。终端须报告的“事件”由基站通过下发的RRC信令消息通知终端。3GPP在38.331中为5G（NR）网络定义的测量事件分为A1-A6和B1-B2。UE一直测量服务小区和邻小区的报告数量，并使用报告配置中定义的门限值或偏移量。测量报告数量/事件的触发可以是RSRP、RSRQ或SINR。A1 ～ A6如表5-10所示。

（1）A1事件（服务小区信号质量高出门限值） 当服务小区信号超过门限时触发A1事件。它通常用于取消正在进行的切换流程。如果一个UE移动到小区边缘并启动移动流程时就可以触发，但随后移动返回至之前移动良好的覆盖区域。

触发条件：Ms−Hys ＞ Thresh

撤销条件：Ms+Hys ＜ Thresh

（2）A2事件（服务小区信号质量低于某个门限值） A2事件通常用于触发移动过程的UE移动到小区边缘。事件A2不涉及任何相邻小区的测量，它可以用来触发任一迁移过程或用来触发相邻小区的测量；可用于一个基于测量的移动进程。

表 5-10　测量事件分类

事件类型	事件定义	作用
事件 A1	服务小区信号质量高于绝对门限	关闭频间 / 系统间测量
事件 A2	服务小区信号质量低于绝对门限	打开频间 / 系统间测量
事件 A3	邻区信号质量比服务小区信号质量高一个相对门限	频内 / 频间切换
事件 A4	邻区信号质量高于绝对门限	频间切换 / 基于负荷的切换
事件 A5	服务小区信号质量低于门限 1 并且邻区信号质量高于门限 2	频间切换 / 基于负荷的切换
事件 A6	邻小区信号质量超过服务辅小区某个门限值	用于决定是否应该添加、删除或改变辅小区的连接状态
事件 B1	异系统邻区信号质量高于某个门限值	启动异系统切换请求
事件 B2	异系统邻区信号质量高于某个门限值，而服务小区信号质量低于某个门限值（对应 A2+B1）	启动异系统切换请求

如基站可在事件 A2 触发后配置测量间隙和频间或系统间测量。这意味着在覆盖条件相对较差，且极有可能需要进行切换情况下，需要完成同频 / 异频或系统之间的测量。

触发条件：Ms+Hys ＜ Thresh

撤销条件：Ms–Hys ＞ Thresh

（3）A3 事件（邻小区信号质量比主服务小区高出某个门限值）　当邻小区信号质量比主服务小区高出某个门限值时，触发 A3 事件。A3 事件通常用于频内或频间的切换过程。当触发 A2 事件时，可配置测量间隔、测量频间对象和 A3 事件进行频间切换。A3 事件提供了一个基于相关测量结果的切换触发机制，例如，可配置当邻居小区 RSRP 比特定小区 RSRP 强时触发。

触发条件：Mn+Ofn+Ocn–Hys ＞ Ms+Ofp+Ocp+Off

撤销条件：Mn+Ofn+Ocn+Hys ＜ Ms+Ofp+Ocp+Off

（4）A4 事件（邻区质量信号高于某个门限）　邻小区服务质量高于定义的门限值时，触发 A4 事件。此事件可用于不依赖于服务单元的覆盖范围的切换过程。例如，在负载均衡功能中，根据负载情况而不是无线链路条件决定将 UE 从服务小区切换出去。在这种情况下，UE 只需要验证目标小区高于一定的信号门限值，并能够提供足够的覆盖即可。

触发条件：Mn+Ofn+Ocn–Hys ＞ Thresh

撤销条件：Mn+Ofn+Ocn+Hys ＜ Thresh

（5）A5 事件（服务小区信号质量低于门限值 1，邻小区高于门限值 2）　当主服务小区低于门限值 1，而相邻小区高于门限值 2 时，就会触发 A5 事件。A5 事件是 A2 事件和 A4 事件的组合。

A5 事件通常用于频内或频间的切换过程。A2 事件触发后用于跨频切换的 UE 可以配置为测量间隔和事件 A5。A5 事件提供了基于绝对测量结果的切换触发机制。

触发条件：Ms+Hys ＜ Thresh1

Mn+Ofn+Ocn–Hys ＞ Thresh2

撤销条件：Ms–Hys ＞ Thresh1

Mn+Ofn+Ocn+Hys ＜ Thresh2

（6）A6 事件（邻小区信号质量超过服务辅小区某个门限值）　当相邻的小区因偏移而变得比辅小区更好时，会触发 A6 事件。偏移量可以是正的，也可以是负的。此测量报告事件适用于载波聚合，即除了主服务小区外还有次邻小区的连接。

触发条件：Mn+Ocn–Hys ＞ Ms+Ocs+Off

撤销条件：Mn+Ocn+Hys ＜ Ms+Ocs+Off

（7）B1 事件（异系统邻小区信号质量超出某个门限值） B1 事件可用于异系统间的切换过程，该过程不依赖于服务小区的覆盖范围。例如，在负载均衡功能中，根据负载情况而不是无线链路条件决定是否将 UE 切换到 LTE。在这种情况下，UE 只需要验证其他系统（如 LTE）中的目标小区服务质量是否高于某个信号水平门限值，且能否提供足够的覆盖即可。

触发条件：Mn+Ofn+Ocn–Hys ＞ Thresh

撤销条件：Mn+Ofn+Ocn+Hys ＜ Thresh

（8）B2 事件（主服务小区信号质量低于门限 1，异系统邻小区高于门限 2） B2 事件被触发时，主要服务小区低于阈值 1，而相邻（异系统）小区高于阈值 2。当主要的服务小区信号质量变差时，可以触发（异系统）小区的切换流程。系统间相邻小区的测量用来确保目标小区有足够的覆盖范围。

触发条件：Ms+Hys ＜ Thresh1

Mn+Ofn+Ocn–Hys ＞ Thresh2

撤销条件：Ms–Hys ＞ Thresh1

Mn+Ofn+Ocn+Hys ＜ Thresh2

以上各个条件公式中参数具体解释部分如下：Ms 表示服务小区的测量结果；Mn 表示邻区的测量结果；TimeToTrig 表示持续满足事件进入条件的时长，即时间迟滞；Off 表示测量结果的偏置，步长 0.5dB；Hys 表示测量结果的幅度迟滞，步长 0.5dB；Ofs 表示服务小区的频率偏置；Ofn 表示邻区的频率偏置；Ocs 表示服务小区特定偏置 CIO；Ocn 表示系统内邻区的小区特定偏置 CIO；Ofp 表示特殊小区测量对象特定的偏移量；Ocp 表示特殊小区特定的偏移量，如果没有为 SpCell 配置，则设置为零；Thresh、Thresh1、Thresh2 表示对应事件配置的门限值。

5G NR 中的事件取值范围与 LTE 有所区别，如表 5-11 所示。Range 即对应测量报告中上报的数值，而 Value 则对应其真实的数值。以 RSRP 为例，LTE 中的 Value 值范围为 −140 ～ −44dBm，而 NR 为 −156 ～ −31dBm，NR 允许更高及更低的接收电平。LTE 实际值为 MR 上报值 −140，而 NR 则为 MR 上报值 −156。假设 MR 中上报的 RSRP 为 50，则实际值为 50−140=−90dBm。而 NR 中 RSRP 的实际值则为 50−156=−106dBm。

表 5-11 5G NR 测量事件的参数及取值

Event（事件）	Range（取值）		Value（单位）	
A1，A2，A4，A5，B1	0	127	−156dBm	−31dBm
	0	127	−40dB	20dB
	0	127	−23dB	40dB
Al	0	30	0dB	15dB
A3，A6	−30	30	−15dB	+15dB
A3，A4，A5，A6，B1，B2			−24dB	+24dB
B1，B2	0	97	−140dBm	−44dBm
	0	34	−19.5dB	−3dBm
	−23	40	−23dB	40dB

3. SA 组网下的切换流程

5G NR 的切换流程同 4G 一样，仍然包括测量、判决、执行三个步骤。基于 Xn 接口的切换流程如图 5-33 所示，当源 gNodeB 收到 UE 的测量上报，并判决 UE 向目标 gNodeB 切换时，会直接通过 Xn 接口向目标 gNodeB 申请资源，完成目标小区的资源准备，之后通过空口的重配消息通知 UE 向目标小区切换，在切换成功后，目标 gNodeB 通知源 gNodeB 释放原来小区的无线资源。此外还要将源 gNodeB 未发送的数据转发给目标 gNodeB，并更新用户平面和控制平面的节点关系。

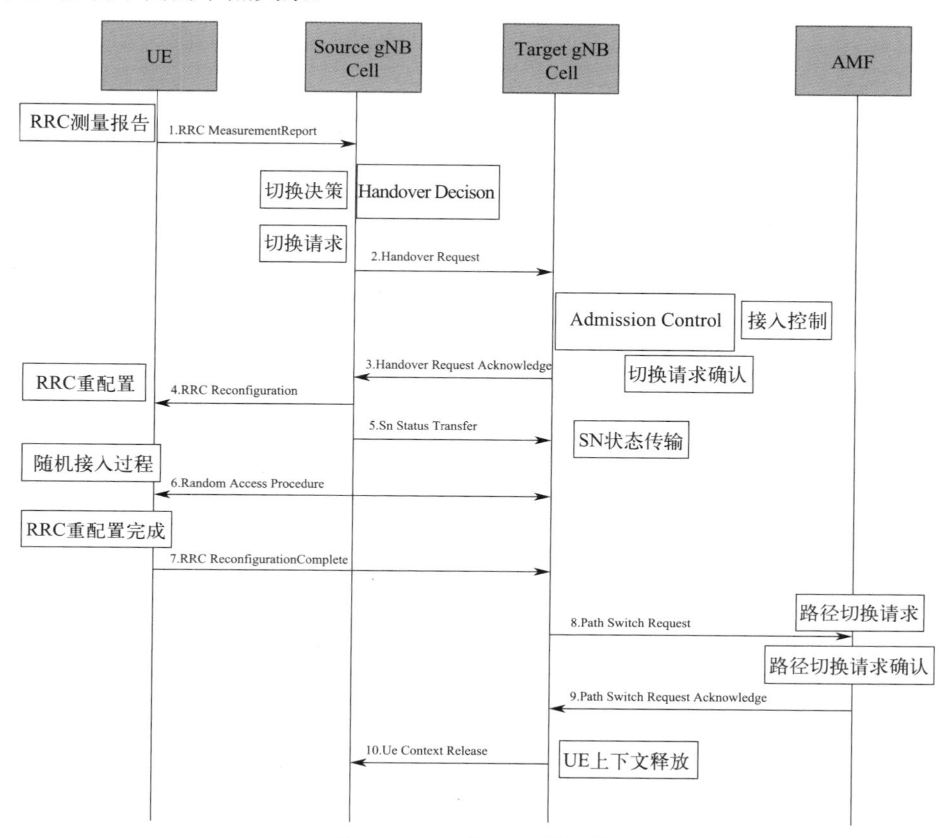

图 5-33　SA 组网下的切换

4. NSA 组网下的切换流程

基于 LTE 的 NSA 组网是指终端同时与 LTE 基站和 NR 基站连接，利用两个基站的无线资源进行传输的组网方式。NSA 组网下的切换是 LTE 系统内移动性管理的一部分，主要涉及主站的切换。5G 建设采用 NSA 组网架构，为提升网络切换性能，开启了带 SN 切换功能，能够有效降低切换时延、改善切换过程中流量下降等问题。目前 5G 为较大程度利用现网 4G 资源节省投资，开通均采用 NSA 模式 option-3X 网络架构模式，5G 的部署以 LTEeNB 作为控制面锚点接入 EPC，或以 eLTEeNB 作为控制面锚点接入 5GC，因此当前 5G 实施 NSA 组网模式，NSA 终端必须先占用锚点小区后，才能使用 5G 业务。

图 5-34 即为 NSA 组网模式中的 option-3X 网络架构模式。图中主节点（MN：MeNB）为 4G 基站，辅节点（SN：SgNB）为 5G 基站。若图中的 UE（用户终端）为 4G/5G 双模终端，那么此时该 UE 处于双连接状态。

EUTRA-NR 双连接（EUTRA-NR Dual Connectivity），简称 EN-DC，就是具备多 Rx/Tx 能力的 UE 使用两个不同网络节点（MeNB 和 SgNB）上的不同调度的无线资源。其中，一个提供 EUTRAN 接入，另一个提供 NR 接入；一个调度器位于 MeNB 侧，另一个调度器位于 SgNB 侧。

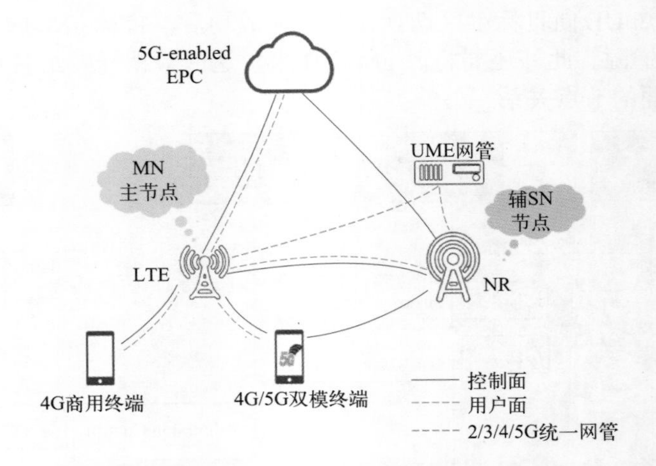

图 5-34　NSA 组网模式中的 option-3X 网络架构模式

EN-DC 双连接场景中，UE 连接到作为主节点的 eNB 和作为辅节点的 gNB，其中 eNB 通过 S1-MME 和 S1-U 接口分别连接到 MME 和 SGW，并同时通过 X2-C 和 X2-U 接口连接到 gNB，gNB 也可以通过 S1-U 接口连接到 SGW。

（1）带 SN 的 NSA 切换流程的两种场景

场景 1：主节点切换，伴随辅节点改变，如图 5-35 所示。

① UE 连接 LTE 和 NR 小区，为双连接。

② UE 给 eNB 上报 A3 事件，同时携带最强 NR 邻区测量，并且目标 NR 的 RSRP 大于等于源 NR 小区 RSRP，在主节点切换的同时完成 PScell 改变或 SN 变更。

场景 2：主节点切换辅节点不变，主节点不变辅节点变更，如图 5-36 所示。

① UE 连接 LTE 和 NR 小区，为双连接。

② UE 给 eNB 上报 A3 事件，同时携带最强 NR 邻区测量，但目标 NR 的 RSRP 小于源 NR 小区 RSRP，辅节点不变。

③ UE 给 gNB 上报 A3 事件，PScell 改变或 SN 变更。

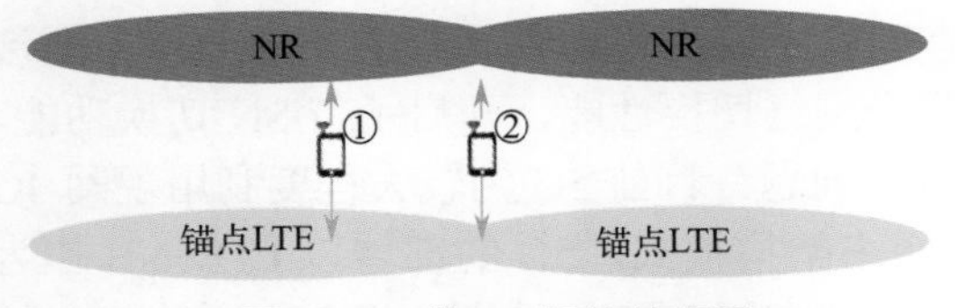

图 5-35　带 SN 切换的场景 1

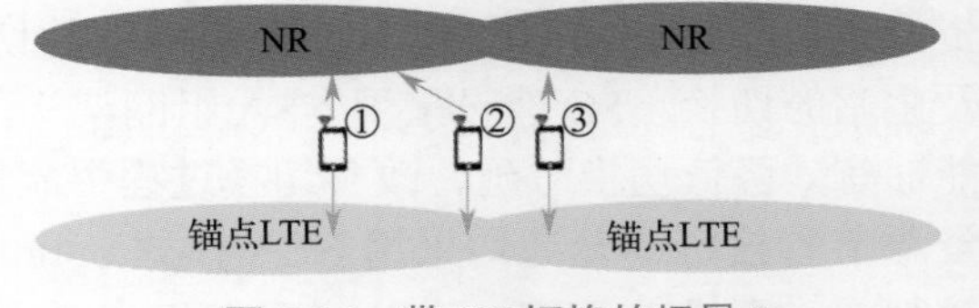

图 5-36　带 SN 切换的场景 2

带 SN 切换的信令流程，如图 5-37 所示。当 UE（用户设备）从一个 MeNB（主节点）的覆盖区域移动到另一个 MeNB 的覆盖区域时，如果源 MeNB 和目标 MeNB 之间有 SN（辅节点）连接，那么源 MeNB 就会先发起 SN 释放流程，然后目标 MeNB 在接收到 SN 释放的信息后，再通过 SN 增加流程将 SN 增加到目标侧的 MeNB。这样，UE 就可以顺利完成从源 MeNB 到目标 MeNB 的切换。在后面的图中统一将 4G 基站中源 MeNB 简写为 S-MN，将 4G 基站中目标 MeNB 简写为 T-MN。将 5G 基站中源 SgNB 简写为 S-SN，将 5G 基站中目标 SgNB 简写为 T-SN。

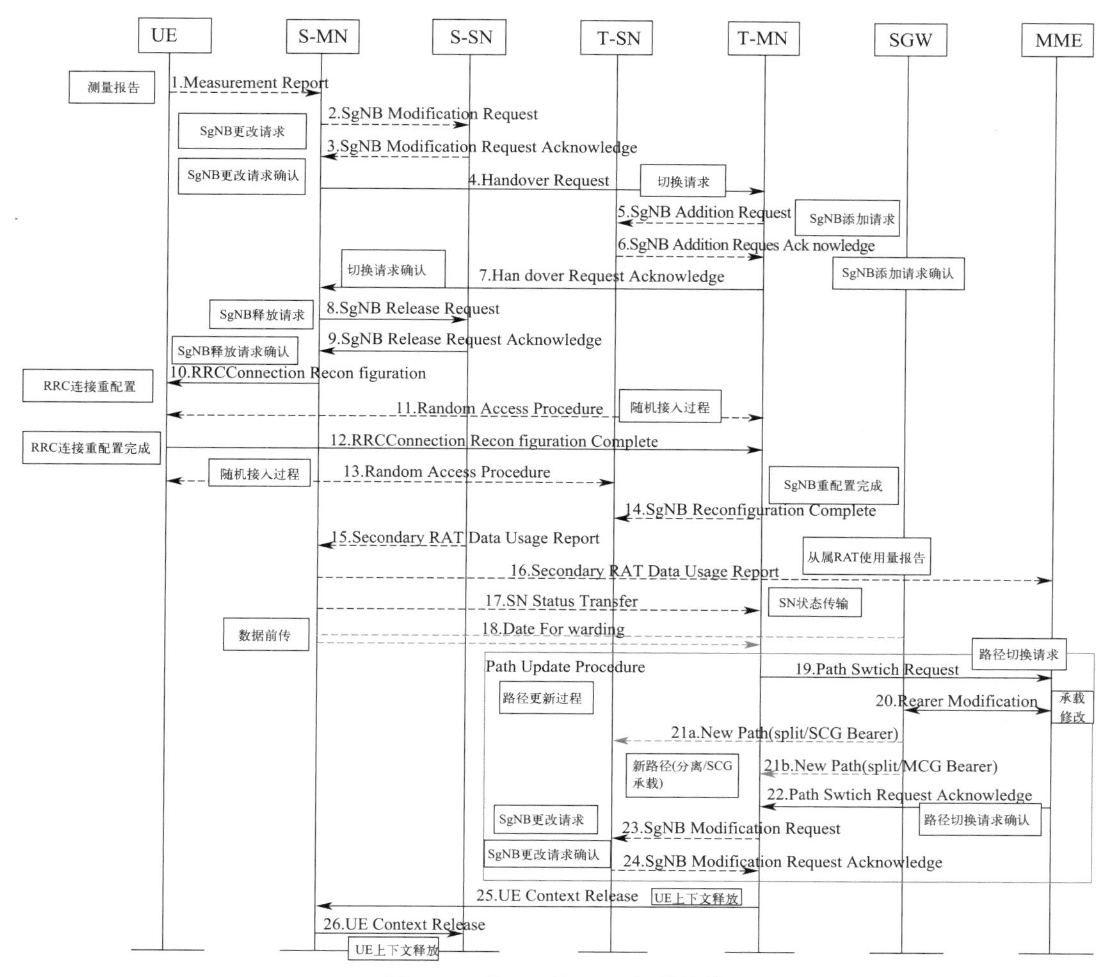

图 5-37　带 SN 的 NSA 切换流程

① UE 在源 4G 小区发起业务，并完成双连接添加。

② 主节点 4G 小区满足 A3 门限，发起测量报告，在测量报告里，携带最强的 NR 邻区测量。

③ 如果最强的 NR 邻区，其 RSRP 满足“带 SN 切换 RSRP 差值”门限，即目标 NR 小区 RSRP- 源 NR 小区 RSRP ≥带 SN 切换 RSRP 差值，那 4G 切换同时 5G 小区同步完成变更。

④ 如果最强的 NR 邻区，其 RSRP 不满足“带 SN 切换 RSRP 差值”门限，即目标 NR 小区 RSRP- 源 NR 小区 RSRP ＜带 SN 切换 RSRP 差值，那么 4G 切换，5G 小区不变。

（2）不带 SN 的 NSA 切换流程　不带 SN 切换，切换过程中存在 SN 释放和 LTE 切换到目标小区后 SN 添加两个过程，如图 5-38 所示。

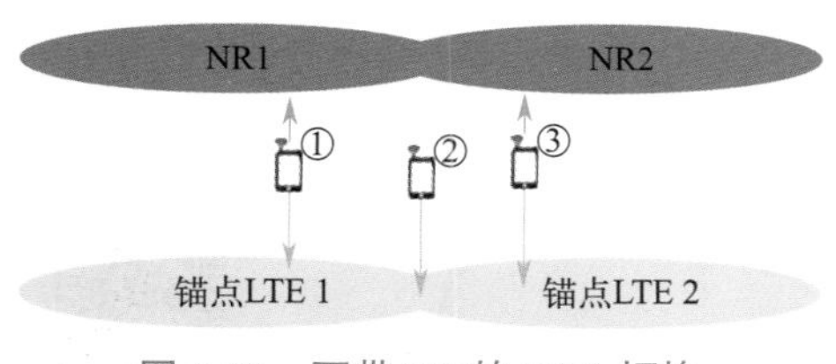

图 5-38　不带 SN 的 NSA 切换

UE 在锚点 LTE1 和 NR1 的覆盖区内，已接入 LTE/NR 双连接。UE 向基站锚点 LTE2 移动时触发 MN 切换，从锚点 LTE1 切换到锚点 LTE2。此种场景下：

①源 MN 在切换命令下发后，先发起 SN 释放流程，释放 SN。

② LTE 切换到目标小区后，再触发 SN 添加流程，将 SN 添加到目标侧 MN。

5. 5G 网优相关切换类参数（表 5-12）

表 5-12　5G 网优相关切换类主要参数

参数名称	英文名称	取值范围	参数说明
基站标识	gNBId	0 ～ 4294967295	该参数用于指示基站标识
小区标识	cellLocalId	0 ～ 16383	该参数用于指示小区标识
物理小区 ID	pci	100 ～ 1000	物理小区标识
NR 邻接关系支持 Xn 切换	supportXnHo	1：支持 0：不支持	该参数是邻区是否支持 Xn 切换开关，用于 RRM 做切换判决时选择切换类型，默认值为支持
外部 NR 邻接小区公共陆地移动网络标识号	pLMNId	460-00/460-01/460-02/460-03	该参数是用于配置运营商信息，由运营商的移动国家码 mcc、移动网络码 mnc 组成
外部 NR 邻接小区小区类型	coverageType	Macro/Micro	该参数用于指示小区类型
外部 NR 邻接小区上行载波的中心频点	frequencyUL		上行载波的中心频点
外部 NR 邻接小区上行载波带宽	bandwidthUL	5 ～ 100	上行载波带宽
外部 NR 邻接小区上行子载波间隔	subcarrierSpacingUL	15/30/60/120	该参数指示外部小区上行的子载波间隔。根据该参数可以计算小区带宽和测量频点
外部 NR 邻接小区下行载波的中心频点	frequencyDL		下行载波的中心频点
外部 NR 邻接小区下行载波带宽	bandwidthDL	5 ～ 100	下行载波带宽
外部 NR 邻接小区下行子载波间隔	subcarrierSpacingDL	15/30/60/120	该参数指示外部小区下行的子载波间隔。根据该参数可以计算小区带宽和测量频点
外部 NR 邻接小区下行 Point A 频点	pointAFrequencyDL		该参数用于指示下行 Point A 频点。Point A 是参考资源块绝对频率位置的最低子载波（公共 RB0）
外部 NR 邻接小区上行 Point A 频点	pointAFrequencyUL		该参数用于指示上行 Point A 频点
外部 NR 邻接小区物理小区 ID	nRPCI	0 ～ 1007	标识小区的物理层小区标识号：NR 系统共有 1008 个物理层小区 ID，分成 336 组，每组 3 个，一个物理层小区 ID 只能归属于一个小区组
外部 NR 邻接小区双工方式	duplexMode	TDD/FDD	TDD 为时分双工模式，FDD 为频分双工模式
异频测量事件 A2 A2 事件 RSRP 门限	rsrpThreshold	-156 ～ -31	测量时服务小区 A2 事件 RSRP 绝对门限，当测量到的服务小区 RSRP 低于门限时，UE 上报 A2 事件
NR 邻接关系	LIJIE	11100 ～ 300000	此参数和邻小区的站号、小区号、物理小区相关

三、网络时延优化

5G 端到端优化之时延优化

1. 通信系统时延

对于移动通信业务而言，最重要的时延是端到端时延，即对于已经建立连接的收发两端，数据包从发送端产生，到接收端正确接收的时延。根据业务模型不同，端到端时延可分为单程时延和回程时延，其中单程时延指数据包从发射端产生经过无线网络正确到达另外一个接收端的时延，回程时延指数据包从发射端产生，到目标服务器收到数据包并返回相应的数据包，直至发射端正确接收到应答数据包的时延。

在互联网业务指标体系中，关于时间长短的指标评价体系将影响用户对于网络的使用体验，互联网业务类型如图 5-39 所示。

大类	网页浏览	在线视频	即时通信	应用下载
应用小类	■网页浏览 ■网易新闻 ■新浪新闻 ■今日头条 ■凤凰新闻	■优酷 ■土豆 ■乐视 ■PPTV ■搜狐视频	■微信 ■QQ	■安卓市场 ■苹果市场 ■豌豆荚 ■360安全市场 ■搜狗市场
指标体系	■页面响应成功率 ■页面响应时长 ■页面显示成功率 ■页面显示时长 ■页面下载速率	■流媒体播放成功率 ■流媒体播放等待时长 ■流媒体播放中断率 ■流媒体播放停顿频次 ■流媒体业务下载速率	■业务登录成功率 ■业务登录时延 ■大数据传输上下行速率 ■异常掉线率	■应用下载成功率 ■应用下载速率

图 5-39 互联网业务类型

在 5G 所对应的六大垂直行业中，对时延的要求基本小于 20ms，这是 4G 下 50ms 的时延不能满足的，如图 5-40 所示。

图 5-40 应用场景时延要求

从时延原因分析，从网络侧分析时延产生的原因如表 5-13 所示。

从如图 5-41 所示端到端的网络分析发现，网络中的各个环节均对时延情况有影响，其中包括了终端、无线接入网、传输网络、核心网和应用服务器。

表 5-13 时延产生的原因

KQI	服务 KPI	因素
网络延时	DNS 原因延时	DNS 服务器性能
		传输问题
	TCP 握手延时	无线延时——UE 至无线网
		有线延时——无线网至核心网
		TCP 性能
	HTTP 收 / 发延时	核心网服务器性能
		APN 策略
		网关服务器性能
		PCC 性能
		IP 路由交换 / 转发配置

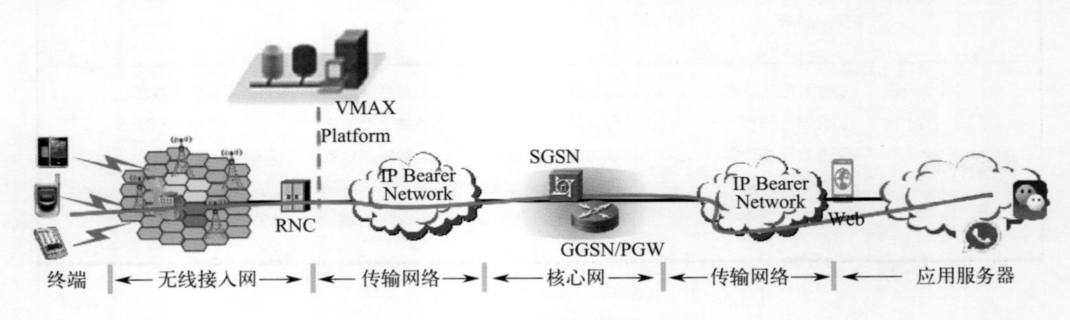

图 5-41 端到端网络图

5G 系统相比其他通信系统，结构更加精简。从协议已发布一些指标来看，时延相比其他系统有较大改善。比如协议要求用户面时延小于 4ms。

2. 5G 低时延技术的实现

① UPF（用户名功能）下沉、MEC（边缘计算）技术。5G 彻底实现了控制面和用户面分离，将用户面下沉，并引入移动边缘计算（MEC），让云服务更加接近用户，从而提供超低时延，如图 5-42 所示。

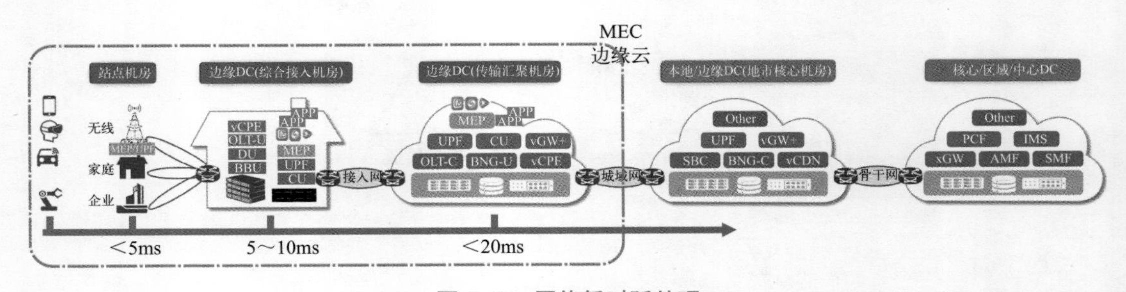

图 5-42 网络低时延处理

② 自包含时隙。自包含时隙（self-contained slot）是 R15 支持的一种新的时隙格式，支持在一个时隙中同时包含上行传输和下行传输，用于缩短下行反馈时延以及上行调度时延，以满足超低时延业务需求，如图 5-43 所示。

③ 增大子载波间隔。子载波间隔增大 1 倍，一个符号的传输时长缩短一半，则至少可以将空口传输时长减少一半，如图 5-44 所示。

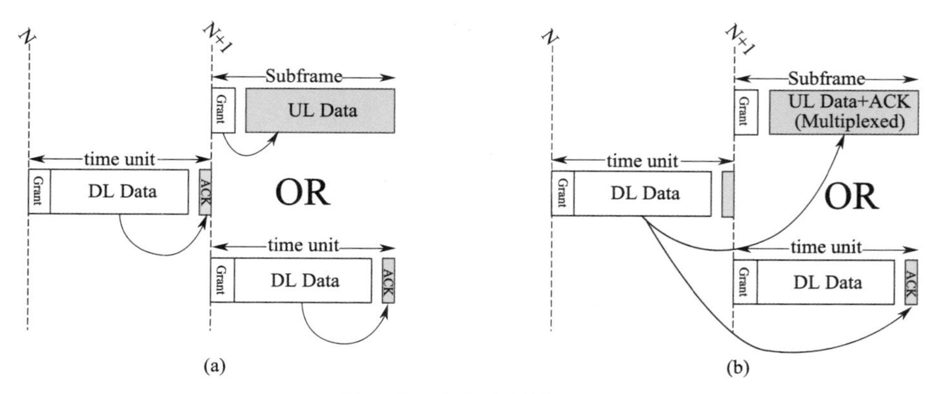

图 5-43　自包含时隙

正常CP

μ	SCS /KHz	N_{symb}^{slot}	$N_{slot}^{frame,\mu}$	$N_{slot}^{subframe,\mu}$	符号长度 /μs
0	15	14	10	1	66.67
1	30	14	20	2	33.33
2	60	14	40	4	16.67
3	120	14	80	8	8.33
4	240	14	160	16	4.17

图 5-44　正常 CPμ 取值对应符号长度

④ 下行带宽抢占。URLLC 抢占 eMBB：URLLC 可以“后调而先至”直接覆盖 eMBB 的资源，如图 5-45 所示。

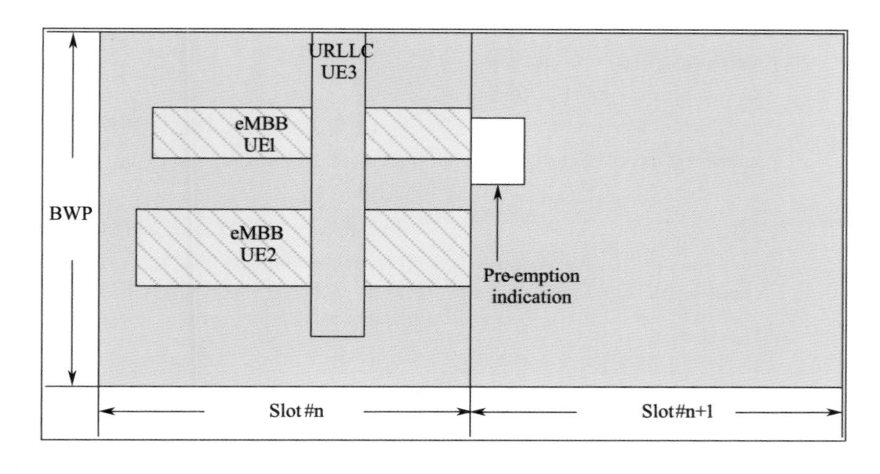

图 5-45　下行带宽抢占

⑤ mini-slot 和免授权。普通调度的最小时间粒度是一个 slot（14 个 OFDM 符号）；引入 mini-slots 后，调度的最小时间粒度可以进一步压缩到数个 OFDM 符号，从而为 uRLLC 类应用进一步压缩空口时延打开了空间，如图 5-46 所示。

上行免授权，即一次授权，多次使用，减少调度信令所带来的时延，如图 5-47 所示。

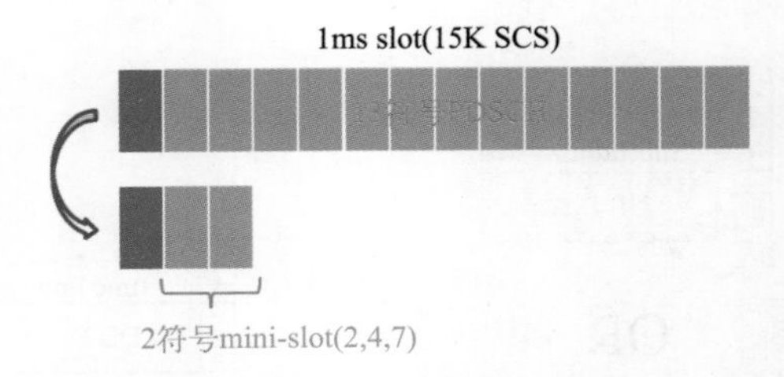

图 5-46 mini-slots

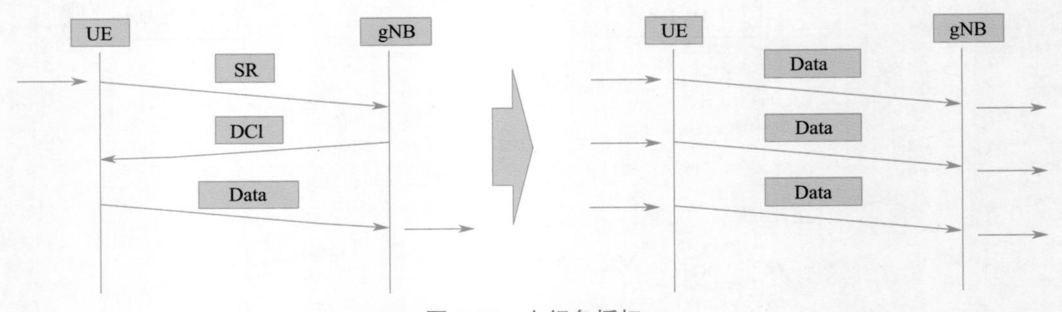

图 5-47 上行免授权

3. 5G 网优相关时延类参数（表 5-14）

表 5-14 5G 网优相关的时延类主要参数

参数名称	英文名称	参数范围	参数说明
DRX 配置开关	drxSwitch	0 关闭 /1 打开 /2 空置	该参数指示非连续接收配置开关，开关打开时，小区下的 UE 配置 DRX，否则不配置 DRX
CSIReportResource CQI 的报告发送周期	cqiReportPeriod	8/20/40/160/360	该参数表示 RSRP 报告的发送周期修改后会自动触发小区删除，小区用户短暂退服
rachConfigGeneric PRACH 功率攀升步长 /dB	powerRampingStep	0/2/4/6	发送 PRACH 后，没有收到 MSG2 后，重新发送 PRACH 的功率攀升值
rachConfigGeneric 前导最大发送次数	preambleTransMax	3/4/8/10/20/50/100	当 UE 发送随机接入前缀后，未收到响应，则会把发射功率加上功率攀升步长进行再次尝试，直到前缀发送次数达到最大传输次数
移动性功能 EPS 回落开关	epsfbSwitch	0 关闭 /1 基于盲的方式 /2 基于测量的方式	该参数用于控制 EPS fallback 时的互操作方式。配置为关闭时，表示不进行互操作行为；配置为盲的方式，表示不下发测量，直接基于邻区和频点配置进行盲切换或重定向；配置为基于测量的方式，表示先下发测量控制，再通过测量结果进行互操作

四、网络速率优化

5G 网络对数据速率有了新的指标要求，其峰值速率为 20Gbit/s，用户体验速率为 10 ～ 100Mbit/s，如图 5-48 所示，是 4G 网络条件下的 10 ～ 100 倍，如此高的速率是如何实现的呢？

5G NR 用户速率受到多方面的因素的影响，如图 5-49 所示。

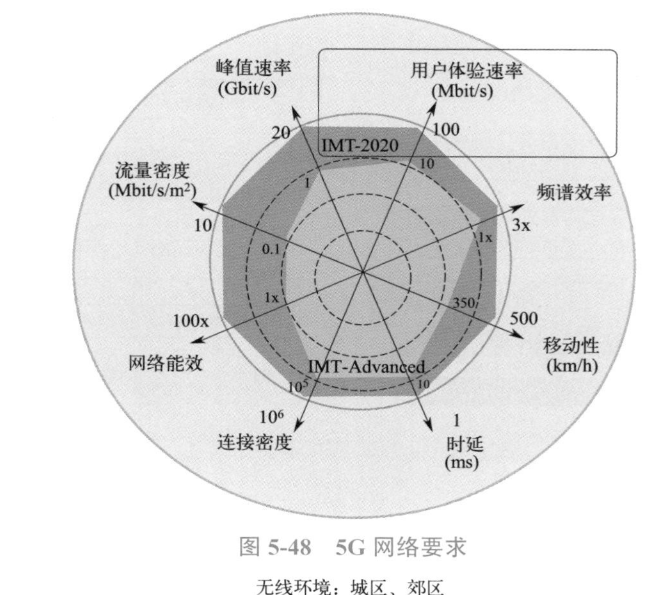

图 5-48　5G 网络要求

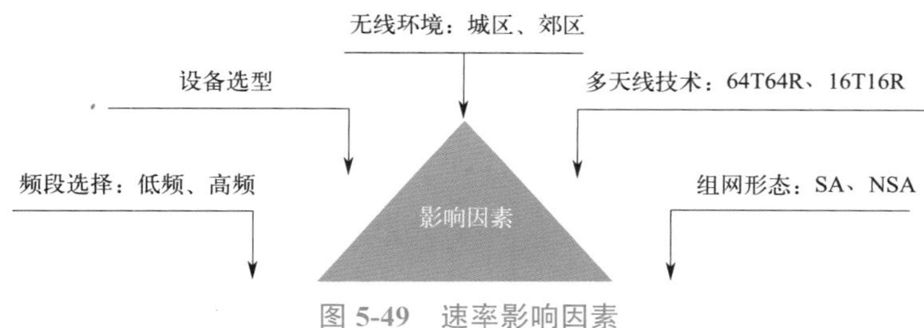

图 5-49　速率影响因素

移动用户的速率通常采用吞吐率来表示，英文称 Throughput，上行和下行分开进行表示。LTE 时代下行业务为主，所以更多地关心下行吞吐率，5G 时代上行业务也会增加，所以上行吞吐率也很重要。本书还是以下行吞吐率分析为例进行说明。

下行吞吐率可以简称为下行速率，下行峰值速率是在一定的资源配置条件下测得的，它可以简单表示如下：

$$下行峰值速率 = 下行数据量 / 数据传送时间$$

5G 系统中采用大规模天线系统，通常采用多天线进行收发。因此，一定时间段内所传送的数据量除了受载波数以及时域和频域资源限定之外，空域的资源配置也会影响数据量，具体分析如下。

1. 下行信道处理过程

PDSCH 下行处理过程主要在 TS38.211 和 TS38.212 协议中描述。来自 MAC 层的 MAC PDU 包括控制或业务数据，它们在物理层进行编码和解码等处理（如图 5-50 所示），经由空中接口发送出去。

其中，层映射功能是根据空间层数将码字分为多路进行发送，而调制功能将符号变换成比特位进行发送，二者都有利于提高吞吐量。

2. 时 / 频资源

5G 系统的资源栅格如图 5-51 所示，它由时域和频域两部分组成。频域上，子载波间隔与参数集 μ 相关，频域上时隙长度也与 μ 相关。以 $\mu = 1$ 为例，子载波间隔为 30kHz，时隙长度为 0.5ms。

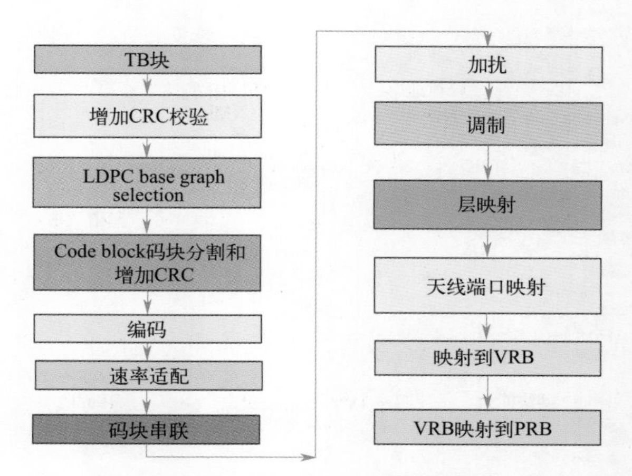

图 5-50　下行信道信息处理流程

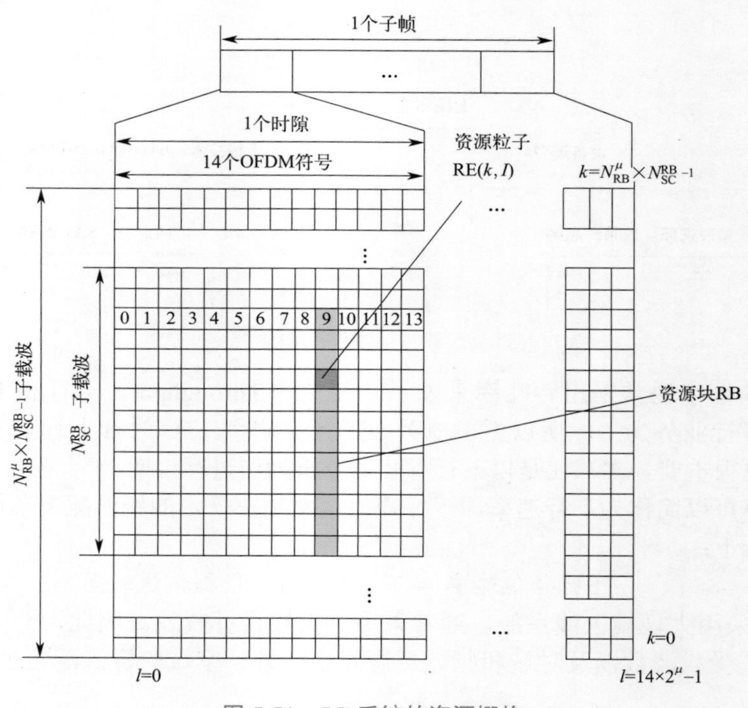

图 5-51　5G 系统的资源栅格

① 时域资源。随着子载波间隔的增加（μ 值增加），对应的时域 OFDM 符号长度越来越短，如表 5-15 所示。

表 5-15　不同子载波间隔下的符号长度

μ	子载波间隔	OFDM 符号长度 /μs	循环前缀（CP）长度 /μs	包含 CP 的 OFDM 长度 /μs	每 1ms 子帧中包含的符号数
0	15	66.67	4.69	71.35	14
1	30	33.33	2.34	35.68	28
2	60	16.67	1.17	17.84	56
3	120	8.33	0.57	8.92	112
4	240	4.17	0.29	4.46	224

不同子载波对应的符号长度不同，因此对于不同的子载波，特定时间段如 1ms 子帧或者 0.5ms 半帧范围内所包含的符号数也不同，15kHz 符号长度（包含 CP）是其他 SCS 下的符号长度的 2^{μ} 倍，如表 5-15 所示。即 15kHz 下包含 CP 时的符号长度相当于 2 个 30kHz 的符号长度之和或者 4 个 60kHz 的符号长度之和，以此类推。不同子载波间隔下的符号间的关系如图 5-52 所示。

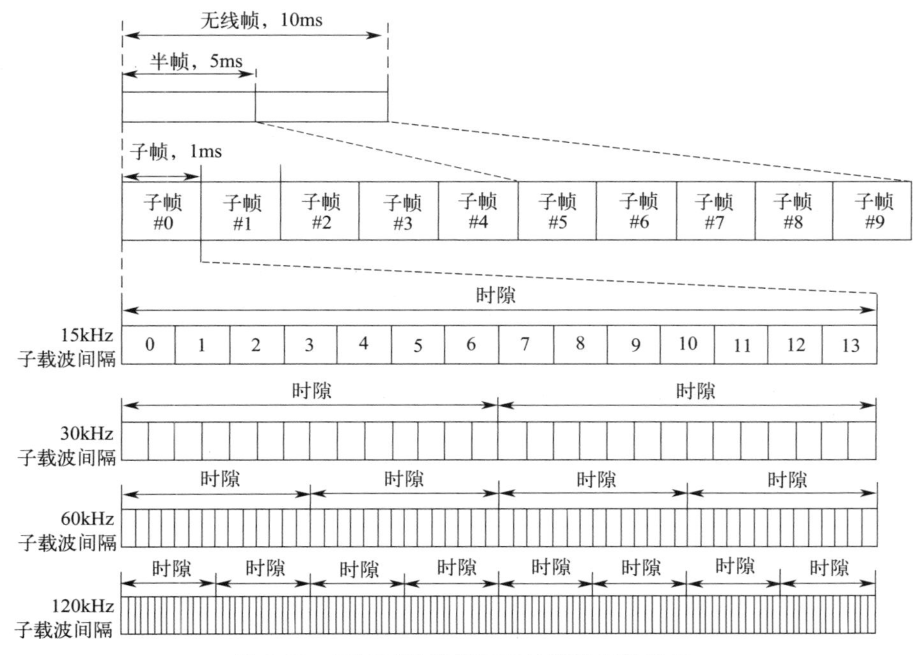

图 5-52 不同子载波间隔下的符号间的关系

每个时隙中的符号数与循环前缀（CP）的类型有关系。常规 CP 下，每个时隙中都包含连续的 OFDM 符号，取值为 14，即与子载波间隔无关。扩展 CP 下，每个时隙中的符号数为 12。

5G 系统中，根据时隙中符号的作用方式，可以分为全下行（D）、全上行（U）和灵活配置方式，如表 5-16 所示。表中 D 表示下行符号、U 表示上行符号，X 表示上下行灵活配置方式。

表 5-16 时隙配比

Format 格式	Symbol number in a slot（时隙中的符号数）													
	0	1	2	3	4	5	6	7	8	9	10	11	12	13
0	D	D	D	D	D	D	D	D	D	D	D	D	D	D
1	U	U	U	U	U	U	U	U	U	U	U	U	U	U
2	X	X	X	X	X	X	X	X	X	X	X	X	X	X
3	D	D	D	D	D	D	D	D	D	D	D	D	D	X

时域上可以采用多个时隙组成特定的帧结构，共同进行上下行数据传送工作，比如子载波间隔为 30kHz 时，5 个时隙可以共同组成 2.5ms 帧结构。常见的 DDDSU 单周期和 DDDSU-DDSUU 双周期结构如图 5-53、图 5-54 所示。其中，D 表示全下行时隙、U 表示全上行时隙、S 表示上下行混合以及保护时隙。

2.5ms 单周期（DDDSU-DDDSU）帧结构。传送周期 2.5ms，支持 2 ～ 4 个符号的 GP

配置（例如 4 个符号的 GP）。其帧结构如图 5-53 所示。

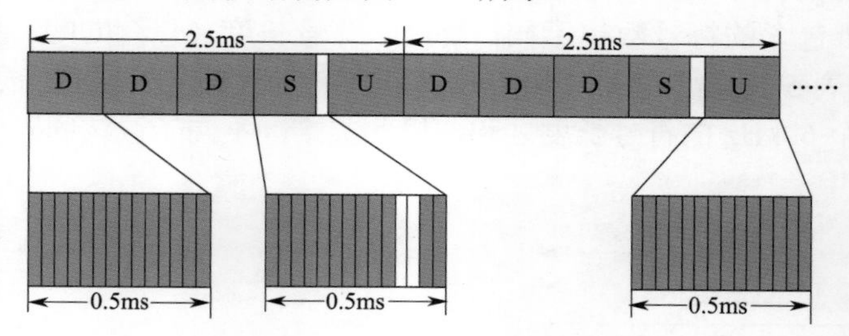

图 5-53　2.5ms 单周期帧结构

2.5ms 双周期（DDDSU-DDSUU）帧结构。传送周期 2.5ms + 2.5ms，支持 2 ～ 4 个符号的 GP 配置（例如 4 个符号的 GP），其帧结构如图 5-54 所示。

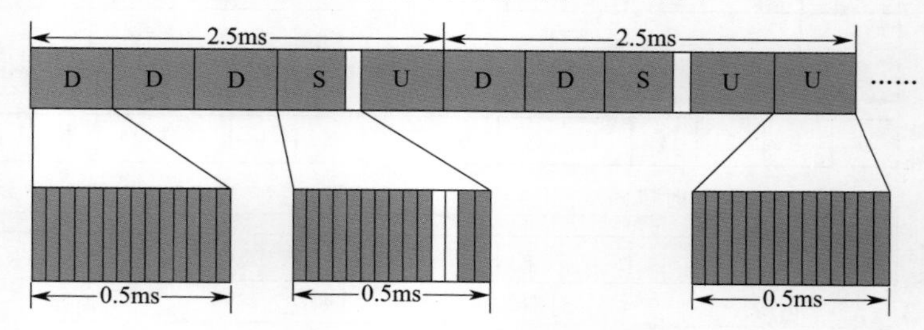

图 5-54　2.5ms 双周期帧结构

上下行配比。特定的帧结构中，时隙 D 和 U 的数目大致决定了上下行时域资源占比，S 时隙的不同配置也会或多或少地影响上下行时域资源占比。比如 D∶GP∶U = 10∶2∶2 和 8∶4∶2 的配置中上下行配比就存在微小差异。如果考虑下行峰值吞吐量，则可以采用 D 时隙的占比来计算。如果要使计算结果更为准确，就可以基于符号数目来计算。基于符号数目的不同帧结构下的容量和开销对比如表 5-17 所示。

表 5-17　上下行时域资源占比

项目	10ms 内 符号总数	10ms 内 下行符号数	10ms 内 上行符号数	下行占比	上行占比	GP 开销
2.5ms 双周期 （DDDSU-DDSUU）	280	180	92	64.29%	32.86%	2.86%
2.5ms 单周期 （DDDSU-DDDSU）	280	208	64	74.29%	22.86%	2.86%

可见，2.5ms 双周期上行占比最高，因此利于上行为主的业务；2.5ms 单周期下行占比最高，因此利于下行业务。TS36.306 协议中，考虑峰值速率计算时，提供了 4 种扩展系数，分别为 1.0、0.8、0.75 和 0.4，是与表 5-18 中四种帧结构配置方式相对应的，且其中是把 S 时隙粗略作为下行时隙来考虑的。

表 5-18　时隙占比

项目	时隙总数	D 时隙数	U 时隙数	D 时隙占比
DDDDD	5	5	0	1
DDDSU	5	4	1	0.8
DSUUU	5	2	3	0.4
DDSU	4	3	2	0.75

② 频域资源。5G 系统中，一个资源块（RB）由频域上连续的个 12 子载波组成。不同带宽条件下所支持的 PRB 数目是不同的，详见 TS38.104-5.3.1/2 信道带宽配置。FR1（即 < 6GHz）的传输带宽配置 NRB 如表 5-19 所示。可见，30kHz 条件下，100MHz 载波带宽所支持 PRB 数为 273。

表 5-19　频域资源表

SCS/kHz	5MHz	10MHz	15MHz	20MHz	25MHz	30MHz	40MHz	50MHz	60MHz	80 MHz	90MHz	100MHz
	NRB	NRB	NRB	NRB	NrB	Nrs	NRB	NRB	NrB	NRS	NRB	Nrs
15	25	52	79	106	133	160	216	270	N/A	N/A	N/A	N/A
30	11	24	38	51	65	78	106	133	162	217	245	273
60	N/A	11	18	24	31	38	51	65	79	107	121	135

峰值速率通常采用整个带宽进行估算，也就是说，计算 100MHz 带宽下的下行峰值吞吐率时，频域 PRB 数目采用 273 来进行计算。

3. 时 / 频域资源中的开销

PDSCH 下行时隙中，存在 PDCCH 和 DMRS 等信道或者信号，用于辅助进行调度和控制作用。这些信息的存在会降低 PDSCH 可用的 RE 资源，因此可以理解为 PDSCH 信道资源中的开销。采用自包含帧示例如下。第一个符号为 PDCCH，第二个符号为前置 DMRS，而上行和下行符号之间还需要配置 GP 作为保护带。具体分布如图 5-55 所示。

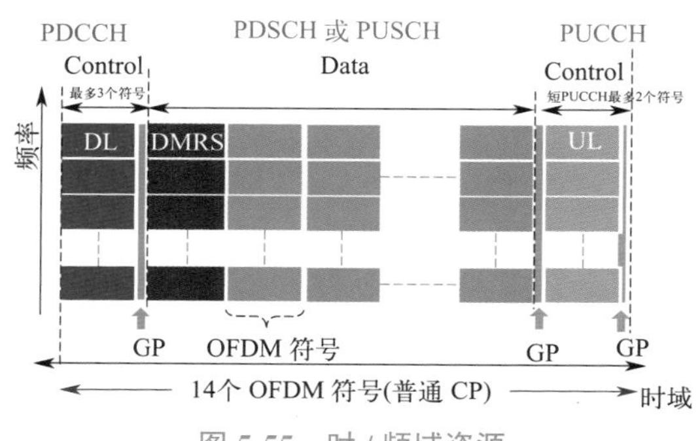

图 5-55　时 / 频域资源

DMRS 主要用于无线信道估计，它在预定的资源范围内伴随相应的信道进行发送并用于相关信道的解码工作。时域上，可以采用单个符号或者多个符号来配置 DMRS；频域上，DMRS 也可以采用不同的密度。DMRS 位置如图 5-56 所示。

4. 空域资源

5G 系统中，采用 mMIMO 技术时，可以通过层映射功能将一个码字映射到多个空间层上进行传输，这种利用空间资源的方式也有助于提高用户的吞吐量。如图 5-57 所示为采用 4 层进行传输时的层映射方式。

对于终端来说，如果基站侧 4 端口独立发送，UE 侧支持 4 天线端口独立接收，则相当于采用了 4×4 MIMO，因此下行速率相当于扩大到 4 倍，其吞吐率也是单天线端口的 4 倍，如图 5-58 所示。

5. 载频资源

5G 系统中，6GHz 以下所支持的最大信号带宽为 100MHz，如果采用载波聚合实现多载波同时传送，则下行吞吐率相应地扩大，载波聚合如图 5-59 所示。

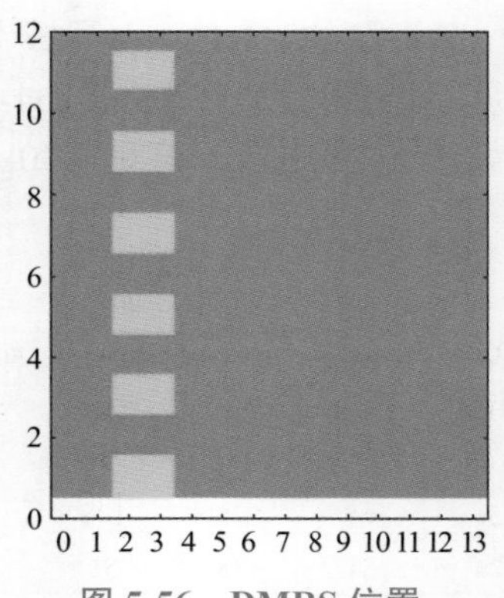

图 5-56 DMRS 位置

层号	码字	码字-层号的映射关系 $i=0,1,\cdots,M_{\text{symb}}^{\text{layer}}-1$	
4	1	$x^{(0)}(i)=d^{(0)}(4i)$ $x^{(1)}(i)=d^{(0)}(4i+1)$ $x^{(2)}(i)=d^{(0)}(4i+2)$ $x^{(3)}(i)=d^{(0)}(4i+3)$	$M_{\text{symb}}^{\text{layer}}=M_{\text{symb}}^{(0)}/4$

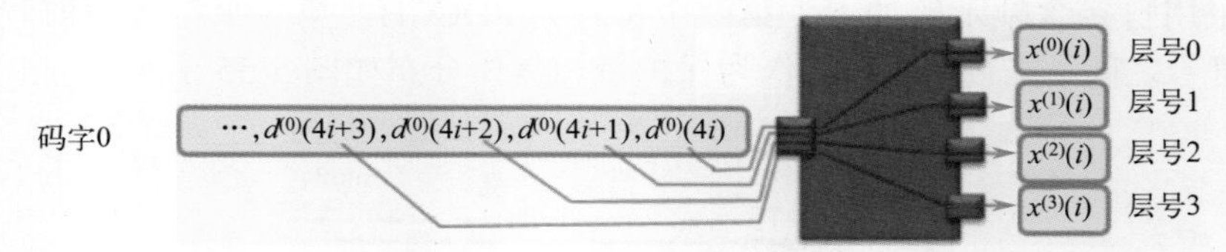

图 5-57 采用 4 层进行传输时的层映射方式

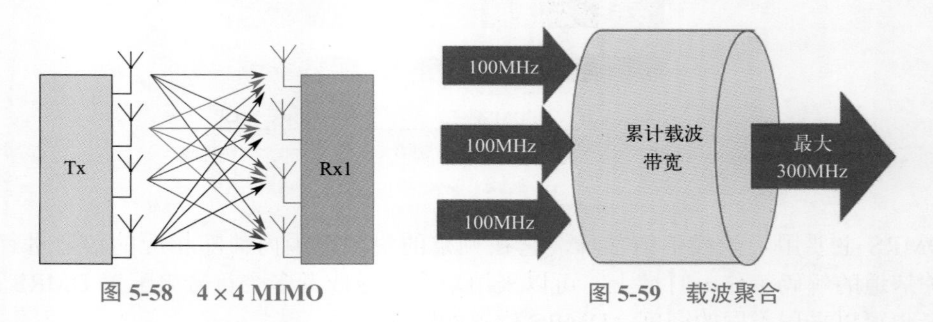

图 5-58 4×4 MIMO　　图 5-59 载波聚合

6. 调制方式和码率

调制是将符号变换成比特的过程。不同调制方式所对应的调制阶数不同，意味着 1 个符号经过不同的调制方式后所产生的符号数不同。比如，256QAM 下，1 个符号对应 8bit，而 64QAM 下，1 个符号则对应 6bit。调制阶数如表 5-20 所示。

表 5-20 调制阶数

调制方式	调制阶数
QPSK	2
16QAM	4
64QAM	6
256QAM	8

下行调度过程中，为了确定物理下行链路共享信道中的调制阶数、目标码率和传输块大小，UE 首先会读取 DCI 中的 5 比特的调制和编码域（I_{MCS}），并进一步确定调制阶数（Qm）和目标码率（R），同时读取 DCI 中的冗余版本字段（RV）来确定冗余版本，RV 可以取值为 RV0、RV1、RV2、RV3。其次，UE 使用层数、速率匹配之前所分配的 PRB 总数（nPRB）来确定传输块大小。

有效信道码率定义为下行链路信息比特数（包括 CRC 比特）除以 PDSCH 上物理信道的比特数，效率为信息比特数与总符号数的比值。码率和效率之间可以互相换算。由于总比特数是总符号数与调制阶数的乘积，所以效率等于码率乘以调制阶数。表示为：

码率＝信息比特数 / 物理信道总比特数＝信息比特数 /（物理信道总符号数 × 调制阶数）＝效率 / 调制阶数

如果有效信道码率高于 0.95，则 UE 将忽略传输块的初始传输的解码工作。如果 UE 忽略解码工作，则物理层会向高层指明该传输块未被成功解码。UE 根据下行信道测量结果上报 CQI，gNB 根据 UE 上报的 CQI 信息选择合适调制方式，满足该信道条件下的效率要求。不同调制方式所对应的效率请参见 TS38.214 中的定义。

以 256QAM 为例，规范规定的 MCS 及其效率表示如表 5-21 所示。

表 5-21　MCS 效率

MCS 编号 I_{MCS}	调制阶数 Qm	目标码率 Rx［1024］	频谱效率
0	2	120	0.2344
1	2	193	0.3770
2	2	308	0.6016
3	2	449	0.8770
4	2	602	1.1758
5	4	378	1.4766
6	4	434	1.6953
7	4	490	19141
8	4	553	2.1602
9	4	616	2.4063
10	4	658	2.5703
11	6	466	2.7305
12	6	517	3.0293
13	6	567	33223
14	6	616	3.6094
15	6	666	39023
16	6	719	4.2129
17	6	772	4.5234
18	6	822	4.8164
19	6	873	51152
20	8	682.5	5.3320
21	8	711	5.5547
22	8	754	5.8906
23	8	797	6.2266
24	8	841	6.5703

续表

MCS 编号 I_{MCS}	调制阶数 Qm	目标码率 Rx［1024］	频谱效率
25	8	885	6.9141
26	8	916.5	7.1602
27	8	948	7.4063
28	2	reserved（保留）	
29	4	reserved（保留）	
30	6	reserved（保留）	
31	8	reserved（保留）	

为了表示的方便性，表中码率取值是乘以 1024 之后的结果。由此可见，对应最高频谱效率的最大码率为 948/1024 = 0.925。

7. 峰值速率计算

TS38.306 协议中提供的峰值速率计算方法，对终端所支持的最大数据速率进行了计算。在上述分析基础上，可以理解规范中计算公式的含义。

对于 NR，频带或频带组合中给定数量的聚合载波的近似数据速率计算公式如下：

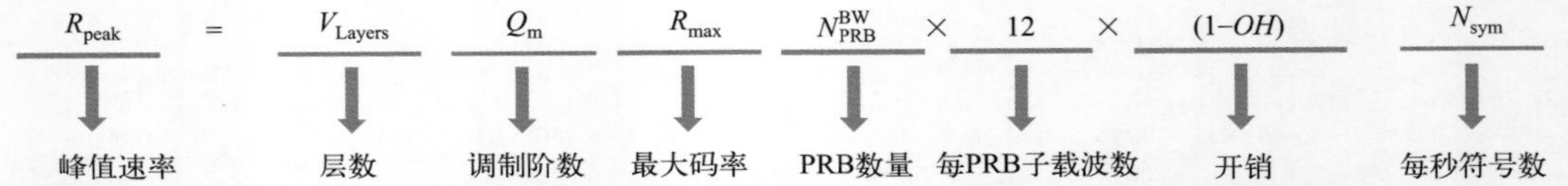

举例来说，3.5GHz 频段，100M 载波带宽，2.5ms 单周期，S 时隙配比为 11∶1∶2，下行 256QAM，上行 64QAM，单 UE 的峰值速率如下：

UE 下行峰值速率 = 4×8×0.92578×273×12×（1−0.14）×21200 = 1，769，440，558bit/s = 1.769Gbit/s

UE 上行峰值速率 = 2×6×0.92578×273×12×（1−0.08）×6400 = 214，289，422bit/s = 0.214Gbit/s

3. 5GHz 频段 2.5ms 单周期典型峰值速率计算如表 5-22 所示。

表 5-22　3.5GHz 频段 2.5ms 单周期典型峰值速率计算

参数	UE 下行	UE 上行
层数	4	2
调制阶数	8	6
最大码率	0.92578	0.92578
PRB	273	273
系统开销	0.14	0.08
每秒符号数	21200	6400
UE 峰值速率	1.769Gbit/s	0.214Gbit/s

8. 速率问题排查思路鱼骨图

业务速率低的问题，可以分解到服务器及传输问题，测试电脑机终端问题，无线环境问题，以及基站相关参数设置问题，速率问题排查思路如图 5-60 所示。

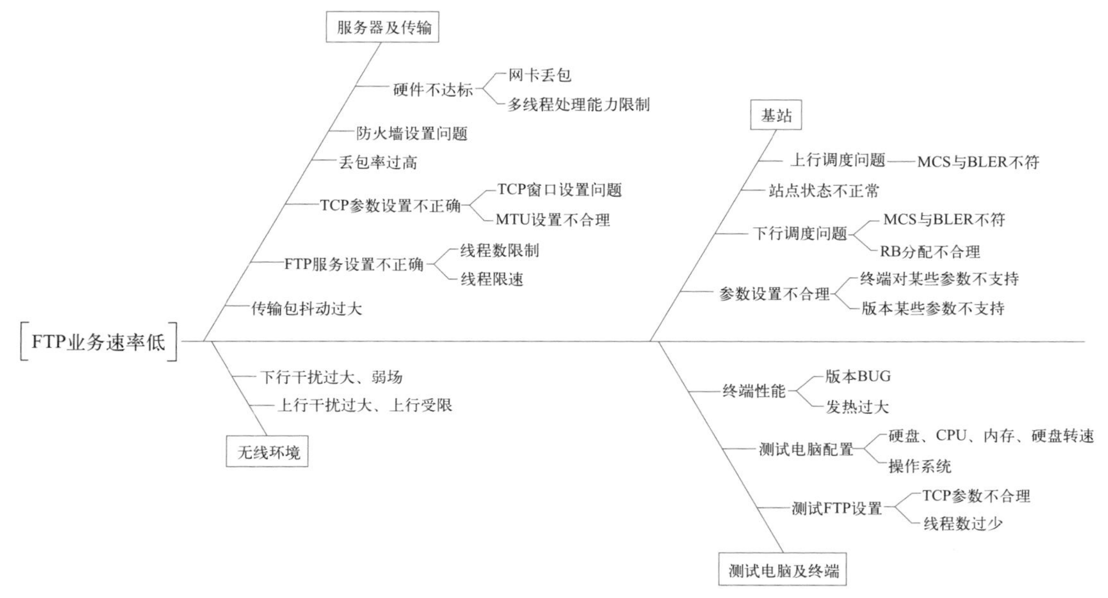

图 5-60 速率问题排查思路

速率问题排查思路和流程：

① 通过业务测试确认小区速率较低；

② 通过告警分析核查问题小区是否存在影响业务的告警，如果存在异常告警，则按照告警提示解决影响业务的告警；

③ 通过查看上下行 RSRP 和 SINR，或使用网管频谱分析，判断问题小区或 UE 测试区域是否存在较强干扰或弱覆盖，如果存在，则通过干扰解决、找点、调整小区发射功率等手段改善 UE 无线环境；

④ 通过参数核查确认问题小区无线参数是否设置正确，如有问题，则严格按照现场实际组网配置和峰值流量测试配置要求修改对应无线参数；

⑤ 通过查、问等方式确认测试环境是否满足峰值流量测试要求，如有问题，则根据核查结果协调局方或核心网侧配合解决问题。

如果经历以上处理步骤后，故障仍然无法解决，则采集故障信息上报进行分析。

9. 5G 网络优化相关速率类参数

5G 网络优化相关速率类参数，如表 5-23 所示。

表 5-23 5G 网络优化相关速率类主要参数

参数名称	英文名称	参数范围	参数说明
DLAmc 参数下行 PDSCH MCS 最大值	maxMCSDl	0 ～ 28	该参数用于限制小区 PDSCH 链路所能达到的最大 MCS 值。范围 0 ～ 28
DLAmc 参数 下行 PDSCH MCS 最小值	minMCSDl	0 ～ 28	该参数用于限制小区 PDSCH 链路所能达到的最小 MCS 值。范围 0 ～ 28
DLAmc 参数 下行 PDSCH 内环 AMC 使能开关	dlIlAMCEnable	ture/false/null	下行 PDSCH 内环 AMC 使能开关。置 TRUE，打开下行内环 AMC，小区根据 UE 的 CQI 和 SRS 上报值预估 PDSCH 链路的信道环境，从而调整 PDSCH 的调制和编码方式；置 FALSE，关闭下行内环 AMC，小区不会根据 UE 的 CQI 和 SRS 上报来估计 PDSCH 链路的信道环境。正常业务流程建议打开，在故障排查等特殊场景可以按需要修改

续表

参数名称	英文名称	参数范围	参数说明
DLAmc 参数下行 PDSCHh 外环 AMC 使能开关	dlOlAMCEnable	ture/false/null	下行 PDSCH 外环 AMC 使能开关。置 TRUE，打开下行外环 AMC，小区根据 UE 上报的 PDSCH 的 ACK/NACK 反馈来调整 PDSCH 的调制和编码方式；置 FALSE，关闭下行外环 AMC，小区不会根据 UE 上报的 PDSCH 的 ACK/NACK 反馈来调整 PDSCH 的调制和编码方式。正常业务流程建议打开，在故障排查等特殊场景可以按需要修改
帧结构配置参数 帧结构第一个周期 Sslot 上的下行符号数	nrofDownlinkSymbols1	0 ～ 13	该参数用于指示帧结构第一个周期 S slot 上的下行符号的个数
NRPhysicalCellDU 用户体验开关	userExpSwitch	0 ～ 9	该参数为用户延时体验服务模式的控制开关，通过对用户的预调度和基于 SR 的带宽分配等功能进行控制，影响用户体验效果。对于不同场景，可以选用不同的体验服务模式
256QAM 列表 PUSCH 256QAM 使能开关	qam256EnableUl	false/true	上行 256QAM 使能开关，信道条件较好时使能，采用高阶调度
256QAM 列表 PDSCH 256QAM 使能开关	dlPowerControlSwitch	false/true	该参数用于降低近点用户下行 256QAM 的功率，以减少对远点用户的干扰，是小区级参数。当该参数置为 1 时，表示需要降低近点用户下行 256QAM 的功率，支持 EVM 功率均衡；当置为 0 时，表示不降低近点用户下行 256QAM 的功率，不进行 EVM 功率均衡优化
256QAM 列表 下行 256QAM 功率调整优化开关	qam256EnableDl	false/true	下行 256QAM 使能开关，信道条件较好时使能，采用高阶调度
HARQ 参数 下行 HARQ 最大传输次数	dlHarqMaxTxNum	1/2/3/4/5	HARQ 具有重传机制，该参数给出了下行 HARQ 最大传输次数，为新传次数和重传次数总和。例如：若该参数配置为 5，包含新传次数为 1，重传次数为 4
HARQ 参数 上行 HARQ 最大传输次数	ulHarqMaxTxNum	1/2/3/4/5	HARQ 具有重传机制，该参数给出了上行 HARQ 最大传输次数，为新传次数和重传次数总和。例如：若该参数配置为 5，包含新传次数为 1，重传次数为 4
QoS 业务类型 业务承载类型（IMS signaling qci ＝ 5）	srvBearerType	GBR/Non-GBR	该参数表示业务承载类型，包括 GBR 和 Non-GBR。Non-GBR（Non-GuaranteedBitRate，非保证速率），是指该承载只提供“尽力而为”（不保证质量）的传输。GBR（Guaranteed BitRate，保证速率）指该承载提供保证速率的传输
ULAmc 参数 上行 MCS 最大值	maxMCSUl	0 ～ 28	该参数指示了高层为小区上行链路配置的最大 MCS 值
ULAmc 参数 上行 MCS 最小值	minMCSUl	0 ～ 28	该参数指示了高层为小区上行链路配置的最小 MCS 值
SA QoS 承载业务类型业务数据包 QoS 延迟参数	srvPacketDelay	1 ～ 10000	该参数用于设置业务数据包的延迟参数，由相关 23 系列的 3GPP 协议定义，此参数在网管里不可修改，仅仅作为参考信息
SA QoS 承载业务类型误包率	srvPacketError	1E-7 ～ 0.1	该参数表示业务数据包 QoS 误包率
SA QoS 承载业务类型业务优先级	srvPrior	1 ～ 255	该优先级参数关联 5G QoS 相关特性，指示在所有 DRB 中该 DRB 的优先级
以太网接口 接收带宽	bandwidth	1 ～ 40000	以太网口接收带宽，新增网口或修改网口速率时配置，标识以太网口端口接收速率，具体值参考网口硬件参数
以太网接口 发送带宽	transmitBandwidth	1 ～ 40000	以太网口发送带宽，新增网口或修改网口速率时配置，标识以太网口端口发送速率，具体值参考网口硬件参数

续表

参数名称	英文名称	参数范围	参数说明
以太网接口应用场景	appscene	0 无差别类型 /1 增强移动宽带类型 /2 超高可靠超低时延通信类型	表示以太网口的应用场景
CarrierDL carrier 带宽	bandwidth	1 ～ 273	carrier 带宽

五、网络容量优化

微课扫一扫

5G 端到端优化之容量优化

1. 容量概念

网络容量指系统可容纳多少用户，一般与系统数据的吞吐量、用户接入数量、RRC 信令指标和系统带宽资源有关。

随着 5G 网络的发展和用户的快速增长，热点区域小区负荷也逐渐升高，用户的不均匀分布导致部分小区出现高负荷情况，热点区域小区均匀覆盖和单载波已经不能保障用户的需求，小区间覆盖伸缩和双载波部署越来越重要。急需通过覆盖调整、参数优化、负荷均衡、资源扩容等方式在热点区域展开，以提升网络容量。

经常需要考虑容量优化网络保障的场景如图 5-61 所示。

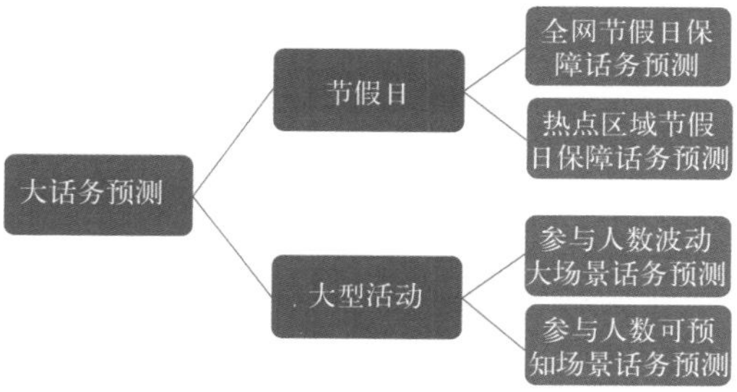

图 5-61　大话务场景

高负荷小区占比大面临的问题：

① 系统资源本身不足，拥塞导致批量未接通；

② 用户网络速率感知体验差，投诉量持续增加；

③ 新技术新功能开发缓慢，跟不上业务的增长。

5G 用户数＝面积（平方）× 人流密度 × 运营商 5G 用户渗透率

根据所在区域内，总用户数业务的需求和 5G 网络站点小区负载能力，可以规划计算出站点数量、小区数量。

在仿真软件中容量方面，根据 5G NR 将单用户的业务速率或者其他的需求，作为容量评估的输入方，通过评估不同场景、资源配置、信道模型，结合小区平均吞吐量 SE 和边缘吞吐量 ESE 的系统容量计算，最终将计算得到能承载的用户数、站址规模。

2. 5G 网络优化相关的容量类参数（表 5-24）

表 5-24　容量类主要参数

参数名称	英文名称	取值范围	参数说明
负载均衡的一种测量事件标识	eventId	A1/A2/A3/A4/A5	该参数指示了测量触发的事件标识
负载均衡的一种测量 A4 A5 事件判决的 RSRP 绝对门限	rsrpThreshold	−156 ～ −31	测量时服务小区 A4 事件判决的 RSRP 绝对门限，当测量到的服务小区 RSRP 高于门限时 UE 上报 A4 事件
负载均衡的一种测量 A5 事件 RSRP 门限 2	A5Thrd2Rsrp	−156 ～ −31	测量时邻区 A5 事件 RSRP 绝对门限

续表

参数名称	英文名称	取值范围	参数说明
负载均衡的一种测量判决迟滞范围	hysteresis	0 ～ 30	进行判决迟滞的范围，用于事件的判决
天线信息 下行发射天线数	dlAntNum	1 天线 /2 天线 /4 天线 /8 天线 /16 天线 /32 天线 /64 天线	该参数用于适配不同的下行发射天线数。根据 RRU/AAU 支持的下行发射天线数确定。例如不同 RRU/AAU 机型支持的天线数不一样，比如 2 天线、4 天线、8 天线等等
天线信息 上行接收天线数	ulAntNum	1 天线 /2 天线 /4 天线 /8 天线 /16 天线 /32 天线 /64 天线	该参数用于适配不同的上行接收天线数。根据 RRU/AAU 支持的上行接收天线数确定。例如不同 RRU/AAU 机型支持的天线数不一样，比如 2 天线、4 天线、8 天线等等

六、网络掉线优化

微课扫一扫

5G 端到端优化之掉线优化

1. 5GNR 语音解决方案

5G NR 语音解决方案如图 5-62 所示，分为两部分，5G 支持 IMS 方案，则采用 VoNR，5G 仅和 4G 有互操作；5G 不支持 IMS 方案，则采用 EPS Fallback，类似于 LTE 语音解决方案，EPS FB：若 5G 尚未提供语音业务，所有语音呼叫回落到 4G，由 4G 提供语音业务 EPSFB ＋ CSFB：若 4G 尚未支持 VoLTE，语音呼叫再从 4G 回落到 2G/3G，由 2G/3G 网络提供语音业务。VoNR 为终极解决方案，一段时间内 VoNR、VoeLTE、VoLTE、2/3G 语音业务将共存。

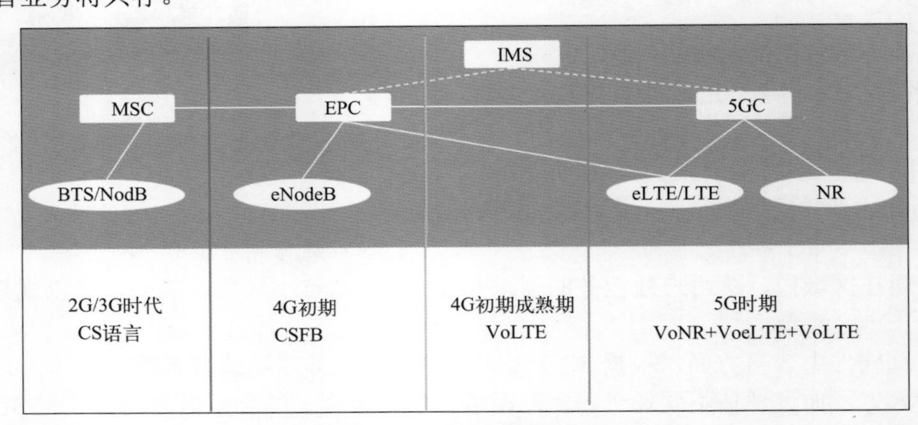

图 5-62 语音解决方案图

在无线通信系统中，掉线率是非常关键的指标，它可以被终端用户直接感知从而影响用户使用感受。

2. 掉线率定义

掉线率定义：电信 NR 数据业务掉线率＝ NR 数据业务掉线次数 / 业务接通次数 ×100%。

业务保持过程中 NR 异常释放次数：NR 异常释放和 / 或 10s 以上应用层速率为 0 均视作掉线。

中移 SA 掉线率＝掉线次数 / 成功完成连接建立次数 ×100%。

分子定义：测试任务还在运行中且已经接收到了一定数据的情况下，超过 60s 没有任何数据传输即判断掉线

分母定义：RRC IDLE 状态的终端通过随机接入、RRC 连接建立、PDU Session 建立空口过程，完成与无线网络的连接并开始上下行数据传输，视作成功完成连接建立。

从上面定义可以看出，目前的定义不仅仅是空口信令流程上的失败，还包含了在一定时间内速率为 0，也被记为掉线。

3. 前台测试中掉线信令

前台测试中掉线信令表现主要有如下 4 种：

① 弱覆盖 /SINR 导致终端检测到无线链路失败，发起重建立但重建立无响应或失败。终端发送 MR 后一直未收到切换命令，源小区信号较差，终端检测到 RLF，发起了重建立请求，但未收到 RRC Reestablishment，重建立失败。终端读取系统消息选择小区驻留并发起注册流程。

② 在 RRC 连接态下，终端收到了网络的异常释放导致掉线。在 RRC 连接态下终端未检测到 RLF，但网络侧下发了 RRC Release 消息，释放了 RRC 连接，前台信令看到 RRC 释放未携带原因，只能从流程上进行判断。

③ 在切换执行过程中失败导致掉线。在切换执行阶段，UE 检测到 RLF，发起 RRC 重建立流程，上报重建立原因为 handover failure，但重建立失败导致掉线。

④ RRC 重配阶段（如建立 / 修改 / 释放 RB/ 测量）同步失败导致掉线。在 RRC 连接状态下，若需要建立、修改、释放 RB 或测控信息，则需要通过 RRC 重配命令将配置下发给终端，终端收到重配命令后启动 T304，若 T304 超时则发起重建立流程，如果重建立无响应或重建立失败，则会导致掉线。

4. 连接态下物理层失步 / 同步检测过程

在 T300、T301、T304、T311、T319 定时器均未启动，若 UE 高层收到 N310 个连续的“out-of-sync”指示，UE 将启动 T310 定时器。

在 T310 定时器运行期间，如果 UE 从底层收到了 N311 个连续“in-sync”指示，则停止 T310 定时器（无线定时器介绍参考项目三内容）。

5. 掉线问题排查流程

掉线是在 UE 接入完成 RRC Connection Reconfiguration Complete 后处于连接态，之后由干扰问题、覆盖问题、邻区问题、PCI 冲突或其他原因导致的 UE 上下行失步，触发重建立请求但重建立失败或者重建立被拒绝，或未触发重建立请求直接释放到 IDLE 态的过程。可以简单理解为：只要不是终端主动发起的释放都应该算为掉线。掉线问题排查流程如图 5-63 所示。

（1）检查掉线相关站点是否有告警　先检查掉线位置点相关站点是否有告警，重点检查是否有硬件告警（如 AAU 链路断，输入电源断，光模块不可用告警）、软件告警、传输相关告警、Xn/NG 链路断告警，这些都是会引起掉线问题的告警，如果有的话，需要首先处理这类告警。

（2）检查是否存在传输丢包　在切换过程中，涉及 Xn 或 NG 接口，信令 / 数据交互需要通过 Xn 或 NG 接口进行传输。因此，需要同时核查 Xn 和 NG 接口传输是否存在丢包、时延较大或时延抖动较大问题，若存在则需联系传输侧进行排查，解决传输问题。

在设备感知管理－＞传输分析－＞ IP 通道检测进行传输问题核查。

（3）排查终端问题　由于目前 SA 终端成熟度不高，因此，可以通过升级到最新版本验证是否存在掉线。若仍存在掉线，则更换不同品牌终端，验证是否只是特定品牌终端存在该

问题。通过该流程，主要排查终端异常导致的掉线。

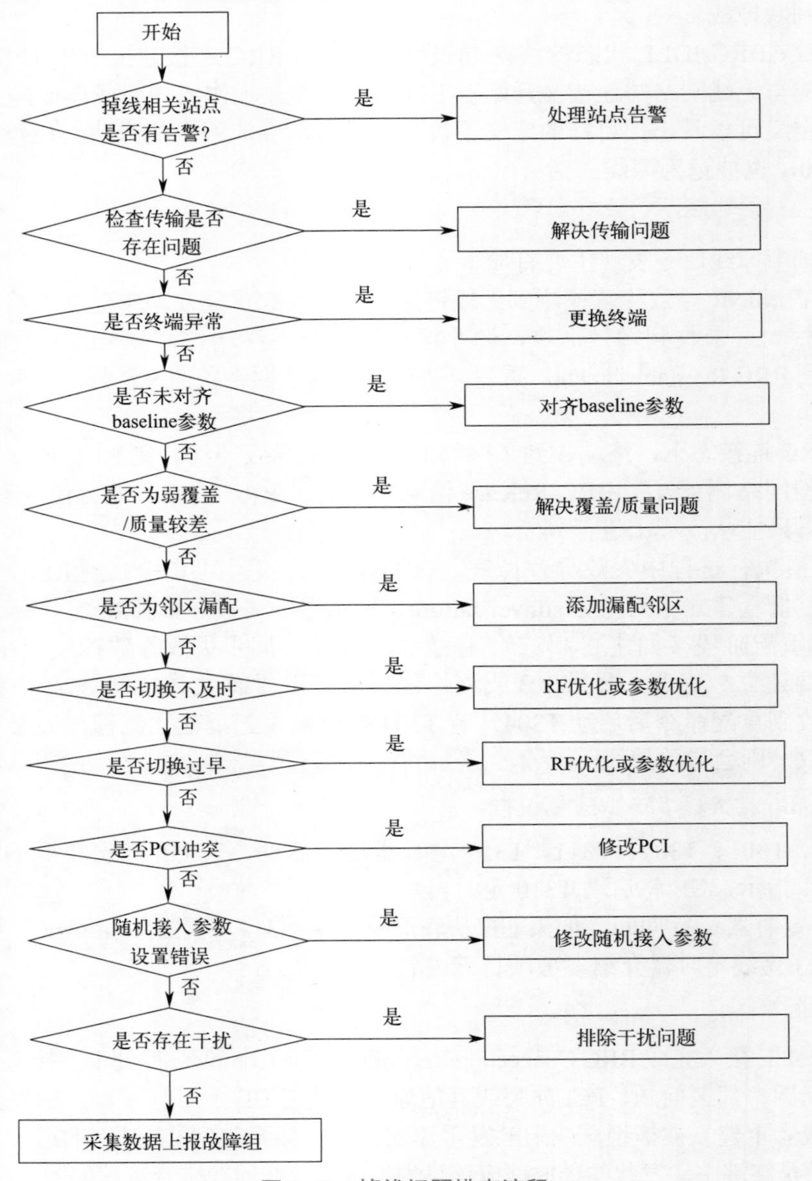

图 5-63 掉线问题排查流程

（4）核查 baseline 参数　出现掉线问题，在进行参数排查时，首先与系统自带 baseline 参数进行核查，若存在未对齐参数，先对齐参数，进行复测，保证参数与 baseline 设置一致。

（5）解决弱覆盖 / 质量较差问题　从前台 log 查看，若发现 RSRP、SINR 较差（一般 RSRP ＜ −110，SINR ＜ −5 左右容易发生掉线），则需进行 RF 优化，解决弱覆盖及质量较差的问题。

（6）解决邻区漏配问题　从前台信令查看，终端一直上报 MR，但一直未收到切换重配命令，首先怀疑是否存在邻区漏配，核查后台邻区配置，是否配置邻区。若配置邻区，按照 SA 切换指导书核查切换参数设置是否正确。

（7）解决切换不及时问题　终端切换不及时容易导致掉线。从前台表现来看，终端上报

MR 后未收到基站发送的切换重配命令，而后台信令中查看，基站已发送切换重配命令。查看此时源小区 RSRP/SINR 是否非常差，若是，则为切换不及时，可通过修改邻区中 CIO 参数加快切换流程触发。

（8）解决切换过早问题　切换过早问题，在街道拐角经常出现。前台信令表现为，终端上报 MR 后，收到了基站发送的切换重配且终端已回复重配完成。但后台信令中目标小区未收到重配完成。查看此时目标小区 RSRP/SINR 是否非常差，若是，则表示切换过早或目标小区存在越区覆盖问题。可通过 RF 优化或修改 CIO 延缓切换流程触发。

（9）解决 PCI 冲突问题　在切换流程中，若存在同频同 PCI 问题，则会导致目标小区无法收到切换重配完成消息，从而导致切换失败，引发掉线问题。需确保邻区中不存在同频同 PCI 问题，若存在，则需要对 PCI 进行优化。

（10）解决随机接入参数问题　在切换流程中，若目标侧 PRACH 参数设置错误或 CCE 聚合度参数设置错误，则会导致在切换流程中随机接入失败，若出现随机接入过程失败导致切换掉线，则根据 SA 接入指导书进行排查。

（11）解决干扰问题　外部干扰会影响基站接收终端上行信令，若存在上行干扰，基站大概率存在无法接收到终端发送的 RRC 重配完成信令，从而导致掉线。通过后台进行扫频确认是否存在干扰，在设备感知管理－＞频谱干扰分析－＞基带频谱分析中进行扫频核查是否存在上行干扰。

6. 5G 网优相关掉线类参数

5G 网优相关掉线类参数，如表 5-25 所示。

表 5-25　5G 网优相关掉线类主要参数

参数名称	英文名称	取值范围	参数说明
UE 定时器配置 UE 等待 RRC 重建响应的定时器长度（T301）	t301	100 ～ 2000	该参数用于指示 UE 等待 RRC 重建响应的定时器长度。当 UE 发送 RRC 连接重建请求消息时，打开 T301 定时器。当 UE 收到 RRC 连接重建消息或 RRC 连接重建拒绝消息后，停止 T301 定时器；当定时器超时，UE 进入 IDLE 态
UE 定时器配置 UE 接收下行失步指示的最大个数（N310）	n310	1 ～ 20	该参数用于指示 UE 检测下行失步时，连续接收失步指示的最大个数
移动性功能 NR 语音开关指示	voNrSwitch	false/ture	开关打开时，表示基站支持 VONR 业务。开关关闭时，表示基站不支持 VONR 的业务
UE 定时器配置 UE 监测到无线链路失败后转入 IDLE 状态的定时器长度（T311）	t311	1000 ～ 30000	该参数用于指示 UE 检测下行失步时，连续接收失步指示的最大个数

任务实施

用网络优化仿真软件，查询站点覆盖、切换、时延、速率、容量、掉线等，各项优化结果数据，具体操作如下。

登录仿真软件，在前面三步完成后，单击进入 step4，进入系统后，单击要查询的站点，然后可以查询该站点各项优化结果。具体查询结果如下：

① 查询覆盖优化结果，如图 5-64 所示。

② 查询切换优化结果，如图 5-65 所示。

③ 查询时延优化结果，如图 5-66 所示。

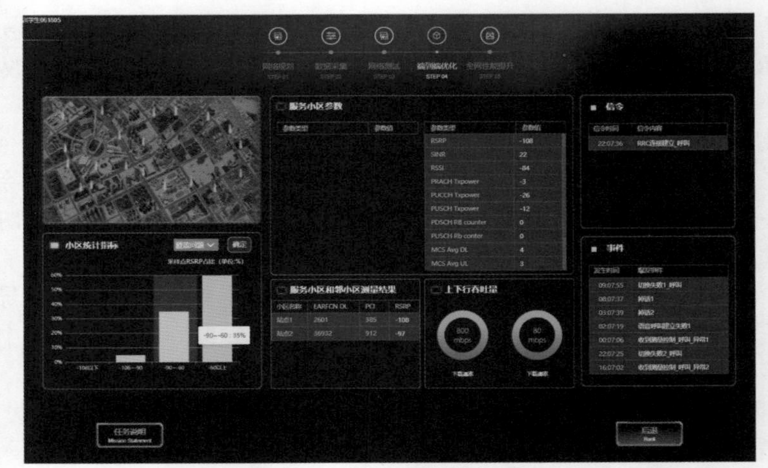

图 5-64　查询覆盖优化图

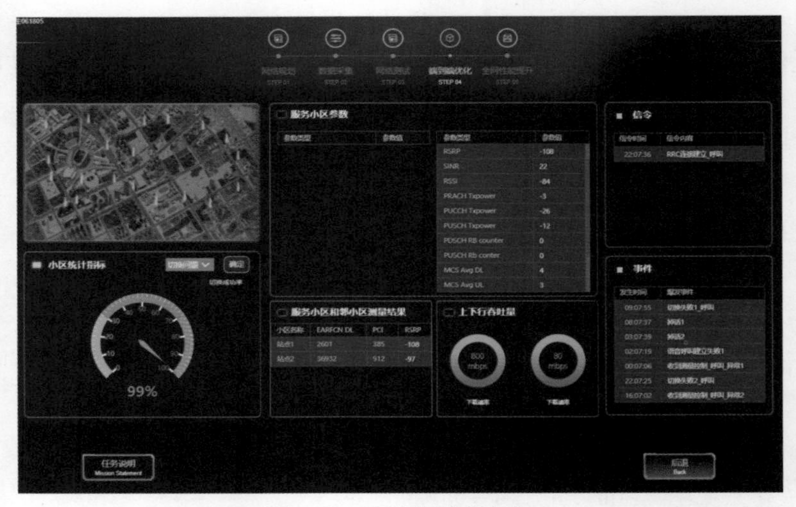

图 5-65　查询切换优化图

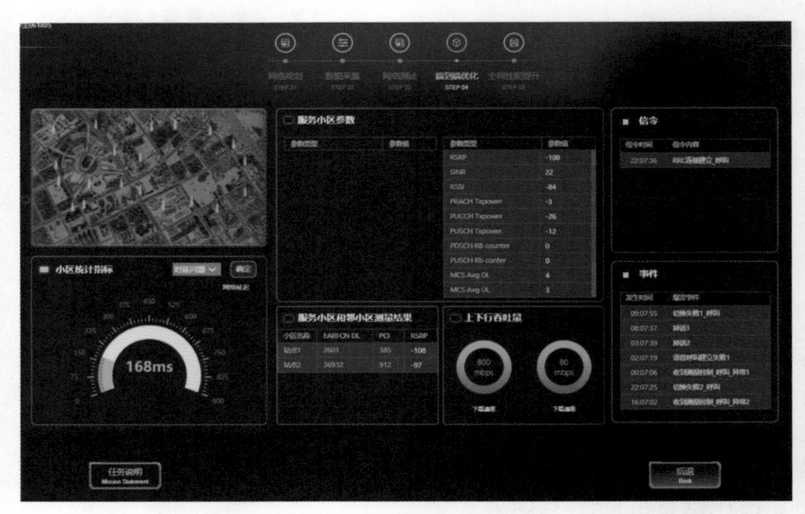

图 5-66　查询时延优化图

④ 查询速率优化结果，如图 5-67 所示。

图 5-67　查询速率优化图

⑤ 查询容量优化结果，如图 5-68 所示。

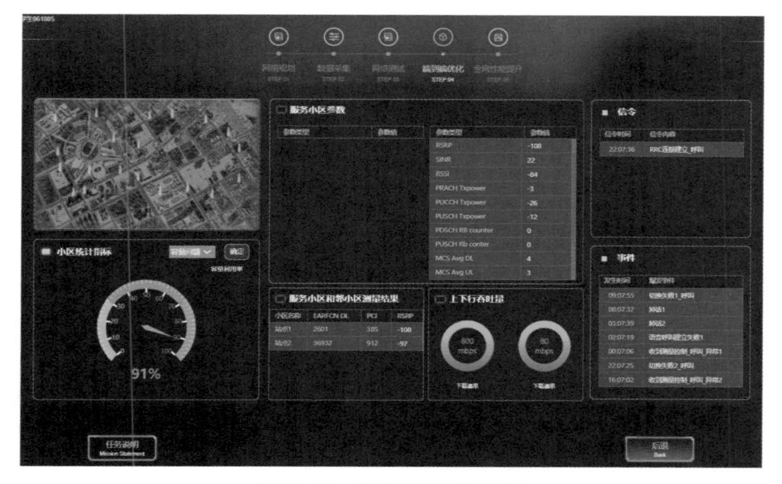

图 5-68　查询容量优化图

⑥ 查询掉线优化结果，如图 5-69 所示。

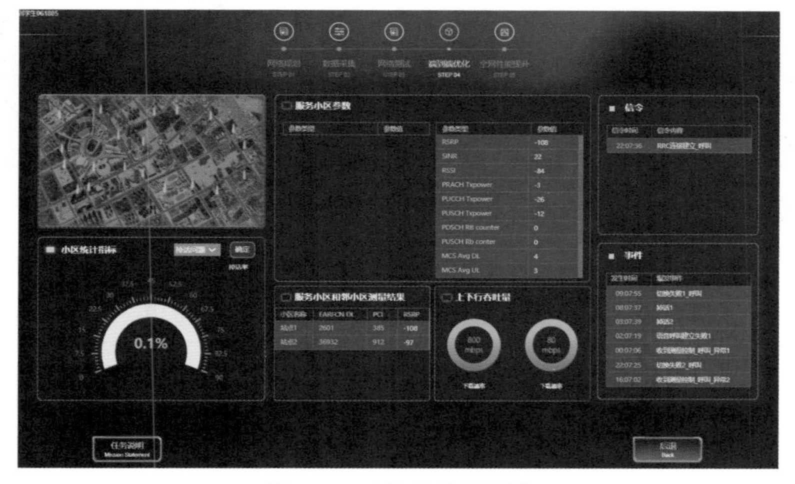

图 5-69　查询掉线优化图

任务拓展

案例1 弱覆盖问题案例

【问题描述】塔园路北侧弱覆盖问题：UE在该路段主要占用永新大厦1小区PCI＝9信号，此时RSRP在-105dBm左右，邻区内无其他基站信号或者很弱，同时该路段北侧及南侧采样点RSRP较强，也是该小区覆盖。该弱覆盖路段持续约200m，如图5-70所示。

图5-70 塔园路北侧弱覆盖问题

【问题分析】上站勘察，现场查勘，永新大厦1小区PCI＝9覆盖方向上有高楼遮挡，导致该路段弱覆盖，如图5-71所示。

图5-71 永新大厦1小区现场查勘

【优化方案】PCI9小区电子下倾角下压3°。PCI9小区sssOffsetRE＋3dB。PCI9小区波束2.3波束宽度10°→7°。

备注：本次调整天线下倾角并未上塔，采用的是修改波束下倾角来调整，如图5-72所示。

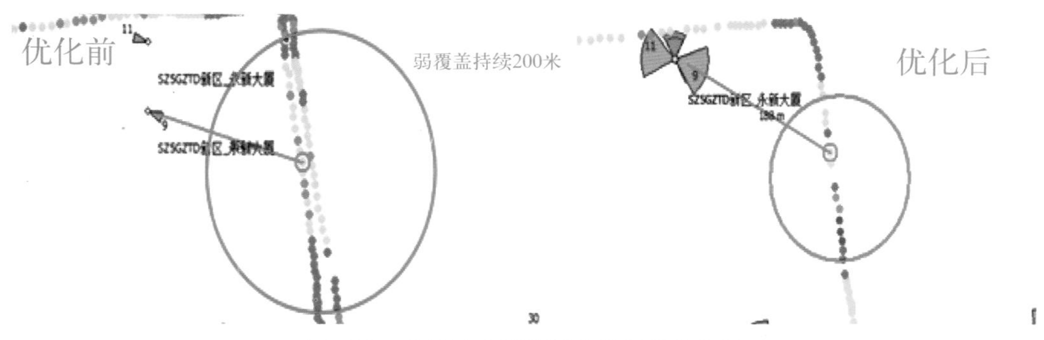

图 5-72　塔园路北侧弱覆盖问题优化方案

案例 2　掉线案例

邻区漏配导致掉线，如图 5-73 所示。终端上报 2 次 MR 向 RSRP 更好的邻区（PCI 480 小区）尝试切换，但网络侧一直未下发切换命令，邻区信号较强对服务小区造成干扰，服务小区 SINR 较差导致掉线。

对于终端上报 MR 但未收到切换命令，首先怀疑存在邻区漏配问题，经核查，PCI 358 小区漏配 PCI 480 小区。添加邻区关系后进行复测，可正常切换，无掉线问题。

Param	Value	Param	Value	Param	Value
NR Basic Info		NR Radio Info		LTE Info	
Network Type	NR	SS-RSRP	-83.44	Duplex Mode	
Band	41	SS-SINR	-4.13	Cell ID	
PointA ARFCN	503172	CSI-RSRP		Band	
SSB ARFCN	504990	CSI-SINR		EARFCN DL	
PCI	358	Avg CQI	12.76	PCI	
SSB GSCN	6312	PRACH TxPower	0	BW DL(MHz)	
Bandwidth(MHz)	100	PUCCH TxPower	-5	RSRP(dBm)	
Bandwidth(RB)	273	PUSCH TxPower	19	SINR(dB)	
SC Spacing	30kHz	PHR	36	RSSI(dBm)	
Serv SSB Index	1	Most Modul DL/s	256QAM	MCS Avg DL	
SSB Beam Num	1	Most Modul UL/s	64QAM	MCS Avg UL	
SSB Periodicity	20 ms	PRB Num DL/Slot	141.33	PDSCH BLER(%)	
Slot Config(DL\UL)	7\2	PRB Num UL/Slot	6.74	PUSCH BLER(%)	
Rank Indicator DL	3	MCS Avg DL	25.70	PDSCH RB Count/s	
Rank Indicator UL	1	MCS Avg UL	17.03	PUSCH RB Count/s	
Grant Count DL/s	637	PDSCH BLER(%)	10.95	Grant Count DL/s	
Grant Count UL/s	39	PUSCH BLER(%)	0	Grant Count UL/s	

Type	NARFCN	PCI	MOD3/6	SSB-Idx.	Srv.Beam	SS-RSRP(dBm)	SS-RSRQ(dB)	SS-SINR(dB
NCell	504990	480	0/0	1	False	-77.88	-12.25	3.88
PCell	**504990**	**358**	**1/4**	**1**	**True**	**-83.44**	**-15.88**	**-4.13**
NCell	504990	190	1/4	0	False	-116.38	-23.88	-6.88
NCell	504990	173	2/5	2	False	-116.88	-37.75	-7.75

Type	EARFCN	PCI	MOD3	RSRP(dBm)	RSRQ(dB)	SINR(dB)	RSSI(dBm)	ECI	TAC

PC Time	Message
10:53:54.478	NR->RRCReconfigurationComplete
10:53:54.478	NR->MIB
10:53:54.478	NR->SIBType1
10:53:54.586	NR->SIBType1
10:53:54.586	NR->RRCReconfiguration
10:53:54.586	NR->CellGroupConfig
10:53:54.586	NR->RRCReconfigurationComplete
10:53:55.028	NR->SIBType1
10:53:55.028	NR->SIBs(Sib2,Sib3,Sib5)
10:53:56.237	NR->MeasurementReport
10:53:58.241	NR->MeasurementReport
10:54:11.645	NR->MIB
10:54:11.645	NR->SIBType1
10:54:11.645	NR->RRCReestablishmentRequest
10:54:11.756	NR->SIBs(Sib2,Sib3,Sib5)
10:54:11.756	NR->RRCSetup
10:54:11.756	NR->CellGroupConfig
10:54:11.756	NR->Service request
10:54:11.756	NR->RRCSetupComplete
10:54:11.756	NR->SecurityModeCommand

PC Time	Event	Details
10:53:54.478	NR Cell PRACH Request	RA_Reason: HANDOVE
10:53:54.478	NR Cell PRACH Success	Include Msg: Msg1, Msg2
10:53:56.237	NR Event A3	ReportCells: 504990, 480
10:53:58.241	NR Event A3	ReportCells: 504990, 480
10:54:11.535	NR Cell Re-Search Start	
10:54:11.645	NR Cell Re-Search Success	NR ARFCN: 504990
10:54:11.645	NR Radio Link Failure	Reason: OtherFailure

图 5-73　邻区漏配导致掉线

案例 3　切换过早导致掉线

如图 5-74 所示，PCI 371 小区信号突然变强，RSRP 达到 77−156 = −79dBm，满足 A3 门限，终端上报 A3 MR 后尝试往目标小区切换。从地理化显示来看，此位置处于街道拐角，信号变化较大。

从信令上看，终端已经发送切换完成命令，但未收到目标小区的测量控制消息。查看此时目标小区 RSRP 在 2ms 内已经降低到 −107dBm，如图 5-75 所示。由目标小区信号突然降低导致终端未收到目标小区测控消息，无法完成切换。导致掉线的原因主要是目标小区信号突变，终端切换到目标小区后失步。

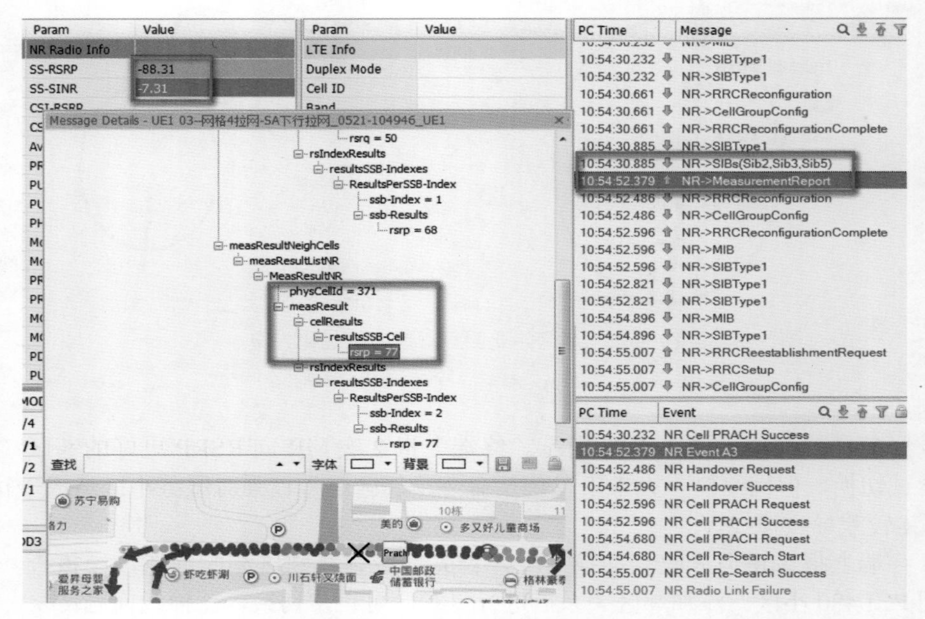

图 5-74　切换过早导致掉线

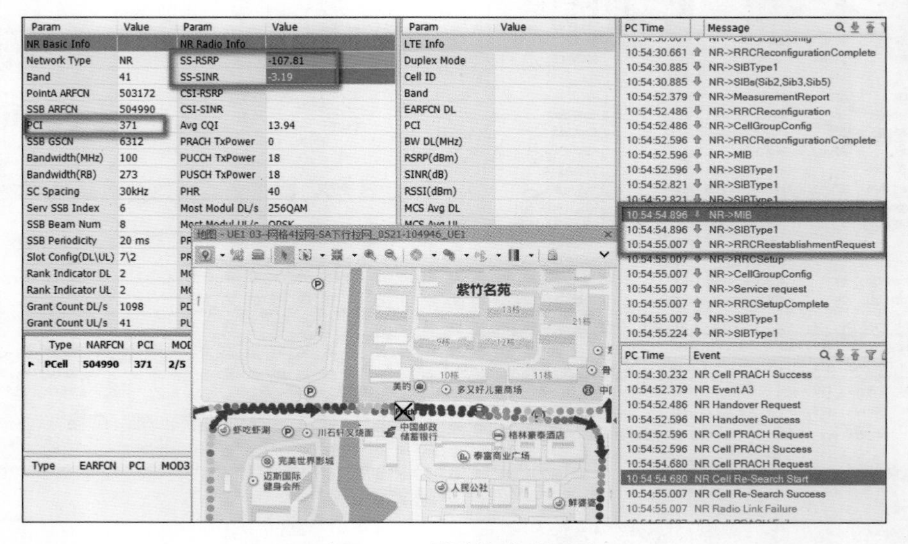

图 5-75　导致掉线的原因

任务测验

（1）覆盖优化的目标是什么？

（2）写出 SA 模式下基于 Xn 接口的切换信令。

（3）简述 5G 语言解决方案及关键指标。

（4）登录仿真软件，修改参数完成网络端到端优化，提高各项性能指标。

任务三　5G 网络优化报告输出

任务描述

完成优化之后，应对本次优化进行总结经验，以应对下次类似问题，并能按照标准模板输出报告。

在学习本任务和完成前两个任务的基础上，能够完成5G网络优化报告的输出工作，在报告中能反映优化调整的验证结论，能够按照标准模板完成报告，并能够掌握和客户沟通交流的技巧。本次任务具体内容包括：

（1）按照客户要求输出优化验证报告；

（2）对比分析优化验证结论；

（3）与客户沟通交流优化验证结果。

相关知识

一、5G 网络优化报告规范

整体网络优化报告需要按照不同运营商的要求订立不同的报告模板，但报告中内容呈现分为两大类别，注意不同类型的报告结构有所区别。

KPI指标优化类：包括问题指标采集与分析、TOPN小区处理、干扰故障排查、优化调整效果测试验证。

测试指标优化类：包括测试数据采集与分析、问题路段方案处理、优化调整效果测试评估。

二、网络优化报告内容结构

网络优化报告内容，一般由网络问题概述、干扰原因分类、优化措施、干扰处理情况、干扰处理案例等部分组成。

（1）问题概述部分　该部分内容主要反馈问题总体改善情况，即通过优化方案调整和实施的工作，问题小区或者问题路段的质量变化情况。

（2）干扰原因分类部分　该部分需要将KPI问题或者测试问题进行汇总分析，将网络中的主要问题进行归集处理，抓住核心要点，清晰明确地指出有针对性的工作方向。详细阐述针对问题情况对应的优化措施或者解决方案，主要采用的优化方案和技术调整措施，充分说明自身选择的优化方案的合理性和可操作性。

（3）优化措施（或解决方案实施情况）　这部分环节中，需要考虑将前面归集的KPI问题小区或者测试问题路段的优化措施或者整改解决方案的实施情况进行展示，包括已完成的方案占比情况，已完成已解决的KPI问题小区或者测试问题路段占比情况。

（4）干扰处理情况和案例部分　这个部分对优化调整工作中具有典型意义的问题小区进行详细的分析，按照标准的处理流程完成问题原因分析定位、优化方案制定、优化方案实施、实施效果评估、后续注意事项整理等。最后整理所有材料并汇报本次优化结果。

任务实施

第一步：编写5G网络优化验证报告。

根据优化内容不同，优化报告表现过程一般包括以下内容（以覆盖优化为例）：

（1）根据本次网络优化工作内容编写需求概述　无线网络覆盖是网络业务和性能的基石，通过开展无线网络覆盖优化工作，可以使网络覆盖范围更合理、覆盖水平更高、干扰水平更低，为业务应用和性能提升提供重要保障。无线网络覆盖优化工作伴随实验网建设、预商用网络建设、工程优化、日常运维优化、专项优化等各个网络发展阶段，是网络优化工作的主要组成部分。

（2）优化内容，网络问题或故障描述　5G NR覆盖优化主要消除网络中存在的四种问题：覆盖空洞、弱覆盖、越区覆盖和导频污染。覆盖空洞可以归入到弱覆盖中，越区覆盖和导频污染都可以归为交叉覆盖，所以，从这个角度和现场可实施角度来讲，优化主要有两个内容：消除弱覆盖和交叉覆盖。

（3）优化目标确定　无线网络覆盖以保障网络基础覆盖水平、有效抑制干扰、提升业务上传下载速率为根本目标。开展无线网络覆盖优化之前，需要明确优化的基线KPI目标。

① SS RSRP：以最小增益的宽波束配置为基准，建议边缘覆盖按照-100dBm统计。密集城区SS RSRP＞-100dBm的采样点比例大于等于95%；一般城区和郊区要求SS RSRP＞-100dBm的采样点比例大于等于90%。

② CSI-SINR：宽波束配置下，边缘速率100Mbit/s，对应的CSI-SINR边缘要求为-5dB。各场景下SS SINR＞-5dB的采样点比例大于等于90%。

③ SS SINR：宽波束配置下，边缘速率100Mbit/s，对应的CSI-SINR边缘要求为-5dB。各场景下SS SINR＞-5dB的采样点比例大于等于90%。基准覆盖规划设计要求如表5-26所示。

表5-26　基准覆盖规划设计要求

类型		穿透损耗SS RSRP（dBm，90%概率）	穿透损耗SS SINR（dB，90%概率）
主城区	核心城区	≥-93	-3
	其他区域	≥-96	-3
一般城区		≥-97	-5
县城及郊区		≥-99	-5

第二步：优化过程，采取具体优化分析和措施。

（1）5G NR覆盖优化原则

原则1：先优化SSB RSRP，后优化SSB SINR。

原则2：覆盖优化的两大关键任务——消除弱覆盖和消除交叉覆盖。

原则3：优化弱覆盖、越区覆盖，再优化导频污染。

原则4：工程优化阶段按照规划方案优先开展工程质量整改，其次建议优先权值功率优化，再物理天馈调整优化。

（2）覆盖问题原因分析　根据无线传播模型和无线网络优化经验，影响无线网络覆盖的主要因素如下：

① 网络规划不合理：站址规划不合理；站高规划不合理；方位角规划不合理；下倾角规划不合理；主方向有障碍物；无线环境发生变化；新增覆盖需求等。

② 工程质量问题：线缆接口施工质量不合格；天线物理参数未按规划方案施工；站点位

置未按规划方案实施；GPS 安装位置不符合规范；天馈接反等。

③ 设备异常：电源不稳定；GPS 故障；光模块故障；主设备运用异常；版本 BUG；容器“吊死”；AAU 功率异常等。

④ 工程参数配置问题：天馈物理参数；频率配置；功率参数；PCI 配置；邻区配置。

第三步：覆盖问题优化。

5G NR 覆盖优化方法主要有如下几个方面。

（1）工程参数调整　调整内容：机械下倾角、机械方位角、AAU 天线挂高、AAU 位置调整等。

（2）参数配置优化　基础参数配置优化：频点、功率、PCI/PRACH、邻区、切换门限等基础参数调整优化。

（3）波束管理优化　广播波束管理优化，主要涉及宽波束和多波束轮询配置以及波束级的权值配置优化。

任务拓展

【案例分析】城三 5G 海淀香泉环岛一小区越区覆盖。

【现象】城三 5G 海淀香泉环岛一小区越区覆盖占用，干扰严重拉低业务速率，如图 5-76 所示。

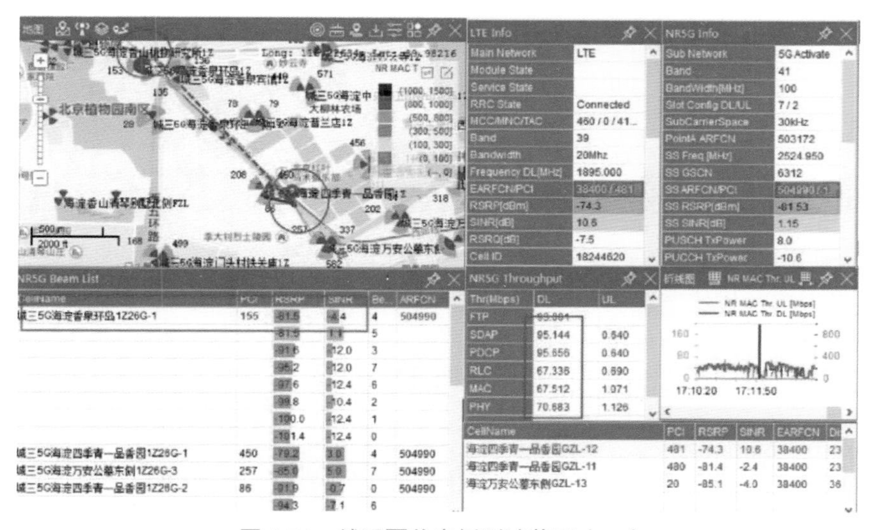

图 5-76　越区覆盖案例测试截图（一）

【分析示例】由越区覆盖而引发干扰，导致业务速率受影响。

优化方案：城三 5G 海淀香泉环岛一小区机械倾角下压 5°（临时调整方案功率降低 5dB）。

优化效果：收缩覆盖后，越区覆盖问题得到控制，切换链恢复正常，业务速率得到有效提升，如图 5-77 所示。

【验证分析】对比分析优化前后性能指标输出验证结论。

以覆盖优化为例，如表 5-27 所示，对比三种不同配置方式，由于采用“易入难出”的门限设置，将接入 5G 门限设置更为容易且出 5G 门限设置更难，因此 MR 覆盖率出现劣化，且随门限下探越大劣化越为明显，但同时 MR 总采样点明显增长，方案 2 和 3 均增长 100%

以上。

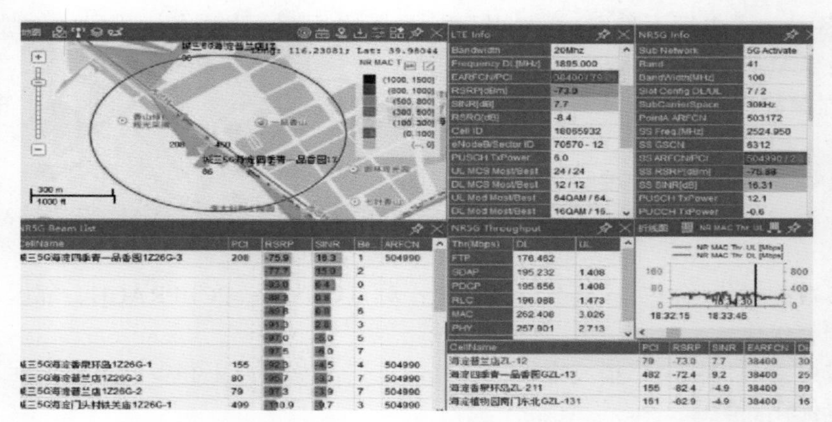

图 5-77　越区覆盖案例测试截图（二）

表 5-27　覆盖方案对比

时间	覆盖方面		
	总采样点	弱覆盖采样点	覆盖率
部署前	2849921	14366	99.50%
方案一	4792147	58587	98.78%
对比	68.15%	307.82%	−0.72%
方案二	7026711	191604	97.27%
对比	146.56%	1233.73%	−2.15%
方案三	6661157	117627	98.23%
对比	133.73%	718.79%	−1.26%

和客户沟通交流验证结果。与客户沟通交流的主要内容有：

① 总结报告指标优化方案实施结果；

② 对方案指标过程进行分析；

③ 与客户讨论本次优化结果是否达到预期目标。

任务测验

（1）描述 5G 网络优化报告的内容。

（2）按照任务拓展中的案例编写一个类似案例。

项目总结

本项目介绍 5G 网络端到端优化方案的实施方法，从全网端到端优化的角度重点讲解优化工作的分析、验证以及报告撰写的方法。

通过 5G 网络端到端优化实践，对 5G 端到端优化工作进行理解，并能根据 5G 端到端的问题，展开相应 5G 无线网络优化分析、完成优化报告等工作。学完本项目后，能独立对 5G 无线网络端到端性能指标的覆盖、切换、速率、容量、掉线等进行优化，提升 5G 网络端到端性能指标，增强运营商网络竞争力。

本项目学习的重点：
- 5G 网络天线、无线、承载网、核心网参数概念及取值范围；
- 5G 网络端到端相关覆盖、切换、时延、速率、容量、掉线等指标分析方法；
- 5G 网络端到端相关事件关联参数优化思路与方法；
- 5G 网络端到端优化报告的撰写。

本项目学习的难点：
- 5G 网络端到端相关事件优化思路与方法。

赛事模拟

【节选自“2022 年金砖国家职业技能大赛”的 5G 网络优化虚拟仿真实训系统赛项样题】

任务要求：

（1）告警分析。

（2）根据前台测试指标及后台 KPI 指标分析问题，通过修改问题参数解决问题。

（3）通过后台指标及测试结果验证优化后的网络状态。

结果输出：

（1）告警处理结果。

（2）根据覆盖、切换、时延、速率、容量、掉线不同场景进行后台参数修改。

练习题

1. 画出 5G 端到端网络优化的知识结构图。
2. 简述天线辐射原理。
3. 简述多天线技术 Massive MIMO。
4. 画出 5G 网络部署结构图。
5. 简要概述无线参数的概念。
6. 写出前传组网的特点。
7. 简要概述 SPN 切片分组网络。
8. 画出 5G 核心网服务化架构并写出核心网各网元功能。
9. 简述覆盖问题优化原则。
10. 5G NR 覆盖优化方法有哪些？
11. 简述 5G NR 切换概念。
12. 3GPP 在 38.331 中为 5G（NR）网络定义的测量事件有哪些？
13. 简述 SA 组网下基于 Xn 接口的切换流程。
14. 写出速率问题排查思路和流程。
15. 前台测试中掉线信令表现主要有哪几种？
16. 详细描述掉线问题排查流程。
17. 简述 5G 网络优化报告规范。
18. 描述 5G 网络优化报告内容结构。

项目六 5G 无线全网优化

项目引入

从局部看整体，是一种实证方法，以小可以见大是事实，不以偏概全是一种观点。科学地使用以小见大的方法，有效地采集部分数据，推断整体状况，再用新的数据验证结论是否严谨，是进行 5G 无线网络优化的思路。在 5G 基站入网验收后就进入到日常运维阶段，主要任务是对全网性能指标进行优化和提升，保障 5G 网络的用户感知。本项目学习 5G 网络性能指标的定义、采集方法、性能指标分析、制定性能指标提升方案，并对方案进行验证。

本项目的学习内容对应 5G 全网优化工程师岗位。

项目目标

1. 岗位描述

（1）能独立完成对 5G 网络接入类、保持类、移动性、资源类、可用性、覆盖类、互操作、干扰类等指标的采集与统计；

（2）能够独立完成 5G 网络 NSA 和 SA 接入、切换信令采集操作；

（3）能够独立进行 5G 网络全网提升方案实施和验证；

（4）能独立完成对 5G 网络全网或专项优化报告的撰写及输出。

2. 知识目标

（1）了解 5G 网络接入类、保持类、移动性、资源类、覆盖类、可用性、干扰类指标的意义；

（2）理解 5G 网络 NSA 和 SA 接入、切换信令流程；

（3）了解 5G 网络干扰的分类；

（4）掌握 5G 网络全网性能提升流程。

3. 技能目标

（1）能采集与统计 5G 网络各类指标；

（2）能根据性能提升的方案，实施 5G 性能提升、参数调整；

（3）能在实施 5G 各类性能提升参数优化后验证提升结果；

（4）具有全网或专项优化报告的撰写及输出能力。

4. 素质目标

（1）培养创新能力、辩证思维能力、逻辑思维能力；

（2）培养不畏困难、坚持不懈的探索精神，大胆尝试、积极寻求有效的问题解决方法的能力和韧性；

（3）具有语言文字表达能力和报告写作能力；

（4）培养形成规范的操作习惯，养成良好的职业行为习惯。

（5）培养理性思维：尊重事实和证据，有实证意识和严谨的求知态度，能运用科学的思维方式认识事物、解决问题。

知识及技能图谱

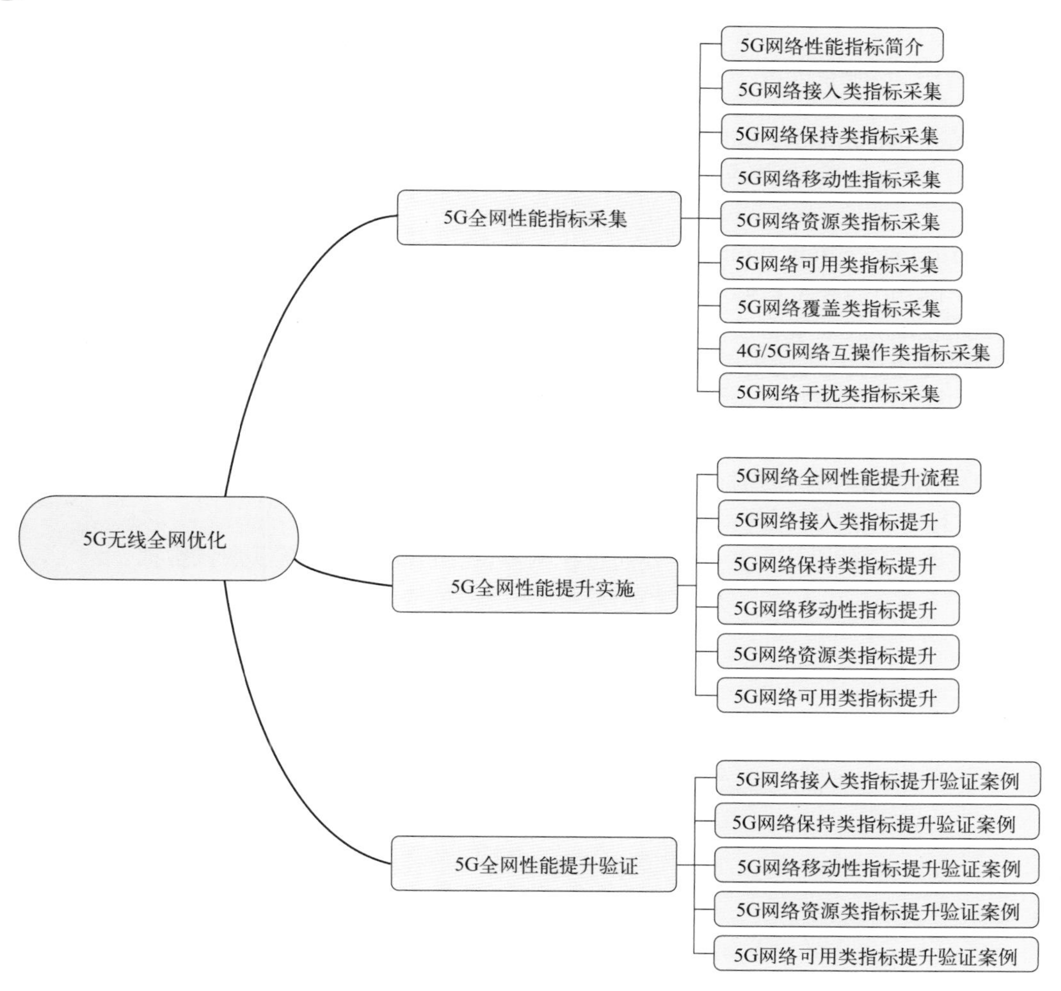

任务一 5G全网性能指标采集

任务描述

5G网络可以采用NSA和SA方式进行组网，那么在NSA和SA网络中可以通过收集哪些性能指标对5G网络的整体服务质量进行评估？本次任务具体内容包括：

（1）采集5G网络接入类指标；

（2）采集5G网络保持类、移动性、资源类、覆盖类、可用性、干扰类指标；

（3）描述5G网络NSA和SA接入、切换信令流程；

（4）掌握5G网络干扰的分类。

相关知识

一、5G网络性能指标简介

KPI：Key Performance Indication，即关键性能指标，是评价无线网络运行情况的重要标准，如RRC连接建立成功率，无线接通率等。采集方式包括OMC性能统计或测试等。

PI：Performance Indication，即性能指标，关键程度略低。

作为网络评估的参考数据，KPI、PI由相应的计数器计算后得到，如图6-1所示。

全网性能指标的采集途径：

① 通过专用的大数据平台进行采集，各运营商均搭建有综合运维平台，通过北向数据对各个厂家的原始性能数据进行分析后输出全网级的指标，用于全国范围、省级、地市级的年度考核，运营商平台数据是现场网络优化考核目标的主要依据。

② 使用网管进行各项指标的采集，网管指标是厂家私有系统，现场优化人员利用网管指标可以进行深入的网络分析。

③ 通过路测软件进行采集，需要通过拉网测试、自动路测系统获取源数据。

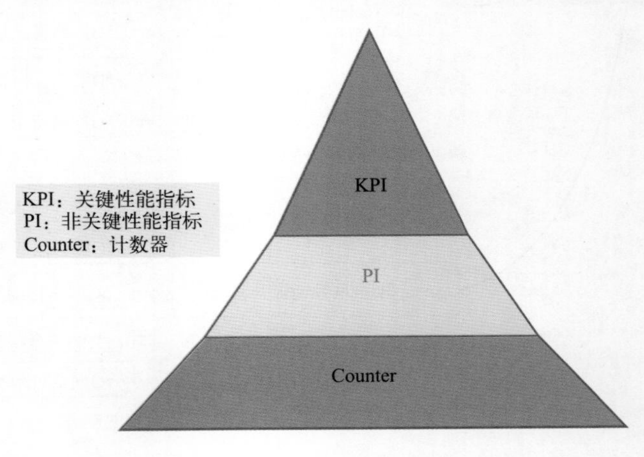

图6-1 性能指标体系

二、5G网络接入类指标

1. 5G接入流程概述

5G NSA 组网和 SA 组网时，终端的接入流程如图 6-2 所示。

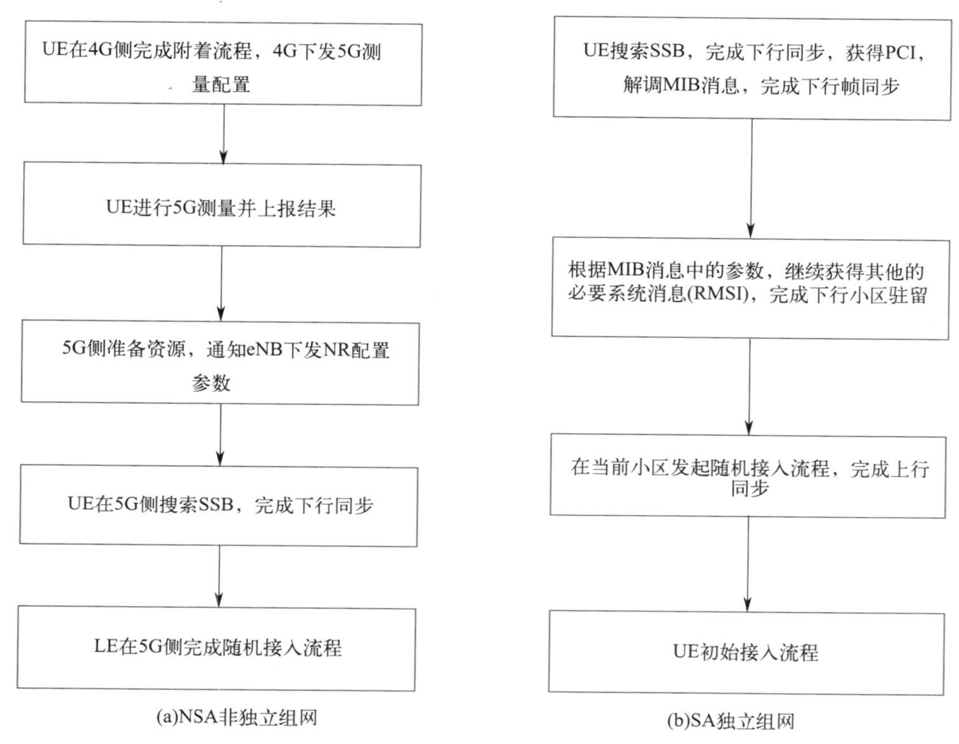

图 6-2 5G 接入流程

小区搜索是 UE 实现与 gNodeB 下行时频同步并获取服务小区 ID 的过程，小区搜索步骤如下。

① UE 解调主同步信号（PSS 和 LTE 一样是 3 个），实现符号同步，并获取小区组内 ID。

② UE 解调次同步信号（SSS，5G 的 SSS 有 336 个，4G 的 SSS 有 168 个），获取小区组 ID，结合小区组内 ID，最终获得小区的 PCI（5G 的 PCI 有 1008 个，4G 的 PCI 有 504 个）。

③ 解调 PBCH 的 MIB 消息，获取波束 ID、半帧指示信息，并完成下行帧同步。

④ NSA 组网下，RMSI 中的内容由 eNB 通过 RRC 信令在开始接入 NR 前发送，UE 从中直接读取 SSB 的中心频点、帧号、pointA 等信息。

（1）5G NSA 组网接入信令流程 如图 6-3 所示，可划为以下四个步骤。

① UE 接入锚点：UE 在 4G 侧（锚点侧）驻留并完成初始接入，在此阶段 4G 向 UE 下发第一次 RRC RECFG 重配置消息，建立 SRB2 和 DRB。

② 进行 5G 邻区测量：4G 向 UE 下发第二次 RRC RECFG 重配置消息，携带 B1 测量配置（NR 小区 SSB 绝对频点），UE 完成测量后上报测量报告。

③ 5G 辅载波添加：4G 锚点站经过判断后认为 UE 符合辅载波添加条件，向 gNodeB 发起 SgNB Addition Rquest 请求，得到响应后向 UE 发出第三次 RRC RECFG 重配置消息，携带双连接配置信息。

④ 路径变更：在 Option-3X 组网架构下，由于数据分流点由 SCG 承担，MeNB 通过 E-RAB Modification Indication 指示核心网将 E-RAB 的 S1-U 接口接到 SgNB。

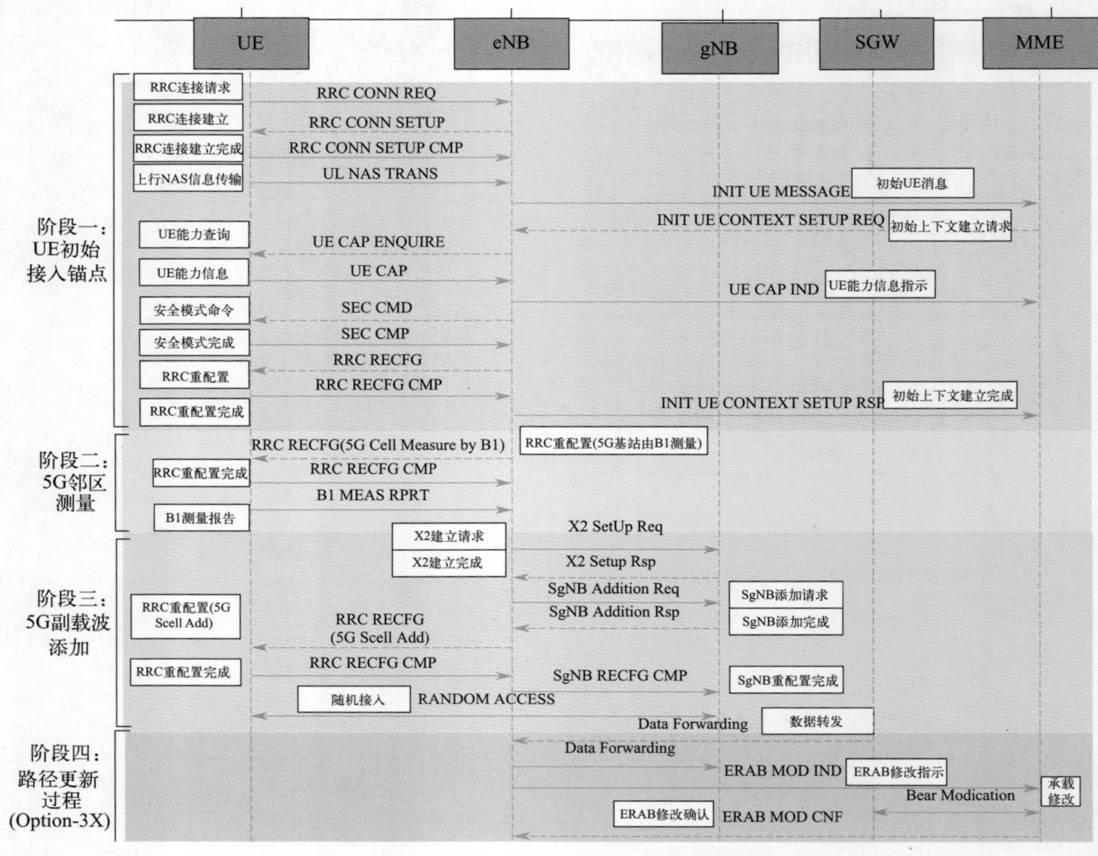

图 6-3 5G NSA 组网接入信令流程

（2）5G SA 组网接入信令流程 5G SA 组网接入信令流程如图 6-4 所示，包含以下四个步骤。

① UE 获得上下行同步，侦听网络获得下行同步，随机接入，获取上行同步；

② 建立 UE 到核心网的信令连接；

③ UE 完成到 NGC 的注册（类似于 LTE 的 attach 流程）；

④ UE 完成 PDU 会话建立（类似于 LTE 的 PDN 建立流程）。

2. 5G 接入类指标介绍

SA 组网下 5G 接入类指标包括 RRC 连接建立成功率、RRC 连接恢复成功率、QoS Flow 建立成功率。NG 接口 UE 相关逻辑信令连接建立成功率、PDU Session 建立成功率、UE 上下文建立成功率、无线接通率等。

（1）RRC 连接建立成功率

① 指标描述：该指标用于了解该小区内 RRC 连接建立成功的概率，部分反映了该小区范围内用户接入网络的感受。

② 测量对象：CU 小区类型。

③ 指标公式：RRC 连接建立成功率＝分接入类型的 RRC 连接建立成功次数 / 分接入类型 RRC 连接建立请求次数 ×100%。

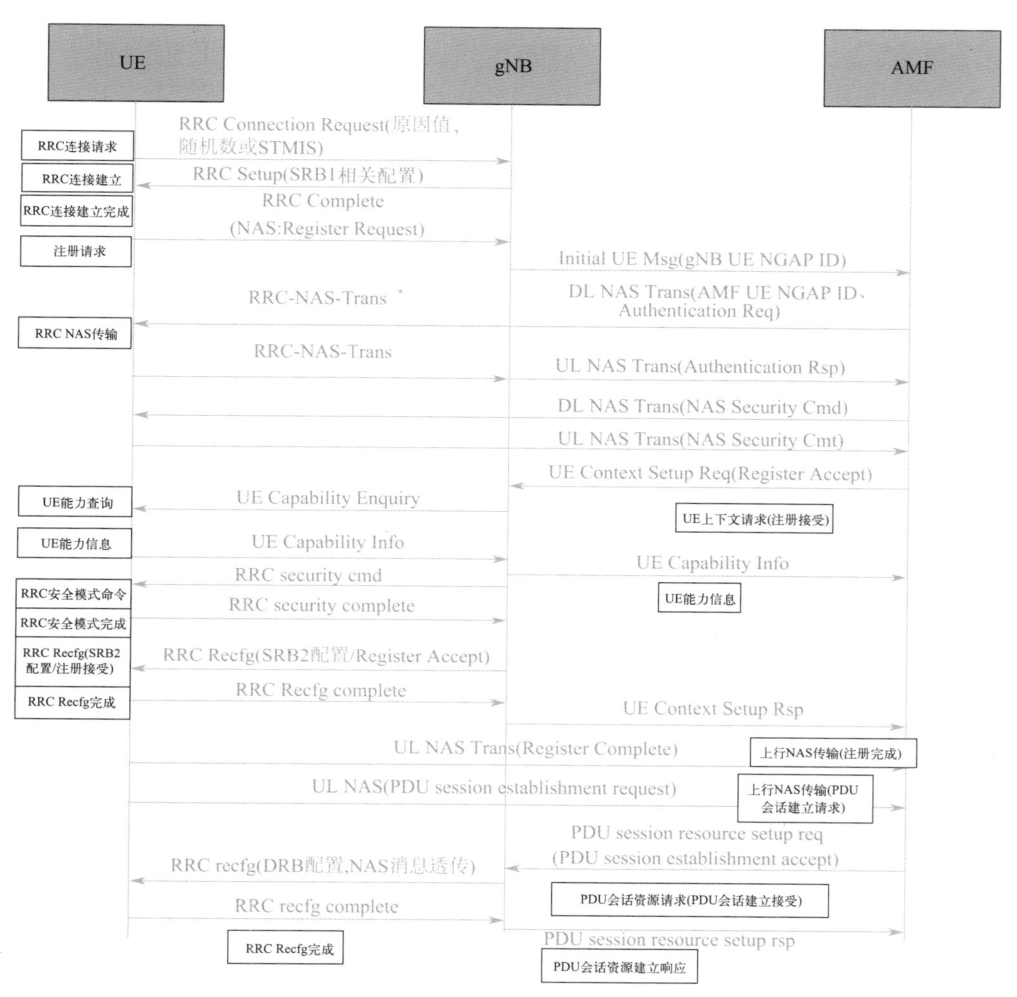

图 6-4　5G SA 组网接入信令流程

④ 接入类型：mt-Access 类型、mo-Signalling 类型、mo-Data 类型、mo-VoiceCall 类型、emergency 类型、highPriorityAccess 类型、mo-VideoCall 类型、mo-SMS 类型、mps-PriorityAccess 类型、mcs-PriorityAccess 类型。

（2）RRC 连接恢复成功率

① 指标描述：该指标用于了解该小区内 RRC 连接激活成功的概率，部分反映了该小区范围内用户接入网络的感受。

② 测量对象：CU 小区类型。

③ 指标公式：RRC 连接恢复成功率＝RRC 连接恢复成功次数 /RRC 连接恢复请求次数×100%。

④ 恢复原因：Emergency、highPriorityAccess、mt-Access、mo-Signalling、mo-Data、mo-VoiceCall、mo-VideoCall、mo-SMS、mps-PriorityAccess、mcs-PriorityAccess、rna-Update。

（3）QoS Flow 建立成功率

① 指标描述：该指标用于了解该小区内分 5QI 的 QoS Flow 建立成功的概率，部分反映

了该小区范围内用户接入网络的感受。

5G 中增加了 PDU Session 的概念，一个 UE 可以同时拥有多个 PDU Session，一个 PDU Session 对应多个 QoS Flow，由 gNB 进行 QoS Flow 到 DRB 的映射，可以是多对一的映射关系，也可以是一对一的映射关系。

② 测量对象：CU 小区类型。

③ 指标公式：QoS Flow 建立成功率＝ QoS Flow 建立成功次数 /QoS Flow 建立请求次数 ×100%。

（4）NG 接口 UE 相关逻辑信令连接建立成功率

① 指标描述：该指标用于反映 gNB 与 NGC 连接的稳定性。

② 测量对象：CU 小区类型。

③ 指标公式：NG 接口 UE 相关逻辑信令连接建立成功率＝ UE NGAP 建立成功次数 /UE NGAP 建立请求次数 ×100%。

（5）PDU Session 建立成功率

① 指标描述：该指标用于了解该小区内 PDU 会话建立成功的概率，部分反映了该小区范围内用户接入网络的感受。

② 测量对象：CU 小区类型。

③ 指标公式：PDU 会话建立成功率＝ PDU Session 建立成功次数 /PDU Session 建立请求次数 ×100%。

（6）UE 上下文建立成功率

① 指标描述：该指标用于了解该小区内上下文建立成功的概率，部分反映了该小区范围内用户接入网络的感受。

② 测量对象：CU 小区类型。

③ 指标公式：UE 上下文建立成功率＝ Context 建立成功次数 /Context 建立请求次数 ×100%。

（7）5G 无线接通率

① 指标描述：该指标用于统计 UE 成功接入网络的性能，结合指标包括 RRC 建立、上下文建立及 NG 口建立。

② 测量对象：CU 小区类型。

③ 指标公式：5G 无线接通率＝ RRC 连接建立成功率 ×NG 接口 UE 相关逻辑信令连接建立成功率 ×QoS Flow 建立成功率 ×100%。

3. 5G 接入类指标采集

① 大数据平台：通过大数据平台对接入类指标进行提取和分析。

② 5G 网管软件：通过 5G 网管提取与接入相关联的 KPI 指标。

③ 5G 路测软件：通过 CQT、DT 测试方式采集接通率相关数据。

④ 用户投诉：通过对用户投诉信息进行分析，判断是否为接入类问题导致的投诉。

三、5G 网络保持类指标

1. 保持类指标介绍

5G 保持类指标主要通过无线掉线率、PDU Session 异常释放率、SN 异常释放率、分

QCI 的 E-RAB 掉线率进行体现。

（1）无线掉线率

① 指标描述：该指标反映了系统的业务通信保持能力，也反映了系统的稳定性和可靠性。

② 测量对象：CU 小区类型。

③ 单位：百分比。

④ 指标公式：无线掉线率＝（GNB 切换失败引发释放次数＋ GNB 空口失败引发释放次数 ＋由于小区关断或复位引发释放次数＋ GNB 由于其他原因引发释放次数）/（Context 建立成功次数＋ Context 遗留上下文个数＋非源小区 RRC 连接重建成功次数＋切入执行成功次数）×100%。

（2）PDU Session 异常释放率

① 指标描述：该指标用于了解该小区内 PDU Session 异常释放的概率，部分反映了该小区范围内的用户体验。

② 测量对象：CU 小区类型。

③ 单位：百分比。

④ 指标公式：PDU Session 异常释放率＝（PDU Session 释放次数 _ 其他原因）/（PDU Session 释放次数 _AMF 发起＋ PDU Session 释放次数 _ 用户不活动＋ PDU Session 释放次数 _EPS FallBack ＋ PDU Session 释放次数 _ 正常释放＋ PDU Session 释放次数 _ 其他原因）。

（3）SN 异常释放率

① 指标描述：该指标用于了解该小区内 SN 释放成功的概率，部分反映了该小区范围内用户业务进行时的感受。

② 测量对象：CU 小区类型。

③ 单位：百分比。

④ 指标公式：SN 异常释放率＝［MN 触发 SN 释放次数 _ 其他原因（异常）＋ SN 请求释放次数 _ 其他原因（异常）］/［MN 触发 SN 释放次数 _SCG 空口失败（正常）＋ MN 触发 SN 释放次数 _UE 或承载释放（正常）＋ MN 触发 SN 释放次数 _ 其他原因（异常）＋ SN 请求释放次数 _ 测量触发（正常）＋ SN 请求释放次数 _ 其他原因（异常）］。

（4）分 QCI 的 E-RAB 掉线率

① 指标描述：该指标用于了解分 QCI 的 E-RAB 异常释放的概率，部分反映了该小区范围内用户业务进行时的感受。

② 测量对象：CUCP 双连接邻接关系。

③ 单位：百分比。

④ 指标公式：分 QCI 的 E-RAB 掉线率＝（分 QCI 的 E-RAB 释放请求次数 _MN 触发＋分 QCI 的 E-RAB 释放请求次数 _SN 触发）/ 分 QCI 的 E-RAB 增加成功次数。

2. 5G 保持类指标采集

① 大数据平台：通过大数据平台对保持类指标进行提取和分析。

② 5G 网管软件：通过 5G 网管提取与保持类相关联的 KPI 指标。

③ 5G 路测软件：通过 CQT、DT 测试方式采集接通率相关数据。

④ 用户投诉：通过对用户投诉信息进行分析，判断是否为保持类问题导致的投诉。

四、5G 网络移动性指标

1. 5G 切换介绍

切换优化是移动网络业务连续性的基础保障，合理而及时的切换可以有效地保障用户感知，防止出现掉线等会引发投诉的现象，在网络优化中占有非常重要的意义。5G 的切换由于存在 SA 和 NSA 两种组网方式而不同。5G NR 的切换流程同 4G 一样仍然包括测量、判决、执行三个流程，如图 6-5 所示。

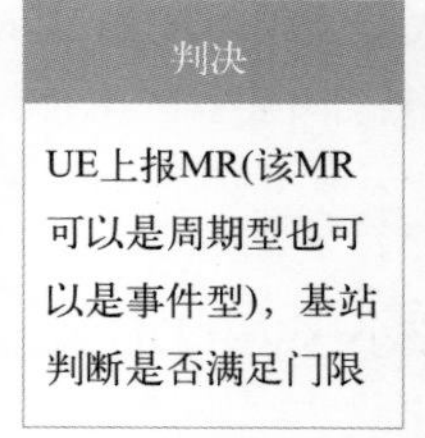

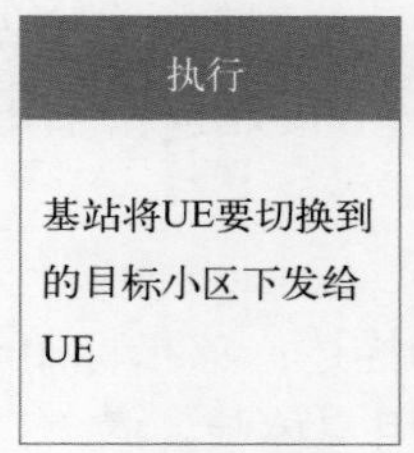

图 6-5　5G 切换介绍

2. 5G 移动性指标介绍

（1）gNB 间 Xn 切换出成功率

① 指标描述：该指标用于了解该小区 gNB 间 Xn 切换出的成功率。

② 测量对象：CU 小区类型。

③ 单位：百分比。

④ 指标公式：gNB 间 Xn 切换出的成功率＝（gNB 间 Xn 同频切换出执行成功次数＋gNB 间 Xn 异频切换出执行成功次数）/（gNB 间 Xn 同频切换出准备请求次数＋ gNB 间 Xn 异频切换出准备请求次数）×100%。

（2）gNB 间 Ng 切换出成功率

① 指标描述：该指标用于了解该小区 gNB 间 Ng 切换出的成功率。

② 测量对象：CU 小区类型。

③ 单位：百分比。

④ 指标公式：gNB 间 Ng 切换出成功率＝（gNB 间 Ng 同频切换出执行成功次数＋ gNB 间 Ng 异频切换出执行成功次数）/（gNB 间 Ng 同频切换出准备请求次数＋ gNB 间 Ng 异频切换出准备请求次数）×100%。

（3）gNB 间切换出成功率

① 指标描述：该指标用于了解该小区 gNB 间 Xn 或 Ng 切换出的成功率。

② 测量对象：CU 小区类型。

③ 单位：百分比。

④ 指标公式：gNB 间切换出成功率＝（gNB 间 NG 切换出成功次数＋ gNB 间 Xn 切换出成功次数）/（gNB 间 NG 切换出准备请求次数＋ gNB 间 Xn 切换出准备请求次数）×100%。

（4）gNB 内切换出成功率

① 指标描述：该指标用于了解该小区 gNB 内切换出的成功率。

② 测量对象：CU 小区类型。

③ 单位：百分比。

④ 指标公式：gNB 内切换出成功率＝ gNB 内切换出成功次数 /gNB 内切换出准备请求次数 ×100%。

3. 5G 移动性指标采集

① 5G 网管软件：通过 5G 网管提取与切换相关联的 KPI 指标。

② 5G 路测软件：通过 CQT、DT 测试方式采集切换数据。

③ 用户投诉：通过对用户投诉信息进行分析，判断是否为切换类问题导致的投诉。

五、5G 网络资源类指标

1. 5G 资源类指标介绍

5G 资源类指标包括小区用户面上行 PDCP PDU 字节数、小区用户面下行 PDCP PDU 字节数、小区上行 RLC SDU 接收字节数、小区下行 RLC SDU 发送字节数、上行 PRB 平均利用率、下行 PRB 平均利用率、RRC 连接最大连接用户数、RRC 连接平均连接用户数、RRC 连接最大 INACTIVE 用户数、RRC 连接平均 INACTIVE 用户数等。

（1）小区用户面上行 PDCP PDU 字节数

① 指标描述：本指标用于反映基站上行 PDCP PDU 报文接收的数据量。

② 测量对象：CUUP 小区类型。

③ 单位：千字节。

④ 指标公式：小区用户面上行 PDCP PDU 字节数＝小区上行 PDCP PDU 成功接收数据量 ×125。

（2）小区用户面下行 PDCP PDU 字节数

① 指标描述：本指标用于反映基站下行 PDCP PDU 报文发送的数据量。

② 测量对象：CUUP 小区类型。

③ 单位：千字节。

④ 指标公式：小区用户面下行 PDCP PDU 字节数＝小区下行 PDCP 成功发送数据量 ×125。

（3）小区上行 RLC SDU 接收字节数

① 指标描述：本指标统计小区在上行 RLC 层的用户数据量，反映了基站下行业务量。

② 测量对象：DU 小区类型。

③ 单位：千字节。

④ 指标公式：小区上行 RLC SDU 接收字节数＝小区上行 RLC SDU 数据量 ×125。

（4）小区下行 RLC SDU 发送字节数

① 指标描述：本指标统计小区在下行 RLC 层的用户数据量，反映了基站下行业务量。

② 测量对象：DU 小区类型。

③ 单位：千字节。

④ 指标公式：小区下行 RLC SDU 发送字节数＝小区下行空口发送的 RLC SDU 数据量 ×125。

（5）上行 PRB 平均利用率

① 指标描述：本指标统计上行所有的共享物理资源块（PUSCH PRB）平均利用率。

② 测量对象：DU 小区类型。

③ 单位：百分比。

④ 指标公式：小区上行 PRB 利用率＝ PUSCH 使用 PRB 数 /PUSCH 可用 PRB 数。

（6）下行 PRB 平均利用率

① 指标描述：本指标统计下行所有的共享物理资源块（PDSCH PRB）平均利用率。

② 测量对象：DU 小区类型。

③ 单位：百分比。

④ 指标公式：小区下行 PRB 利用率＝ PDSCH 使用 PRB 数 /PDSCH 可用 PRB 数。

（7）RRC 最大连接用户数

① 指标描述：在统计周期内，该计数器统计小区级别的，所有采样时刻的 RRC 连接最大激活用户数。该计数器可以反映出统计周期内基站的最大激活用户数最大容量。

② 测量对象：DU 小区类型。

③ 单位：整数个。

④ 指标公式：通过单个计数器统计，无公式。

⑤ 触发条件：当 gNB 接收到 UE 的 RRC 连接建立完成（RRCSetupComplete、RRCResumeComplete）消息，用户数加 1；当 gNB 给 UE 发送 RRC 连接释放（RRCRelease）消息，用户数减 1。本计数器统计的是统计周期内各个采样时刻的 RRC 连接用户数的最大值。

⑥ 采样周期：2s。

（8）RRC 平均连接用户数

① 指标描述：在统计周期内，该计数器统计小区级别的，所有采样时刻的 RRC 连接激活用户数的算术平均值。该计数器可以反映出统计周期内基站的激活用户数平均容量。

② 测量对象：DU 小区类型。

③ 单位：整数个。

④ 指标公式：通过单个计数器统计，无公式。

⑤ 触发条件：当 gNB 接收到 UE 的 RRC 连接建立完成（RRCSetupComplete、RRCResumeComplete）消息，用户数加 1；当 gNB 给 UE 发送 RRC 连接释放（RRCRelease）消息，用户数减 1。本计数器统计的是统计周期内各个采样时刻的 RRC 连接用户数的平均值。

⑥ 采样周期：2s。

（9）RRC 连接最大 INACTIVE 用户数

① 指标描述：在统计周期内，该计数器统计小区级别的，所有采样时刻的 RRC 连接建立最大非激活用户数。该计数器可以反映出统计周期内基站的用户数最大非激活容量。

② 测量对象：DU 小区类型。

③ 单位：整数个。

④ 指标公式：通过单个计数器统计，无公式。

⑤ 触发条件：当 gNB 给 UE 发送 RRC 连接释放（RRCRelease）消息且携带信元时，将 UE 迁到 Inactive 态，非激活用户数加 1；当处于 Inactive 态的 UE 接入成功或 Resume 成功，或是由异常导致释放基站侧所有资源时，非激活用户数减 1。本计数器统计的是统计周期内各个采样时刻的 RRC 连接非激活用户数的最大值。

⑥ 采样周期：2s。

（10）RRC 连接平均 INACTIVE 用户数

① 指标描述：在统计周期内，该计数器统计小区级别的，所有采样时刻的 RRC 连接用户数的算术平均值。该计数器可以反映出统计周期内基站的用户数平均容量。

② 测量对象：DU 小区类型。

③ 单位：整数个。

④ 指标公式：通过单个计数器统计，无公式。

⑤ 触发条件：当gNB给UE发送RRC连接释放（RRCRelease）消息且携带信元时，将UE迁到Inactive态，非激活用户数加1；当处于Inactive态的UE接入成功或Resume成功，或是由异常导致释放基站侧所有资源时，非激活用户数减1。本计数器统计的是统计周期内各个采样时刻的RRC连接非激活用户数的平均值。

⑥ 采样周期：2s。

2. 5G资源类指标采集

① 大数据平台：通过大数据平台对接入指标进行提取和分析。

② 5G网管软件：通过5G网管提取与接入相关联的KPI指标。

③ 5G路测软件：通过CQT、DT测试方式采集接通率相关数据。

六、5G网络可用类指标

1. 5G可用类指标介绍

5G网络可用性通过小区可用率指标反映。

① 指标描述：本指标描述小区的可用性，反映系统资源的占用情况。

② 测量对象：CU小区类型。

③ 单位：百分比。

④ 指标公式：小区可用率＝CU小区在服时间/（粒度时间×对象个数）×100%。

2. 5G可用类指标采集

① 大数据平台：通过大数据平台对可用类指标进行提取和分析。

② 5G网管软件：通过5G网管提取与可用类相关联的KPI指标。

③ 5G路测软件：通过CQT、DT测试方式采集可用类指标相关数据。

④ 用户投诉：通过对用户投诉信息进行分析，判断是否为可用类问题导致的投诉。

七、5G网络覆盖类指标

1. 5G覆盖介绍

良好的无线覆盖是保障移动通信网络质量和指标的前提，结合合理的参数配置才能得到一个高性能的无线网络，如图6-6所示。5G网络一般采用同频组网，同频干扰严重，良好的覆盖和干扰控制对网络性能意义重大。

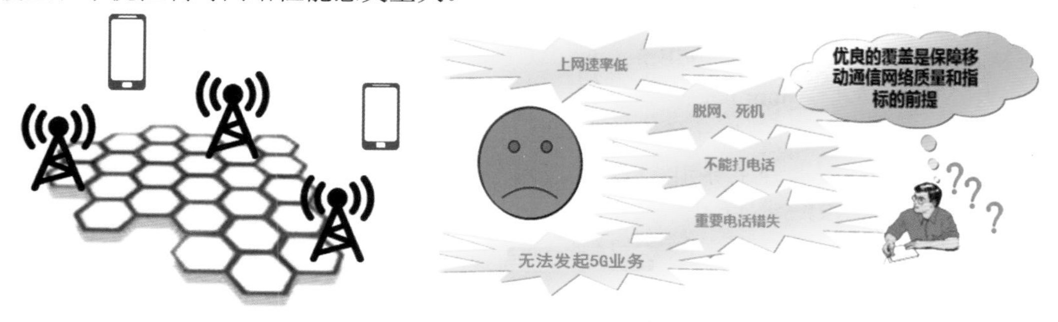

图6-6 无线覆盖介绍

（1）覆盖率 覆盖率指通过接收端电平RSRP大于某一门限值的比例，通过测试数据和MR样本分析两种途径进行统计。不同的运营商对覆盖率的定义标准均不相同。MR覆盖率定义为SS-RSRP大于−108dBm的采样点比例，覆盖空洞、弱覆盖均可以通过覆盖率来定义，

MR 覆盖率可以通过厂家网关、运营商综合运维平台进行统计。

（2）覆盖空洞　覆盖空洞指在连片站点中间出现的完全没有 5G 信号的区域，也称为覆盖盲区，如图 6-7 所示。UE 的灵敏度一般为 -124dBm，考虑部分商用终端与测试终端灵敏度的差异，预留 5dB 的余量，RSRP ＜ -119dBm 的区域定义为覆盖空洞区域。

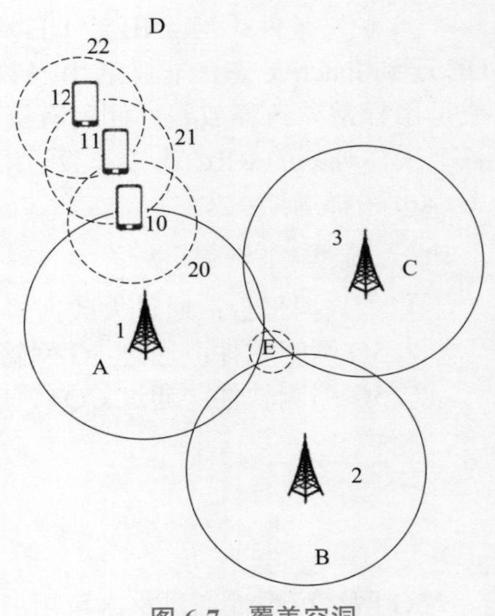

图 6-7　覆盖空洞

覆盖空洞的影响：①终端脱网；②终端无法注册 5G 网络；③ 5G 网络不能为用户提供服务。

（3）弱覆盖　弱覆盖一般指有信号，但是信号强度不能保证网络稳定地达到 KPI 要求的情况。RSRP ≤ -108dBm 的区域定义为弱覆盖区域，MR 覆盖率（RSRP ≤ -108dBm）＜ 90% 的小区定义为弱覆盖小区，可以进一步定义上行弱覆盖小区和下行弱覆盖小区。

弱覆盖的影响：①终端接通率不高；②速率低、时延大；③用户感知差。

（4）越区覆盖　一个小区的信号出现在一层邻区以外并且能够成为主服务小区的情况，称为越区覆盖，如图 6-8 所示。通过 KPI 指标 TA 大于某个门限占比定义越区覆盖小区，越区覆盖 TA 值门限和覆盖场景密切相关，密集城区小，一般区域门限占比大，具体根据实际网络的站间距情况确定。

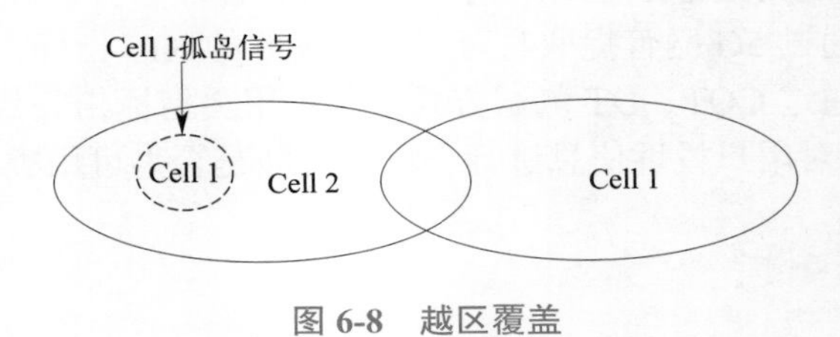

图 6-8　越区覆盖

越区覆盖的影响：①引入干扰；②可能形成孤岛，无法切换；③用户感知差。

（5）导频污染

在某一点存在多个强信号小区却没有一个足够强的主导频的时候，即为导频污染。导频污染通常需要满足以下条件。

① 强导频电平：RSRP ＞ -90dBm（天线放在车顶，车内要求是 -100dBm）。

② 强导频数：RSRP_number ≥ N，设定 $N = 4$。

③ 无足够强主导频：最强导频信号和第 N 个强导频信号的差值如果小于某一门限值 D，即定义为该地点没有足够强主导频，RSRP（fist）-RSRP（N）≤ D，设定 $D = 6$dB。

④ 导频污染：RSRP ＞ -90dB 的小区个数大于 3 个，且 RSRP（fist）-RSRP（4）≤ 6dB。

导频污染的影响：① SINR 变差，接通率降低；②掉线率上升，系统容量降低；③速率低，高 BLER，用户感知差。

（6）重叠覆盖　在同频网络中，将弱于服务小区信号强度 6dB 以内且 RSRP 大于 -105dBm 的重叠小区数目超过 3 个（含服务小区）的区域，定义为重叠覆盖区域，如图 6-9 所示。重叠覆盖主要问题是站点过高或天线下倾角过小导致覆盖过远以及站点方位角不合理、与道路或河道夹角过小或与高层大楼、墙面形成多次反射导致无线信号漂移过远。

重叠覆盖小区大于3的样本数/总样本数，重叠覆盖度大于30%的小区定义为高重叠覆盖小区。

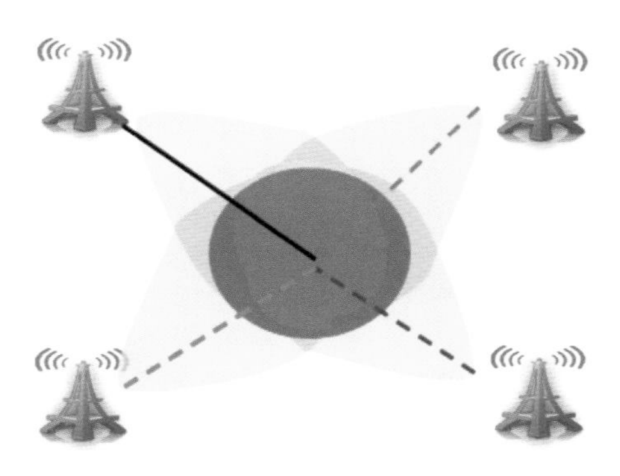

图6-9 重叠覆盖

高重叠覆盖的影响：①干扰增大，SINR降低。②用户吞吐量下降；速率低，高BLER；用户感知差。③异常事件增多。

2. 5G覆盖类指标采集

① 大数据平台：通过大数据平台对MR数据进行分析得到MR覆盖指标，可以对数据进行GIS地理化显示，这是网络优化中覆盖指标统计的主要手段，各运营商的综合网管、网优平台等均能实现。

② 5G网管软件：通过提取与覆盖相关联的KPI指标，分析、判断覆盖问题类型。

③ 5G路测软件：通过CQT、DT测试方式采集覆盖数据，分析、判断覆盖问题类型。

④ 用户投诉：通过对用户投诉信息进行筛查，分析、判断覆盖问题类型。

⑤ 5G覆盖相关参数核查：通过核查基础接入、切换、邻区及功率等参数，分析、判断覆盖问题类型。

八、4G/5G网络互操作类指标

1. 4G/5G互操作类指标介绍

（1）SN异常释放率

① 指标描述：该指标用于了解该小区内SN释放成功的概率，部分反映了该小区范围内用户业务进行时的感受。

② 测量对象：CUCP双连接邻接关系。

③ 单位：百分比。

④ 指标公式：SN异常释放率＝［MN触发SN释放次数_其他原因（异常）＋SN请求释放次数_其他原因（异常）］/［MN触发SN释放次数_SCG空口失败（正常）＋MN触发SN释放次数_UE或承载释放（正常）＋MN触发SN释放次数_其他原因（异常）＋SN请求释放次数_测量触发（正常）＋SN请求释放次数_其他原因（异常）］。

（2）SN添加成功率

① 指标描述：本指标用于了解该小区内SN添加成功的概率，部分反映了该小区范围内用户业务进行时的感受。

② 测量对象：CU 小区类型。

③ 单位：百分比。

④ 指标公式：SN 添加成功率＝ SN 添加成功次数 /（SN 添加成功次数＋ SN 添加失败次数 _F1 Context 建立失败＋ SN 添加失败次数 _X2 口重配超时＋ SN 添加失败次数 _ 其他原因）×100%。

（3）SN 变更成功率

① 指标描述：本指标用于了解该小区内 SN 变更成功的概率，部分反映了该小区范围内用户业务进行时的感受。

② 测量对象：CUCP 双连接邻接关系。

③ 单位：百分比。

④ 指标公式：SN 变更成功率＝ SN 变更确认次数 /SN 变更请求次数 ×100%。

2. 4G/5G 互操作类指标采集

① 5G 路测软件：通过 CQT、DT 测试方式采集 4G/5G 互操作数据。

② 5G 网管软件：通过 5G 网管提取与 4G/5G 互操作相关联的 KPI 指标。

③ 用户投诉：通过对用户投诉信息进行分析，判断是否为 4G/5G 互操作问题导致的投诉。

九、5G 网络干扰类指标

1. 5G 干扰介绍

干扰源的发射信号（阻塞信号、加性噪声信号）从天线口被放大发射出来后，经过了空间损耗，最后进入被干扰接收机。如果空间隔离不够的话，进入被干扰接收机的干扰信号强度够大，将会使接收机信噪比恶化或者产生饱和失真。

不同系统之间的互干扰原理，与干扰和被干扰两个系统之间的特点以及射频指标紧密相关。但从最基本来看，不同频率系统间的共存干扰，是由发射机和接收机的非完美性造成的。发射机在发射有用信号时会产生带外辐射，带外辐射包括由调制引起的邻频辐射和带外杂散辐射，如图 6-10 所示。

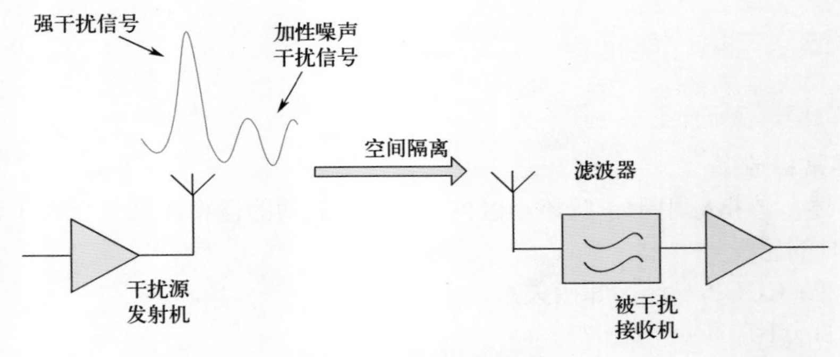

图 6-10　5G 干扰来源

通信网络干扰产生的因素有：某些专用无线电系统占用没有明确划分的频率资源、不同运营商网络参数配置冲突、基站收发机滤波器的性能不达标、小区覆盖重叠等。

按照干扰来源可划分为系统内与系统外干扰以及基站设备本身的运行故障产生的干扰等。

2. 5G 干扰类指标采集

① 话统提取：5G 网管提取上行每 PRB 的接收干扰噪声平均值、上行每 PRB 的接收干扰

噪声最大值、上行每 PRB 的接收干扰噪声最小值指标。

② RB 级干扰：5G 网管选择“基带频谱扫描”进行干扰实时监控。

③ 扫频仪检测：使用便携式扫频仪连接八木天线查找干扰源。

④ 用户投诉：通过对用户投诉信息进行筛查，分析、判断是否存在干扰。

⑤ 沟通协调：通过对已知干扰器设备业主进行定期回访，收集干扰器使用时间。

任务实施

① 登录 5G 网络优化仿真实训系统，接收全网性能提升任务，单击继续答题进入任务。

② 全网性能提升任务界面如图 6-11 所示，右边显示全网基站分布拓扑图和路测覆盖图，左下角显示数据中心。

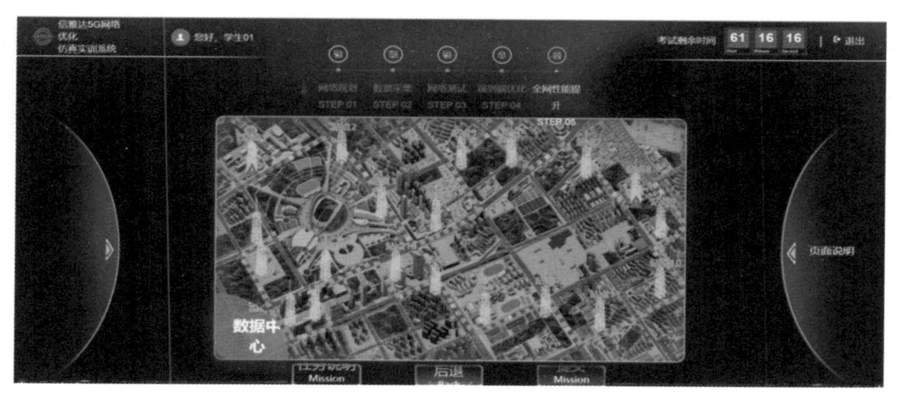

图 6-11　5G 网络优化仿真实训系统——全网性能提升界面

③ 单击数据中心进入全网数据采集界面，可分别采集无线、核心网和传输网的全网指标，现以无线侧指标采集为例进行演示。

④ 单击相应模块进入下层界面，单击无线侧数据采集模块，如图 6-12 所示，左边导航栏从上到下依次显示配置、告警、性能、信令跟踪、用户管理模块，可以分别提取性能指标、配置数据、输出告警信息。

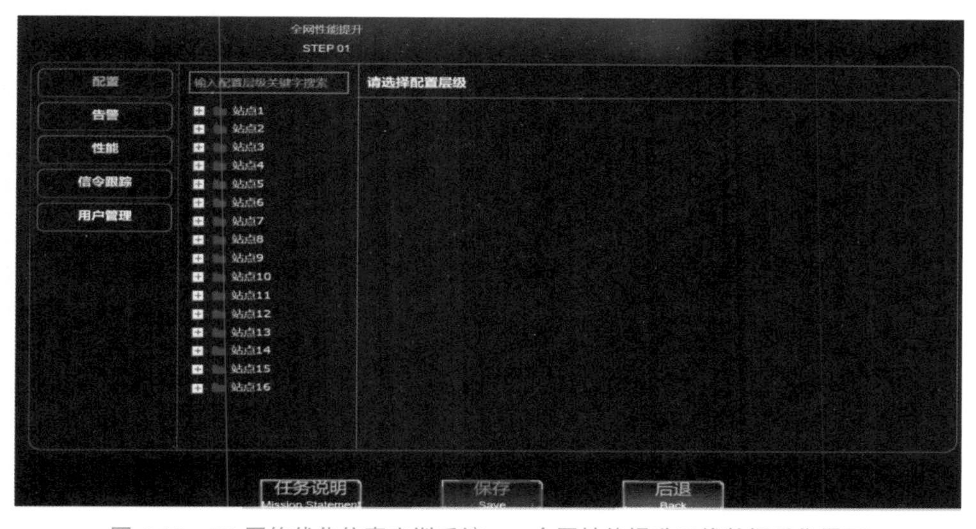

图 6-12　5G 网络优化仿真实训系统——全网性能提升无线数据采集界面

⑤ 数据采集，单击导航栏相应模块进行数据采集，单击性能模块提取全网性能指标，如图 6-13 所示。

图 6-13　5G 网络优化仿真实训系统——全网性能提升性能数据采集界面

任务拓展

案例　接通率相关指标采集

【问题描述】某地市网优团队决定对全网接通率指标进行分析并制定提升方案，需要对相关指标进行采集。

【问题解决】① 根据集团考核规范，从网优平台提取全网指标数据，包括 RRC 建立请求次数、RRC 建立成功次数、UE NGAP 建立成功次数、UE NGAP 建立请求次数、QoS Flow 建立请求次数、QoS Flow 建立成功次数、5G 无线接通率、RRC 连接建立成功率、NG 接口 UE 相关逻辑信令连接建立成功率、QoS Flow 建立成功率、上行流量、下行流量、平均用户数等。

5G 无线接通率＝ RRC 连接建立成功率 ×NG 接口 UE 相关逻辑信令连接建立成功率 ×QoS Flow 建立成功率 ×100%

② 从集团或者省公司大数据平台提取 MR 覆盖类指标。

③ 通过厂家网管提取干扰类指标。

④ 提取现网配置类指标。

⑤ 提取现网告警。

任务测验

（1）通过 5G 网优仿真实训系统进行全网接入类指标的提取，时间为 XX—XX。

（2）5G 网络采用 SA 组网时，接入信令流程是什么？

（3）5G 系统内干扰有哪些？列举不少于三个 5G 系统内干扰。

（4）5G 网络重叠覆盖度高会造成哪些不利影响？

任务二　5G 全网性能提升实施

任务描述

在学习了上一任务 5G 全网性能指标采集的内容后，请大家思考如何制定具体的性能指标提升方案。本次任务需要完成室内环境信息的采集，具体包括：

（1）制定接入类指标提升解决方案；

（2）制定保持类指标提升解决方案；

（3）制定移动性指标提升解决方案；

（4）制定资源类指标提升解决方案；

（5）制定可用类指标提升解决方案。

相关知识

一、八维五步法全网性能提升流程

5G 全网性能提升包括指标统计、短板分析、确定目标、制定方案、方案实施共计五个步骤，主要从硬件告警、资源利用率、覆盖、干扰、参数、邻区、版本 BUG 和小区健康度八个维度进行指标关联分析，定位主要问题并制定提升方案，如图 6-14 所示。

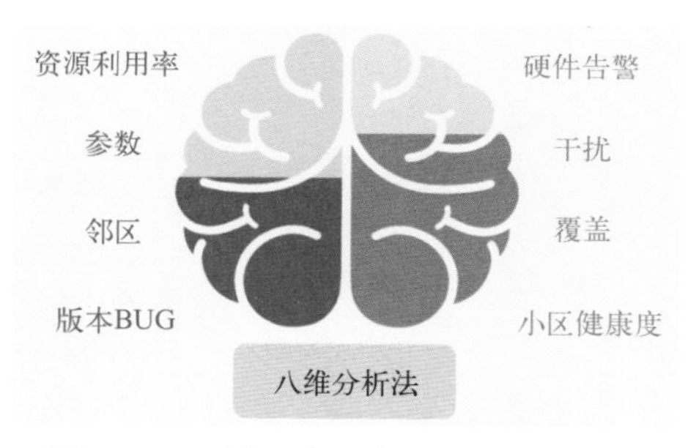

图 6-14　八维五步法全网性能提升方法

二、5G 网络接入类指标提升方案

（1）分段统计　通过随机接入失败（被叫侧响应寻呼时需要随机接入）、RRC 建立失败、NG 接口信令异常、QoS Flow 建立失败这 4 个方面对接入问题进行分阶段统计，相应的指标为 prach 建立成功率、RRC 建立成功率、NG 口 UE 专用信令建立成功率、QoS Flow 建立成功率，除了这些基本指标的统计外，也可以参考厂家的私有计数器自行定义指标进行统计，如图 6-15 所示。

（2）关联分析　对于全网存在的低接入小区，根据如下判定准则进行关联分析，然后进行初步问题界定并提出优化方案，如表 6-1 所示。

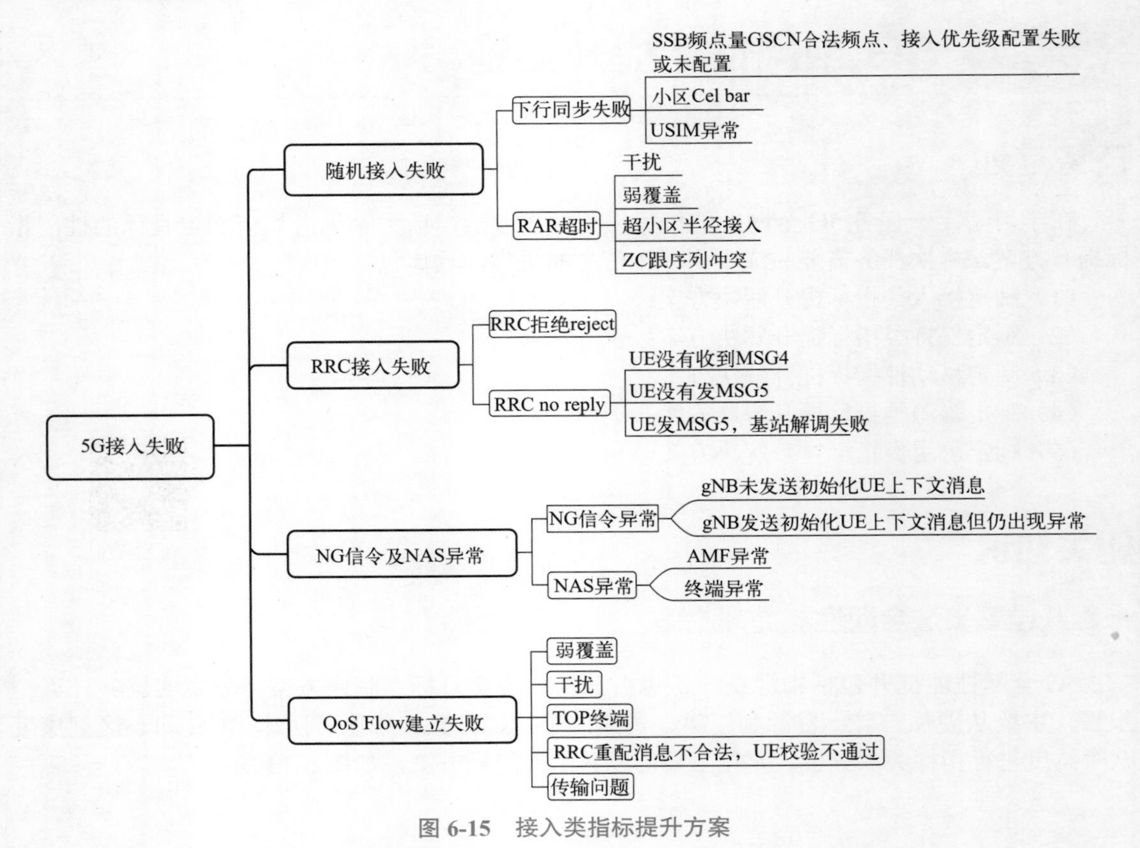

图 6-15　接入类指标提升方案

表 6-1　低接入小区关联分析

弱覆盖	上行干扰	下行干扰	资源问题	参数问题
MR覆盖率（RSRP ≤ −108dBm）＜ 90%	上行每PRB的接收干扰噪声平均值＞ −100dB	MR覆盖率（RSRP ≤ −108dBm）＞ 95%，且SINR均值＜ 0	RRC reject原因导致的RRC失败比例高、PRB利用率＞ 80%	最小接入电平、RAR响应窗口大小、Preamble最大发送次数、前导接收功率、T300定时器设置
覆盖优化	上行干扰排查	下行PCI优化、天馈调整、功率参数优化、干扰抑制功能开启核查	RRC license核查、负荷分流、扩容	参数调整优化

（3）接入参数核查　参考接入基线参数进行全网参数核查，对于参数异常且接入指标差的小区，根据小区实际覆盖情况、是否为测试保障小区进行参数调整。接入类参数如表6-2所示。

表 6-2　接入类主要参数

参数名称	英文名称	取值范围	参数说明
UE类型	Ue Type	0CPE/1高通终端	该参数用于设置小区所接入的UE类型，例如中兴终端（CPE）、高通终端（IOT）。当该参数设置为某类UE时，小区采用适合于该类终端接入的一组默认参数配置
UE等待RRC连接响应的定时器长度（T300）	t300	100 ～ 2000	该参数用于指示UE等待RRC连接响应的定时器长度，当UE发送RRC连接请求消息后将启动定时器T300

续表

参数名称	英文名称	取值范围	参数说明
Rach 非竞争的随机接入前导码	MacNonContenPreamble	0 ～ 64	该参数表示基于非竞争的随机接入前导码，由基站直接分配给UE，用于切换、定位或者有下行数据到达但上行失步等情况下的随机接入过程
小区重选 高速移动状态判决的小区重选次数	nCrH	1 ～ 16	该参数用于指示高速移动状态判决的小区重选次数门限。如果在TCrmax时间内小区重选次数超过NCR_H则标记为高速移动状态
Rach 随机接入前导码总数量	totalNumberOfRAPreambles	1 ～ 63	该参数指示PRACH前导码的个数
rach-ConfigGeneric 频域RACH Occasion的起始RB	msg1FrequencyStart	0 ～ 274	msg1的频域起始位置，不能超过系统RB数与RACH RB数之差
rach-ConfigGeneric PRACH功率攀升步长	powerRampingStep	0/2/4/6	发送PRACH后，没有收到MSG2，重新发送PRACH的功率攀升值
Inactive 参数 inactive 定时器	inactiveTimer	1 ～ 50	该参数为UE不活动定时器

（4）方案实施　对全网存在的故障、覆盖、干扰、资源、参数问题按照相应的指导手册，分配到相关部门进行处理，并定期督促落实情况。

三、5G网络保持类指标提升方案

1. 掉线指标提升方案

5G全网性能提升-保持类指标提升方案

（1）确定问题类型

① KPI指标突然恶化，或者某些时段恶化。

② KPI缓慢变化，逐渐变差。

③ 当前KPI不达标，需要提升到某个目标值。

④ 多个区域对比，分析某个区域相比其他区域差的原因。

（2）时间趋势分析　时间趋势分析主要是分析掉线率公式中涉及的各子计数器的变化趋势和指标变化时间点是否有规律。

首先是看总的释放次数和异常释放次数的变化规律，正常、异常释放次数都同时增加，还是只有异常释放次数增加。分析分子、分母变化和用户数变化是否相关。

其次分析指标变化在时间维度是否有规律，指标是持续缓慢下降、阶梯式下降还是正常波动。分析指标是否固定发生在每天某个时间段，或者每周的周几，或者固定在月初月末等等。天级指标对比一定要注意同时段对比，每周的不同时间段（比如周末、工作日）、每月的月初、月中由于用户行为的变化，指标均会出现波动，节假日期间指标也会存在波动。

分析话统时要注意分析统计时间段内小区个数的变化，避免由于采集的话统数据不全，小区数量存在较大变化，导致KPI趋势变化，从而误判断。当发现小区数量差异较大时，首先要确认反馈数据是否完整，小区数、站点数是否符合预期。如果数据反馈没有问题，那就说明现网在逐步新增站点，或者关闭站点，导致KPI变化，属于“外部事件”排查的内容。

（3）掉线原因分析　分计数器对掉线原因进行统计，通过不同原因的释放占比指标确定导致掉线的主要因素，掉线原因包括无线链路失败、切换失败、小区中断或复位等，根据厂家网管上的私有计数器进行分析。

（4）TOPN 小区分析　接下来要确认问题范围是 TOP 小区问题还是整网问题。

①“TOP 小区”问题：分别去除“掉线率 TOP 小区”和“掉线次数 TOP 小区”后，如果整网掉线率明显改善且与掉线率恶化前指标基本持平（或者达到了目标值），则定义为 TOP 小区问题。剔除 TOPN 小区数根据小区规模设定，例如 TOP100。

②“整网”问题：去除“掉线率 TOP 小区”和“掉线次数 TOP 小区”后，如果整网掉线率没有明显改善，则定义为整网问题。

筛选 TOP 小区时，要根据现网实际话务水平，选择总释放次数不低于平均值 50% 的水平作为基础，排除总的释放次数较少，少量异常释放就会出现较高掉线率的情况。

（5）掉线问题关联指标（表 6-3）

表 6-3　掉线关联指标

弱覆盖	上行干扰	下行干扰	资源问题	参数问题	传输误码率	切换问题	CCE 聚集级别高	低 CQI 占比高	远距离接入	平均用户数突增
MR 覆盖率（RSRP ≤ −108dBm）＜ 90%	上行每 PRB 的接收干扰噪声平均值＞ −100dB	MR 覆盖率（RSRP ≤ −108dBm）＞ 95% 且 SINR 均值＜ 0	PRB 利用率＞ 80%	无线链路检测定时器、RRC 重配置定时器、切换定时器、呼叫重建定时器等	下行 IBLER ＞ 10% 或下行 RBLER ＞ 10% 或上行 RBLER ＞ 10% 或上行重传率＞ 50% 或下行重传率＞ 50%	小区切入成功率＜ 90% 或小区切出成功率＜ 90%	CCE 聚合度大于 8 的占比＞ 30%	CQI0-6 占比＞ 30%	TA 均值大于 1 公里	平均用户数＞前一周平均用户数的 100%
覆盖优化	上行干扰排查	下行 PCI 优化、天馈调整、功率参数优化、干扰抑制功能开启核查	负荷分流、扩容	参数调整优化	覆盖、干扰优化、故障排查、传输优化	切换参数优化、邻区优化	覆盖、干扰优化	覆盖、干扰优化	越区覆盖优化	核查用户激增原因、排查外部事件

对于全网存在的高掉线小区，根据如下判定准则进行关联分析，进行初步问题界定并提出优化方案。

掉线优化流程如图 6-16 所示。

（6）参数核查　参考掉线基线参数进行全网参数核查，对于参数异常且指标差的小区，根据小区实际覆盖情况、是否为测试保障小区进行参数调整。

（7）方案实施　对全网存在的故障、覆盖、干扰、资源、参数问题按照相应的指导手册，分配到相关部门进行处理，并定期督促落实情况。

2. 掉线类参数调整（表 6-4）

表 6-4　掉线保持类主要相关参数

参数名称	英文名称	取值范围	参数说明
UE 等待 RRC 重建响应的定时器长度（T301）	t301	100 ～ 2000	该参数用于指示 UE 等待 RRC 重建响应的定时器长度。当 UE 发送 RRC 连接重建请求消息时，打开 T301 定时器。当 UE 收到 RRC 连接重建消息或 RRC 连接重建拒绝消息后，停止 T301 定时器；当定时器超时，UE 进入 IDLE 态

续表

参数名称	英文名称	取值范围	参数说明
UE 接收下行失步指示的最大个数（N310）	n310	1 ～ 20	该参数用于指示 UE 检测下行失步时，连续接收失步指示的最大个数
移动性功能 NR 语音开关指示	voNrSwitch	false/ture	开关打开时，表示基站支持 VONR 业务。开关关闭时，表示基站不支持 VONR 的业务
UE 监测到无线链路失败后转入 IDLE 状态的定时器长度（T311）	t311	1000 ～ 30000	该参数用于指示 UE 检测下行失步时，连续接收失步指示的最大个数
同频测量对象 评估小区级质量的 CSI-RS 最大个数	csiRsMaxToAverage	2 ～ 16	该参数用于指示用于评估小区级质量的最大 CSI-RS 个数
UE 定时器配置 UE 监测无线链路失败的定时器长度（T310）	t310	0 ～ 6000	该参数用于指示 UE 监测无线链路失败的定时器长度。当 UE 监测主服务小区物理层出现问题，即连续收到 N310 个 out-of-sync 指示时，启动 T310 定时器；在接收到 N311 个 in-sync 指示，或者收到该小区组带 reconfigurationWithSync 信元的 RRC 重配，或者发起 RRC 连接重建流程时，停止定时器

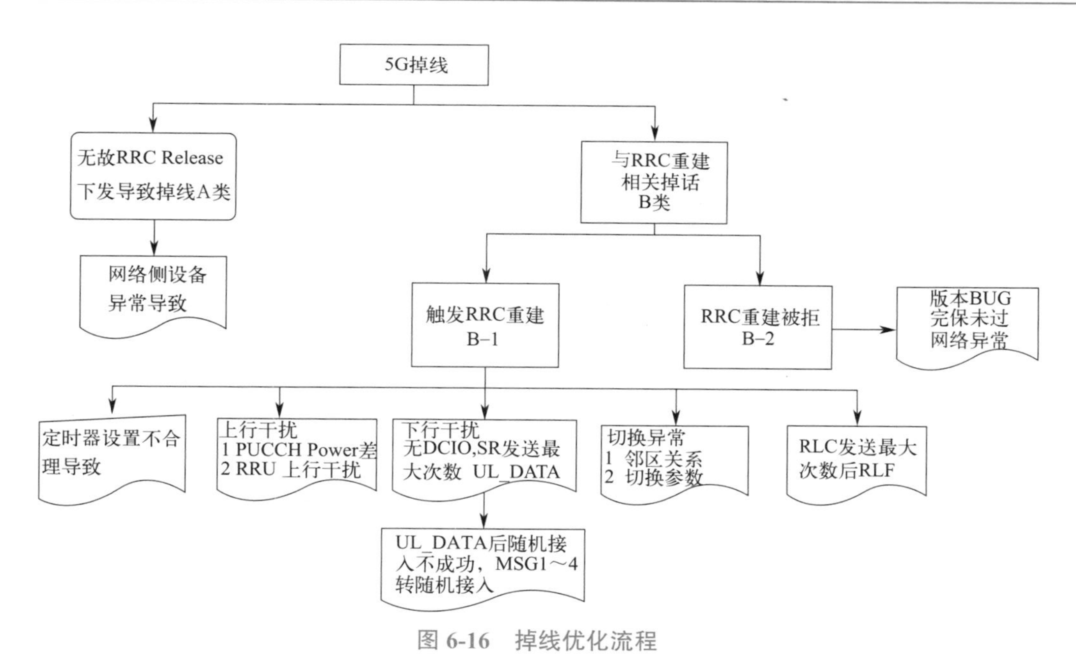

图 6-16 掉线优化流程

3. 设备问题导致掉线解决方案

① 硬件问题：终端设备存在硬件问题的需更换终端；5G 基站设备硬件存在故障需进行故障处理。

② 软件问题：终端设备软件存在 BUG 的需进行终端版本升级；5G 基站设备软件存在 BUG 的需进行版本升级。

③ 覆盖问题导致掉线解决方案：参见接入类性能指标提升解决方案内容。

④ 切换问题导致掉线解决方案：参见移动性性能指标提升解决方案内容。

⑤ 拥塞问题导致掉线解决方案：参见资源类性能指标提升解决方案内容。

四、5G 网络移动性指标提升方案

1. 分析思路

切换优化流程如图 6-17 所示。

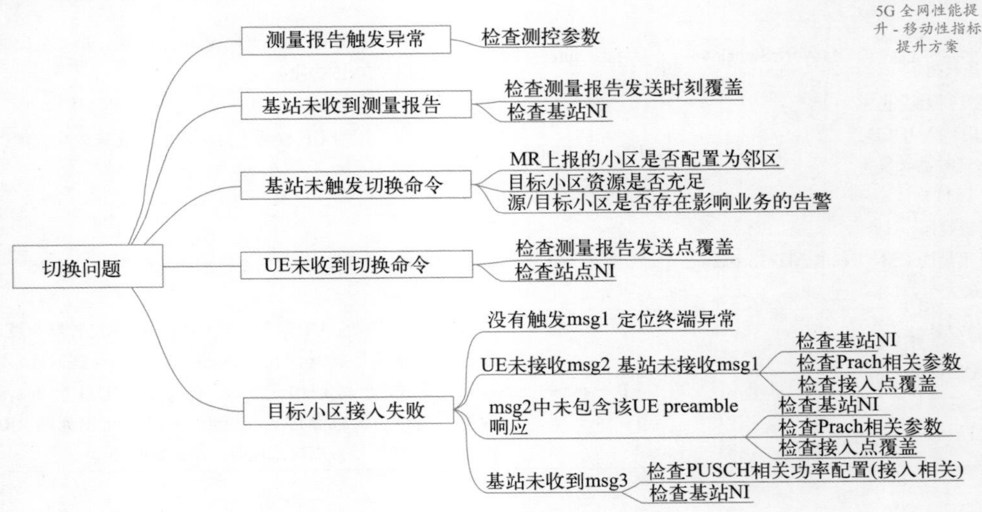

图 6-17　切换优化流程

2. SA 切换优化思路

（1）基站未收到测量报告（可通过后台信令跟踪检查）

① 覆盖：检查弱覆盖、质差。若存在，可以根据现网情况进行 RF 调整、切换参数调整。

② 干扰：检查是否存在上行干扰。可以通过后台干扰监测或扫频来查询，核查是否存在邻站 GPS 失锁和时隙配比不一致（同频）的问题。

③ 参数：检查切换测量启动门限、切换判决门限是否设置得不合理，造成终端难以达到测量上报条件。

（2）基站收到了测量报告，但未下发切换命令

① 邻区漏配：核查 RRC 侧控制消息中的 PCI 和测量上报 PCI 是否一致，或者通过网管核查邻区关系是否漏配。

② PCI 混淆和冲突：根据目标小区回复切换准备失败原因，进行初步定位或者定期核查是否存在近距离同频同 PCI 邻区，如果存在，进行 PCI 优化。

（3）下发切换命令，但目标 PCI 错误　核查邻区关系，邻区错配会导致该问题，重点核查外部邻区小区 ID、PCI 等参数设置。

（4）在目标基站随机接入失败

① 参数核查：核查 TAC、随机接入等关键参数是否正确，避免由参数错误导致切换失败。

② 覆盖：随机接入过程失败，检查源基站和目标基站弱覆盖、质差等，如果是，进行 RF 调整。

③ 故障：检查目标基站是否存在告警。

（5）切换过早、切换过晚　参数：进行 RF 优化。修改切换参数，如 CIO、事件触发时长。

3. NSA 切换优化思路

（1）优化原则

① MN 切换门限与 SN 变更的门限尽量满足切换 / 变更点一致。

② SN 添加、删除的门限尽量满足 NR 可提供服务的最小门限。

（2）4G 优化成果继承

① 4G 的现网邻区关系继承。

② 4G 的系统优先级、多频点组网优先级等组网策略继承。

③ 4G 的 A3 事件 offset、hysteresis、CIO 参数继承。

④ 4G 切换和重选的个体偏移继承。

（3）4G/5G 协同优化

① 优化锚点小区所在的 4G 网络的切换成功率，切换关系合理，抑制乒乓切换。

② 网络建设阶段，建议 5G 和 4G 进行 1∶1 组网，保证 5G 网络覆盖连续性，NR 至锚点推荐使用一对多方。

③ 4G 和 5G 1∶1 组网的情况下，5G 小区的工参，如方向角、下倾角初始规划可以借鉴锚点 4G 小区，充分利用 4G 优化成果，簇优化 / 全网优化阶段再进行精细调整。

④ 以控制最优切换带为原则，给出最优化的天线下倾角和方位角来进行覆盖优化。

⑤ 针对拐角等特殊场景，由于 5G 衰落比较大，可以适当地不进行同覆盖规划。

4. 邻区漏配解决方案

（1）邻区漏配的概念 邻区漏配就是激活小区和未激活小区之间没有邻区关系，但是未激活小区的信号很好。两个小区的信号在其覆盖区内有重叠的部分，正常情况下应该定义两者的邻区关系，如果没有定义的话就造成了邻区漏配。

（2）邻区漏配判断方法

① 通过查看信令流程，发现终端多次上报测量报告，但终端不切换至测量报告中信号最好的小区，而是切换至信号次之的小区或在服务小区上拖死掉线。

② 通过查看测试软件中服务小区和邻区信号的强度列表进行判断，发现终端没有切换至信号最强的邻区，而是切换到其他信号强度次之的小区。

（3）邻区漏配解决原则

① 邻区添加通用原则。

• 邻近原则：同基站的小区要互为邻区；地理位置上相邻的小区一般互为邻区（因为距离源小区越近的相邻小区与源小区发生切换的可能性越大）。

• 强度原则：对网络做过优化的前提下，信号强度达到了要求的门限，需要考虑配置为邻小区。

• 单向邻区配置：在一些特殊场景下，如高速覆盖小区，高层室分小区与室外宏小区、越区覆盖小区可能要求配置单向邻区。

② SA 组网邻区添加原则。

• 4G－＞5G 的系统间邻区：用于 UE 从 4G 切换到 5G 系统服务。

• 5G－＞4G 的系统间邻区：用于 UE 从 5G 弱覆盖或者没有 5G 覆盖的区域切换到 4G 系统服务。

• 5G－＞5G 的系统内邻区：包括同频和异频，用于 UE 在 5G 系统内部的移动连续性。

上述邻区初始配置推荐正向 2 层背向 1 层，邻区个数各约 20 个（含本系统同频或异系统的每个频点）。

③ NSA 组网邻区添加原则。

• 4G－＞5G 的系统间邻区：只需规划锚点频点对应的 NR 邻区。

• 5G－＞5G 的系统内邻区：包括同频和异频，用于 UE 在 5G 系统内部小区间的移动。上述邻区初始配置建议 20 个。

④ 定期核查：定期核查邻区关系，完善邻区关系的完整性和合理性。

5. 乒乓切换解决方案

（1）乒乓切换的概念　乒乓切换指 UE 在服务小区和相邻小区之间来回进行切换的现象，例如当 UE 从 A 小区→ B 小区→ A 小区这样反复来回地切换，从小区 A 切换到小区 B 后，在小区 B 停留的时间很短，又返回到小区 A。

（2）乒乓切换判断方法　通过信令流程分析，看上一次切换入到下一次切换出的时间是否太短（一般认为 3s 内发生多次切换为乒乓切换）。

（3）乒乓切换的解决方法

① 特殊场景：拐角等特殊场景，由于 5G 衰落比较大可以适当地不进行同覆盖规划。

② 覆盖：合理的切换是 5G 网络连续覆盖的前提，重叠覆盖度高、无主覆盖均会导致频繁切换，所以在优化切换类问题时优先完成覆盖类问题解决。常见的优化方法有：天线方位角调整、下倾角优化调整、功率调整。

③ 参数：合理调整切换参数，例如：CIO、事件触发时长（Time To Trigger）、上报间隔（Report Interval）、上报次数（Report Amount）等参数。

6. 移动性参数调整（表 6-5）

表 6-5　移动性主要参数

参数名称	英文名称	取值范围	参数说明
打开用于切换的异频测量事件 A2 A2 事件 RSRP 门限	rsrpThreshold	−156 ～ −31	测量时服务小区 A2 事件 RSRP 绝对门限，当测量到的服务小区 RSRP 低于门限时 UE 上报 A2 事件
打开用于切换的异频测量事件 A2 A2 事件 SINR 门限	sinrThreshold	−23 ～ 40.5	测量时服务小区 A2 事件 SINR 绝对门限，当测量到的服务小区 SINR 低于门限时 UE 上报 A2 事件
打开用于切换的异系统测量事件 A2 A2 事件判决的 RSRQ 绝对门限	rsrqThreshold	−43 ～ 20	测量时服务小区 A2 事件 RSRQ 绝对门限，当测量到的服务小区 RSRQ 低于门限时 UE 上报 A2 事件
同频小区重选配置 同频小区重选起测 RSRP 门限	sIntraSearchP	0 ～ 31	该参数指示了小区重选的同频测量触发门限，UE 用来进行是否执行频内测量的判决。如果服务小区质量大于该门限则不执行频内测量；如果服务小区质量小于等于该门限，UE 执行频内测量。具体描述见 TS 38.304
基于覆盖的同频测量 A3 事件偏移	eventOffset	−15 ～ 15	事件触发 RSRP 上报的触发条件，满足该条件的含义是，邻区与本区的 RSRP 差值比该值实际 dB 值大时，触发 RSRP 上报
EPS fallback 切换 B1 事件 RSRP 门限	rsrpThreshold	−140 ～ −43	测量时 B1 事件 RSRP 绝对门限，当测量到的 RSRP 高于门限时 UE 上报 B1 事件
无线测试的测量配置 A3、A6 事件偏移	eventOffset	−15 ～ 15	事件触发 RSRP/RSRQ/SINR 上报的触发条件，满足该条件的含义是：邻区与本区的 RSRP/RSRQ/SINR 差值比该值实际 dB 值大时，触发 RSRP/RSRQ/SINR 上报
默认的基于覆盖的异系统测量 B1/B2 事件邻区判决的 RSRP 绝对门限	rsrpThreshold	−140 ～ −43	测量时 B1/B2 事件邻区判决的 RSRP 绝对门限

续表

参数名称	英文名称	取值范围	参数说明
基于覆盖的同频测量事件触发量	triggerQuantity	0 参考信号接收功率 /1 参考信号接收质量 /2 参考信号信噪比	事件触发的测量，当 UE 测到该触发量的值满足事件触发门限值时，会触发小区测量事件
基于覆盖的同频测量最大上报小区数目	maxRptCellNum	1 ～ 8	该参数指示了测量上报的最大小区数目，不包括服务小区
默认的基于覆盖的异系统测量 B2 事件服务小区判决的 RSRP 绝对门限 1	b2Thrd1Rsrp	−156 ～ −31	该参数为测量时 B2 事件服务小区判决的 RSRP 绝对门限 1，当测量到服务小区的信号强度低于 RSRP 绝对门限 1 时上报该事件
EPS fallback 切换 B1 事件 RSRP 门限	rsrpThreshold	−140 ～ −43	测量时 B1 事件 RSRP 绝对门限，当测量到的 RSRP 高于门限时 UE 上报 B1 事件
默认的基于覆盖的异系统测量 B1/B2 事件邻区判决的 RSRP 绝对门限	rsrpThreshold	−140 ～ −43	测量时 B1/B2 事件邻区判决的 RSRP 绝对门限

五、5G 网络资源类指标提升方案

1. 分析思路

移动通信网络业务量的增长需要越来越多的资源支撑业务的发展，任何一种资源的短缺，都会导致用户体验感下降。维护和网络规划人员应及时监控各种网络资源的使用情况，为网络资源容量的调整优化和扩容提供数据依据，避免因资源容量不足导致网络质量和用户体验下降。

5G 资源性能指标提升，主要可以从以下几个方面进行分析和优化，如图 6-18 所示。

图 6-18　5G 资源类性能指标

2. PRB 利用率解决方案

随着用户数的增加，PRB 利用率越来越高，而用户的资源需求就越来越可能得不到满足，导致用户速率下降，用户的体验满足度下降。因此，通过观察 PRB 资源利用率来判断可能达到资源瓶颈的门限，则该 PRB 资源利用率门限即为触发小区扩容的原因。

（1）判断标准　上行或者下行 PRB 资源利用率＞ 70%。

（2）解决方案　如果 PRB 资源利用率高小区 CQI 差值占比≥门限值 X（根据实际情况确定，默认为门限值 $X=10\%$），建议通过 RF 优化提升吞吐率。

如果 PRB 资源利用率高小区 CQI 差值占比<门限值 X，建议增加载波或增加现有载波带宽或新增站点。

3. RRC 连接态用户数解决方案

RRC 连接态用户数可以通过网管提取“小区 RRC 连接用户数规格利用率”指标进行评估，其中 RRC 连接用户指 5G 系统中处于 RRC_Connected 状态的用户。当小区或单板承载的用户数超过产品规格时，会导致网络 KPI 的下降。

（1）判断标准　一周内有 X 天（可根据实际情况决定，默认 3 天）“小区 RRC 连接用户数规格利用率”≥ 60%。

（2）解决方案

① 分流本 gNodeB 的用户：如果相邻基站负荷较小，可以通过调整天线下倾角或减小功率来缩小受限基站覆盖范围以减少本基站 CPU 负荷，同时需要增大相邻基站覆盖范围以分担负荷。

② 小区分裂或载波扩容或新增站点。

4. PDCCH 资源利用率解决方案

PDCCH 资源由 CCE 组成，所以 PDCCH 资源利用率通过 CCE 的利用率评估，反映 PDCCH 信道 CCE 的利用情况。如果 CCE 利用率过高将会导致新的调度用户分配 CCE 失败，从而导致用户调度时延增大，影响用户感受。

（1）判断标准　一周内有 X 天（根据实际情况决定，默认 3 天）的每天忙时“CCE 利用率”≥ 50%。

（2）解决方案　通过增加“PDCCH 占用 OFDM 符号数”“PDCCH 占用 RB 数”增加 PDCCH 资源。

如果 PDCCH 符号数和 RB 数达到最大值后也不满足要求，建议：扩容（即增加小区或小区分裂）或 RF 优化，降低邻区对 PDCCH 的干扰。

5. 寻呼资源利用率解决方案

NSA 组网场景下，寻呼消息通过 eNodeB 基站在 S1 接口上传递，因此寻呼资源利用率可以通过 S1 接口的寻呼消息接收率评估。eNodeB 的寻呼次数一旦超过规格，eNodeB 发送给 UE 的寻呼消息就可能被丢弃，导致接通率下降。

SA 组网场景下，寻呼消息在 NG 接口上传递，因此寻呼资源利用率可以通过 NG 接口的寻呼消息接收率评估。gNodeB 的寻呼次数一旦超过规格，gNodeB 发送给 UE 的寻呼消息就可能被丢弃，导致接通率下降。

对于混合组网，当小区处于 SA 组网状态时，参见 SA 组网的监控方法；当小区处于 NSA 组网状态时，参见 NSA 组网的监控方法。

（1）判断标准　一周内有 X 天（根据实际情况决定，默认 3 天）的每天“寻呼消息接收率”≥ 60%。

（2）解决方案

① 根据网络的实际情况缩小拥塞小区所在的 TAL。

② 修改核心网侧寻呼策略，减少同一次呼叫在失败后的二次 / 三次寻呼量，减少信令负荷。

③ 根据核心网的特性条件，若支持精准寻呼功能，则开启该功能。

6. 主控板 CPU 利用率解决方案

主控板 CPU 的利用率可能由于某些原因，偶然地出现偏高。但偶然的 CPU 利用率偏高不能作为扩容依据，因此，主控板 CPU 利用率用主控板的 CPU 平均利用率和主控板 CPU

占用率超门限的比例共同评估。

（1）判断标准　一周内有 X 天（根据实际情况决定，默认 3 天）主控板 CPU 平均利用率≥ 60%。

（2）解决方案

① 分流本 gNodeB 的用户：如果相邻基站负荷较小，可以通过调整天线下倾角或减小功率来缩小受限基站覆盖范围以减少本基站 CPU 负荷，同时需要增大相邻基站覆盖范围以分担负荷。

② 小区分裂或载波扩容或新增站点。

7. 基带板 CPU 占用率解决方案

基带板 CPU 占用率反映了基带板 CPU 的使用情况。当 gNodeB 收到了过多的数据流量，负责基带板数据面协议栈处理的 CPU 会处于高负荷运行状态，将导致 RRC 连接成功率过低、切换成功率过低以及掉线率过高等现象出现。

（1）判断标准

① 一周内有 X 天（根据实际情况决定，默认 3 天）基带板控制面 CPU 平均利用率≥ 60% 或基带板用户面 CPU 平均利用率≥ 60%。

② 一周内有 X 天（根据实际情况决定，默认 3 天）基带板控制面 CPU 利用率超门限比例≥ 5% 或基带板用户面利用率 CPU 超门限比例≥ 5%。

（2）解决方案

① 迁移本 gNodeB 的小区。如果 gNodeB 配置有多块基带板，且其中某块基带板过载。可以把该基带板上的小区迁移到负载相对较小的基带板上。

② 增加基带板。如果 gNodeB 有空闲槽位，可以增加基带板，同时将原基带板的小区迁移到新基带板上，进行负荷分担。

③ 增加基站。如果基带板已增加到规格允许的最大数量，则只能通过增加新的基站进行扩容。

8. 资源类参数调整（表 6-6）

表 6-6　资源类主要参数

参数名称	英文名称	取值范围	参数说明
负载均衡策略配置 负荷均衡 PRB 利用率触发门限	lbServPrbUsageThrd	0 ～ 100	该参数表示执行小区 PRB 负荷均衡功能，当服务小区在统计窗长时间内上行或下行 PRB 利用率大于或等于该门限时，本小区执行上行或下行 PRB 负荷均衡

六、5G 网络可用类指标提升方案

5G 全网性能提升 - 可用类指标提升方案

1. 分析思路

5G 可用类指标主要为小区可用率，该指标定义为小区在服时间和统计时间的比值。反映基站的小区正常运行比率，为分析系统故障和衡量系统稳定性提供参考依据。

小区可用类＝ 100%× 小区可用时长 / 统计时长

2. 小区可用率解决方案

① 告警信息全面监控，优先解决高优先级告警。

② 提高维护人员技能水平，提高维护效率。

③ 以周、月、季度为周期，对设备机房进行日常运维检查，消除潜在故障。

④ 完善运维管理制度，优化运维管理流程，及时高效解决问题。

3. 可用类参数调整（表 6-7）

表 6-7　可用类主要参数

参数名称	英文名称	取值范围	参数说明
最小接入电平	RxLevMin	−159 ～ −47	最小接入电平
SCTP 出入流个数	inOutStreamNum	2 ～ 6	表示 SCTP 偶联的出入流数量

任务实施

结合仿真软件中的性能指标、配置进行性能指标分析，并制定优化调整方案，以接通率指标提升进行演示。

① 接收任务，进入配置数据界面进行参数核查，找出和接通问题相关联的参数并调整，比如针对接通率指标提升，需调整 T300 定时器，找到需要调整的小区，通过如图 6-19 所示界面进行调整，示例中将 T300 从 300ms 调整为 800ms，如图 6-20 所示。

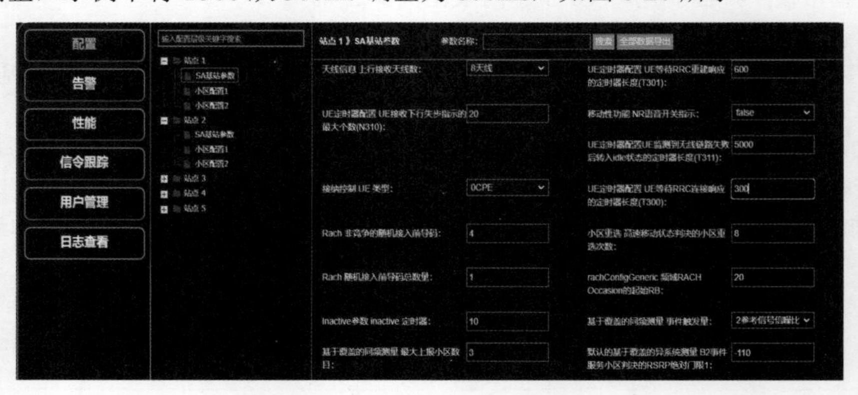

图 6-19　配置数据修改界面（一）

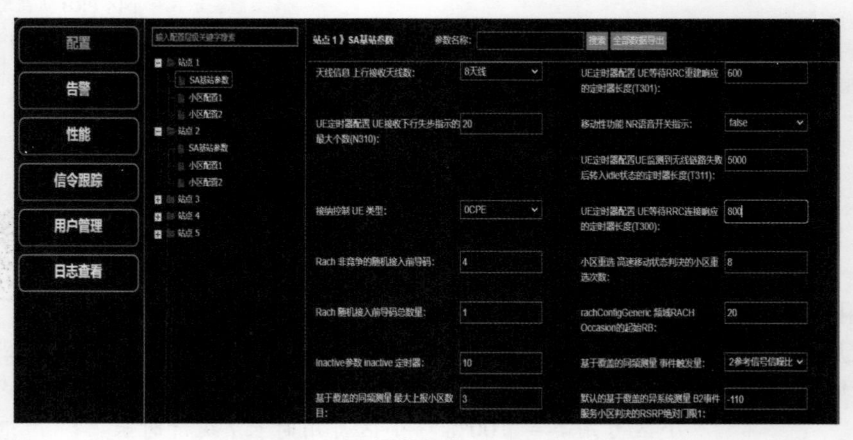

图 6-20　配置数据修改界面（二）

② 调整完站点 1 后保存，接着调整其他基站。

③ 然后再找到其他相关参数，依次进行调整。

任务拓展

案例 某地市掉线率指标提升

（1）问题描述 某地市从10月20日开始，掉线率指标开始劣化，从之前的0.10%逐渐升高至0.16%，如图6-21所示，需分析原因并进行优化。

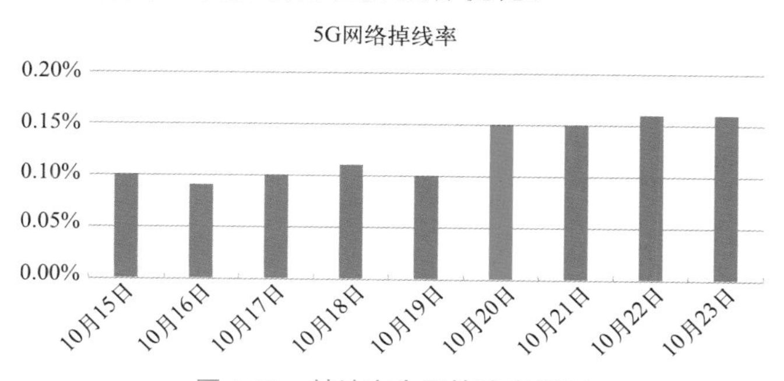

图6-21 某地市全网掉线率指标

（2）问题分析

① 通过对全网掉线分计数器统计，造成掉线的主要原因是空口失败引起的异常释放，如表6-8所示。

表6-8 掉线指标分项统计

日期	GNB切换失败引发释放次数	GNB空口失败引发释放次数	GNB由其他原因引发释放次数	由小区关断或复位引发释放次数
10月20日	100	2828	12	0
10月21日	99	2912	10	1
10月22日	101	3018	9	0
10月23日	98	2998	8	0

② 通过小区级指标统计分析，如表6-9所示，从20日开始掉线次数突然增加的小区主要集中在基站37286及其周围的6个小区，这些小区GNB空口失败引发释放次数总计为1886次，同时段全网该类型掉线次数为2998次，TOP6小区占比为62.24%，因此可以断定这6个小区掉线指标的增加是导致全网性能下降的主要因素。

表6-9 掉线指标主要原因分析

日期	小区ID	GNB空口失败引发释放次数
10月23日	37286_0	436
10月23日	37286_1	546
10月23日	37286_2	185
10月23日	39287_2	312
10月23日	38275_1	184
10月23日	38275_2	203
合计		1866

③ 通过对这六个小区的干扰指标统计，如表6-10所示，发现小区级PRB上行平均干扰均

较高，均值达到 -91dBm 左右，因此可以进一步判断，上行干扰是造成指标劣化的主要原因。

表 6-10 上行干扰指标统计

日期	小区 ID	上行每 PRB 的接收干扰噪声平均值
10 月 23 日	37286_0	-85
10 月 23 日	37286_1	-71
10 月 23 日	37286_2	-96
10 月 23 日	39287_2	-100
10 月 23 日	38275_1	-98
10 月 23 日	38275_2	-101

④ 由于这些小区地理位置相近，因此安排干扰排查队伍进行现场扫频，经过多日扫频后，发现该区域有一中学，如表 6-11 所示，在模拟考试期间开启了干扰器，10 月 28 日 10 点联系校方将干扰器关闭后观察小时级指标得到好转，因此可以确定，学校干扰器开启是造成全网指标劣化的主要原因。

表 6-11 上行干扰指标优化对比

日期	小区 ID	上行每 PRB 的接收干扰噪声平均值（10 点）	上行每 PRB 的接收干扰噪声平均值（11 点）
10 月 28 日	37286_0	-85	-118
10 月 28 日	37286_1	-71	-120
10 月 28 日	37286_2	-96	-115
10 月 28 日	39287_2	-100	-114
10 月 28 日	38275_1	-98	-117
10 月 28 日	38275_2	-101	-119

（3）优化方案实施　联系校方将干扰器长期关闭，如果在考试期间需要开启，应提前通知网优部门采取降功率等优化措施，确保全网指标不出现较大波动。经过市场部门协调，已和校方达成一致。

（4）优化方案验证　从 10 月 29 日后全网掉线率指标开始好转并恢复到 0.10% 左右，如图 6-22 所示。

图 6-22 某地市全网掉线率指标优化效果

任务测验

（1）网络拥塞的解决方案有哪些？
（2）乒乓切换的解决方案有哪些？

任务三 5G全网性能提升验证

任务描述

在上一任务5G全网性能指标提升实施的内容中，学习了通过对采集的性能指标进行分析，制定性能指标提升方案。请大家思考当性能提升方案制定完成后，如何验证性能提升方案的有效性？

（1）验证5G接入类性能提升方案；
（2）验证5G保持类性能提升方案；
（3）验证5G移动性性能提升方案；
（4）验证5G资源类性能提升方案；
（5）验证5G可用类性能提升方案。

相关知识

性能指标提升方案制定完成后，需要对性能指标提升方案的效果进行验证。如果验证效果不满足要求，需要对性能提升后的验证数据再次进行分析，并制定新的性能指标提升方案，直至性能指标满足要求，如图6-23所示。性能指标提升方案验证方法有如下四种。

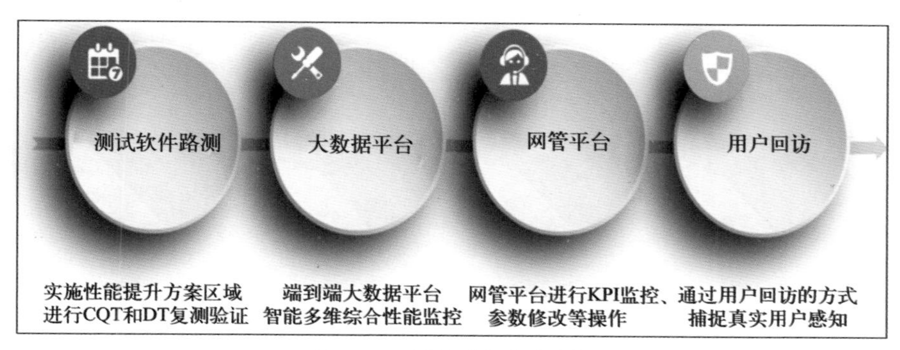

图6-23 性能验证数据源

1. 网管平台

使用网管平台可以采集全网、指定区域、单小区的KPI指标，例如接通、切换、掉线等指标历史数据；可以采集实时干扰、历史干扰、硬件CPU利用率、PRB利用率；可以采集实时用户数、历史用户数；实现告警信息的实时监控和历史告警信息采集；实现信令跟踪和追溯；实现参数的核查、修改及版本回退和升级。网管平台是后台系统工程师进行性能指标对比验证最常用的方法之一。网管平台的使用可以参考项目四内容。

2. 大数据平台

使用大数据平台可以采集全网的 MR 数据、接通、切换、掉线、速率、MOS 值端到端时延等指标；也可以采集单个用户在 5G 网络中的感知情况，数据采集粒度更小、数据维度更丰富；还可以输出对性能指标提升的改进意见。因此大数据平台相比其他验证方法更智能、更精细、更准确、更节约人力。可以参考项目五内容。

3. 测试软件路测

使用路测软件对性能指标提升区域进行 CQT 或 DT 复测验证，采用路测软件可以采集测试区域的 MR 数据、接通、切换、掉线、速率、无线侧时延等指标。测试软件路测是外场测试工程师对性能指标验证使用最广泛的方法。测试软件路测可以参考项目三内容。

4. 用户回访

性能指标方案实施后，通过用户回访的方式可以捕获用户真实用户感知，验证用户投诉的问题是否解决或改善。用户投诉和用户回访可以参考项目二内容。

任务实施

通过仿真软件进行指标验证，前期针对接通率进行参数调整后，通过数据中心界面进行全网性能指标验证，方法如下。

① 登录数据采集界面，提取相应的数据进行优化前后的指标对比，如图 6-24 所示。

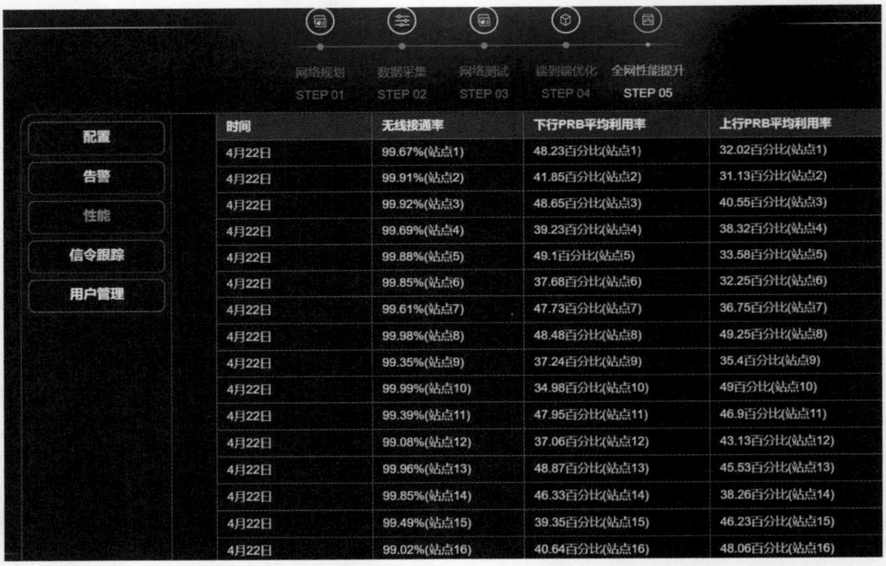

时间	无线接通率	下行PRB平均利用率	上行PRB平均利用率
4月22日	99.67%(站点1)	48.23百分比(站点1)	32.02百分比(站点1)
4月22日	99.91%(站点2)	41.85百分比(站点2)	31.13百分比(站点2)
4月22日	99.92%(站点3)	48.65百分比(站点3)	40.55百分比(站点3)
4月22日	99.69%(站点4)	39.23百分比(站点4)	38.32百分比(站点4)
4月22日	99.88%(站点5)	49.1百分比(站点5)	33.58百分比(站点5)
4月22日	99.85%(站点6)	37.68百分比(站点6)	32.25百分比(站点6)
4月22日	99.61%(站点7)	47.73百分比(站点7)	36.75百分比(站点7)
4月22日	99.98%(站点8)	48.48百分比(站点8)	49.25百分比(站点8)
4月22日	99.35%(站点9)	37.24百分比(站点9)	35.4百分比(站点9)
4月22日	99.99%(站点10)	34.98百分比(站点10)	49百分比(站点10)
4月22日	99.39%(站点11)	47.95百分比(站点11)	46.9百分比(站点11)
4月22日	99.08%(站点12)	37.06百分比(站点12)	43.13百分比(站点12)
4月22日	99.96%(站点13)	48.87百分比(站点13)	45.53百分比(站点13)
4月22日	99.85%(站点14)	46.33百分比(站点14)	38.26百分比(站点14)
4月22日	99.49%(站点15)	39.35百分比(站点15)	46.23百分比(站点15)
4月22日	99.02%(站点16)	40.64百分比(站点16)	48.06百分比(站点16)

图 6-24 网优仿真实训系统——全网性能指标提取

② 导出指标数据，通过图表形式进行优化效果呈现。

任务拓展

案例 1 验证 5G 接入类性能提升

核心网配置问题导致用户无法上网案例——UPF 地址配置错误。

（1）问题描述 5G 试点 SA 基站开通后出现无法上网问题。

（2）问题分析　检查gNODEB小区状态正常；查看用户接入的NG和UU口信令发现，PDU SESSION承载建立后，出现传输资源不可用，说明PDU会话没有完全建立成功，如图6-25所示。

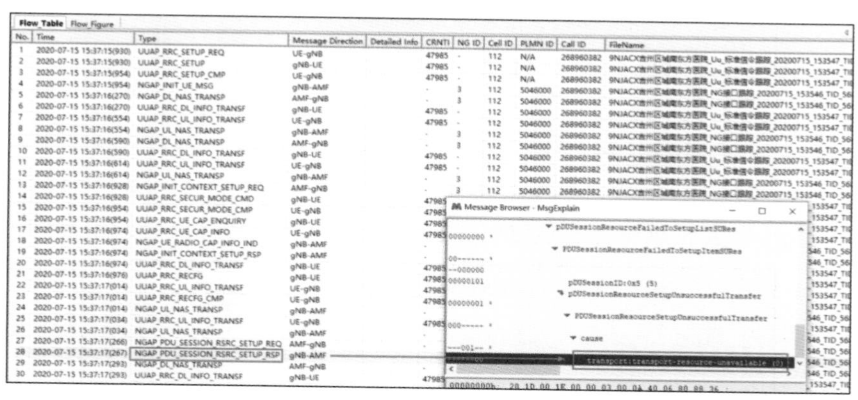

图 6-25　PDU 会话未完全建立

通过DSP EPGROUP命令查询NG-U用户面状态，发现用户面NG-U底层链路故障，如图6-26所示。

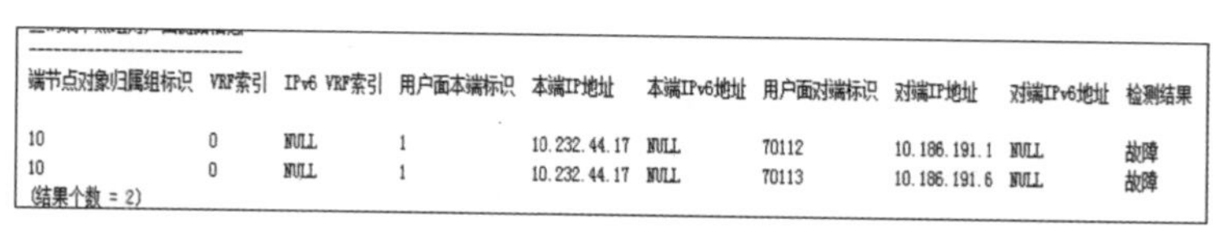

端节点对象归属组标识	VRF索引	IPv6 VRF索引	用户面本端标识	本端IP地址	本端IPv6地址	用户面对端标识	对端IP地址	对端IPv6地址	检测结果
10	0	NULL	1	10.232.44.17	NULL	70112	10.186.191.1	NULL	故障
10	0	NULL	1	10.232.44.17	NULL	70113	10.186.191.6	NULL	故障

(结果个数 = 2)

图 6-26　NG-U 底层链路故障

从5G基站可以ping通基站下一跳，但无法ping通核心网UPF地址。

检查基站配置发现：NG-U自动生成的UPF地址10.186.191.x不是客户提供本地市的UPF地址，而是邻市的UPF地址。

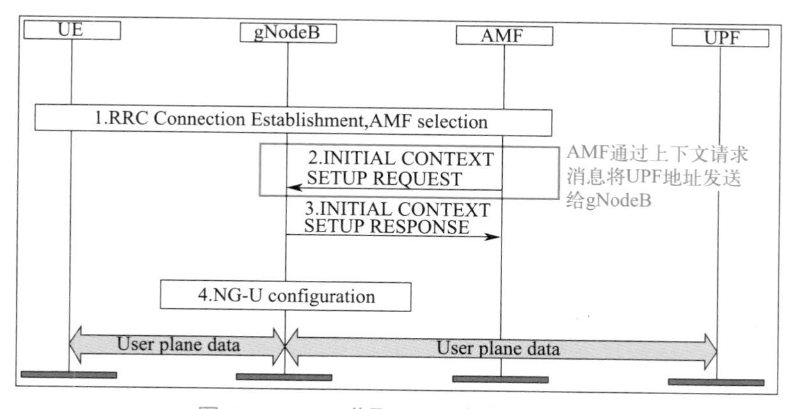

图 6-27　gNB 获取 UPF 地址获取流程

从图6-27信令流程里可以看到，UPF地址是AMF带给gNodeB的，说明AMF把UPF的地址携带错了，需要检查核心网。

通过检查核心网侧的NG接口配置发现，本地市核心网配置的TAC和邻市冲突了，导致AMF携带的是邻市的UPF地址；修改邻市的TAC值后，DSP EPGROUP检查NG-U状态恢复正常，如图6-28所示。

O&M #22483
%%/*1934897684*/DSP EPGROUP:EPGROUPID=10;%%
RETCODE = 0 执行成功

查询端节点组用户面链路信息

端节点对象归属组标识	VRF索引	IPv6 VRF索引	用户面本端标识	本端IP地址	本端IPv6地址	用户面对端标识	对端IP地址	对端IPv6地址	检测结果	UDP Ping检测结果	故障发生时间
10	0	NULL	1	10.232.44.17	NULL	70112	10.186.191.1	NULL	故障	NULL	2020-07-15 15:35:58
10	0	NULL	1	10.232.44.17	NULL	70113	10.186.191.6	NULL	故障	NULL	2020-07-15 15:45:58
10	0	NULL	1	10.232.44.17	NULL	70114	10.232.63.1	NULL	正常	NULL	NULL
10	0	NULL	1	10.232.44.17	NULL	70115	10.232.63.16	NULL	正常	NULL	NULL
10	0	NULL	1	10.232.44.17	NULL	70116	10.232.63.32	NULL	正常	NULL	NULL
10	0	NULL	1	10.232.44.17	NULL	70117	10.232.63.50	NULL	正常	NULL	NULL

(结果个数 = 6)

图 6-28　NG-U 底层链路故障恢复

用户接入后 PDU 会话承载建立成功，上网正常，问题得到解决，如图 6-29 所示。

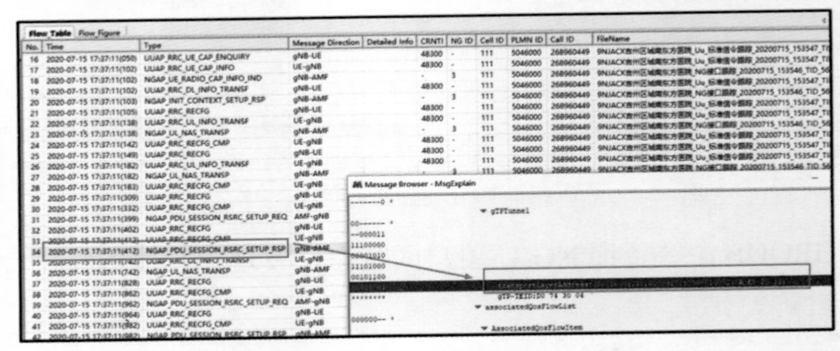

图 6-29　PDU 会话建立正常

（3）优化措施　本地 AMF 的 TAC 保持不变，修改邻市的 TAC 为其他值。

（4）优化方案验证　用户上网问题得到解决，接入正常。

案例 2　验证 5G 保持类性能提升（掉线验证案例——弱覆盖导致 5G 脱网）

（1）问题描述　测试车辆在景西路上由南往北向北环路行驶，UE 占用 300m 外的 A2_SQ 道头村北 DRD_H-3 小区，之后 NR SS RSRP 值持续变弱，均值低于 −100dBm，NR SS SINR 值为 3dB，无主覆盖小区，切换至 A2_SQ 西上庄 DRD_H-3，之后信号陡降，RSRP 低于 −110dBm 后 SCG Failure，5G 脱网，FTP 下载失败，速率掉零。直到重新附着 A2_SQ 城西加油站 DRD_H-2 小区。测试截图如图 6-30 所示。

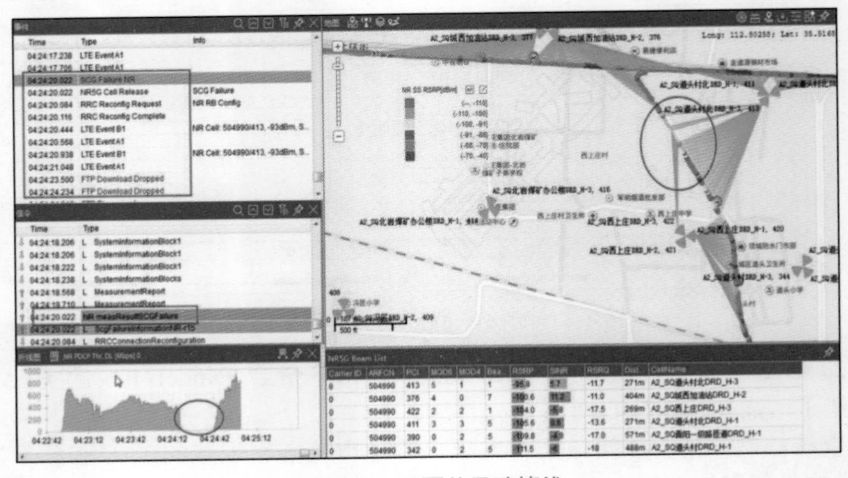

图 6-30　弱覆盖导致掉线

（2）问题分析　该路段为两侧有高楼的巷道，靠近巷道里的 A2_SQ 西上庄 DRD_H 站点受建筑物遮挡影响，无法覆盖问题区域；占用道路东北方向的 A2_SQ 道头村北 DRD_H-3 小区信号弱，容易因无覆盖产生乒乓切换问题，且容易因无线环境快速恶化导致 5G 脱网。

（3）优化措施　该路段由无合理站址导致的道路深度覆盖不足，短期内无法通过规划新站解决，只能通过优化手段改善，因此优化措施如下：

① 天馈调整 A2_SQ 西上庄 DRD_H-3 小区：方位角 330° 调整到 290°，机械下倾角 5° 调整到 7°，减少对问题路段的干扰。

② 天馈调整 A2_SQ 道头村北 DRD_H-3 小区：方位角 200° 调整到 220°，机械下倾角 5° 调整到 2°，增强问题路段的覆盖。

③ 参数修改：A2_SQ 道头村北 DRD_H-2 单波束修改为 8 波束小区。

（4）优化方案验证　优化措施实施后，问题路段弱覆盖引起的乒乓切换造成终端脱网的问题得到解决，道路复测 5G 平均 RSRP 大于 −95dBm，SINR 大于 9dBm，平均 FTP 下载速率高于 500Mbit/s。复测结果如图 6-31 所示。

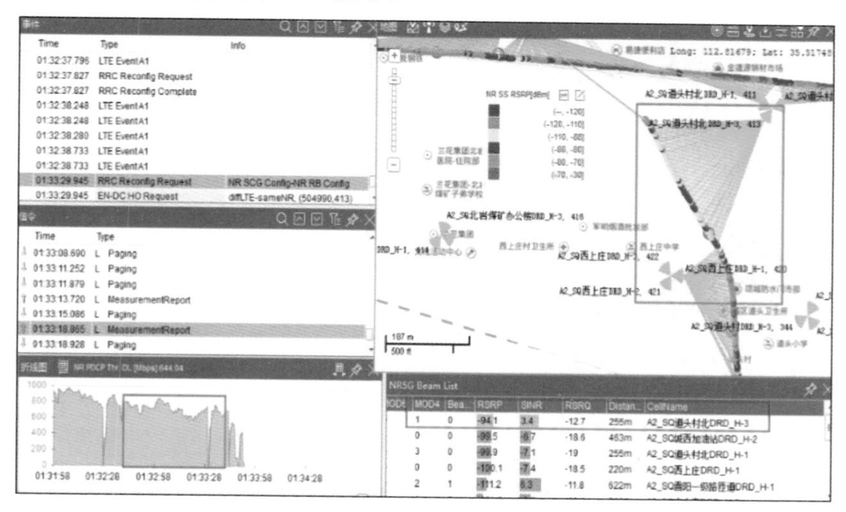

图 6-31　弱覆盖导致掉线效果验证

案例 3　验证 5G 移动性指标性能提升（乒乓切换验证案例）

（1）问题描述　测试车辆在西环路上由北往南行驶，UE 在锚点小区：A2_SQ 豪德建材市场二期 DLS_H-111.A2_SQ 苗匠物流园 DLS_H-42 间乒乓切换，全路段平均 SINR 低于 5，直至岗头村北。问题路段测试截图如图 6-32 所示。

（2）问题分析　主覆盖该路段的 A2_SQ 豪德建材市场二期 DLS_H-111 小区因站高不够，受路边建筑物遮挡严重，导致在该路段 RSRP 值低。在更远处的 A2_SQ 苗匠物流园 DLS_H-42 小区信号接近，无主控小区导致两者发生乒乓切换，且信号重叠，SINR 值受影响。

（3）优化方案

① 天馈调整 A2_SQ 豪德建材市场二期 DLS_H-111 小区：机械下倾角下压 2°，增强近处覆盖。

② 天馈调整 A2_SQ 苗匠物流园 DLS_H-42 小区：方位角 50° 调整到 80°，机械下倾角 3° 调整到 6°，增加该站站下路段覆盖，避免越区覆盖。

③ 个性化设置 A2_SQ 豪德建材市场二期 DLS_H-111 小区、A2_SQ 苗匠物流园 DLS_H-42 小区的 CIO 参数，抑制乒乓切换。

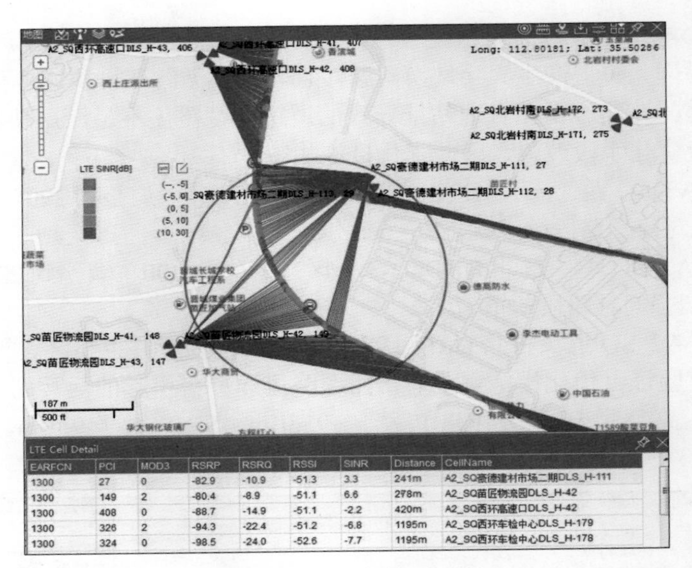

图 6-32 乒乓切换测试图

（4）优化方案验证 按照优化方案调整后，对问题路段进行复测验证，A2_SQ 苗匠物流园 DLS_H-42 小区和 A2_SQ 豪德建材市场二期 DLS_H-111 小区之间的乒乓切换得到明显改善。复测结果如图 6-33 所示。

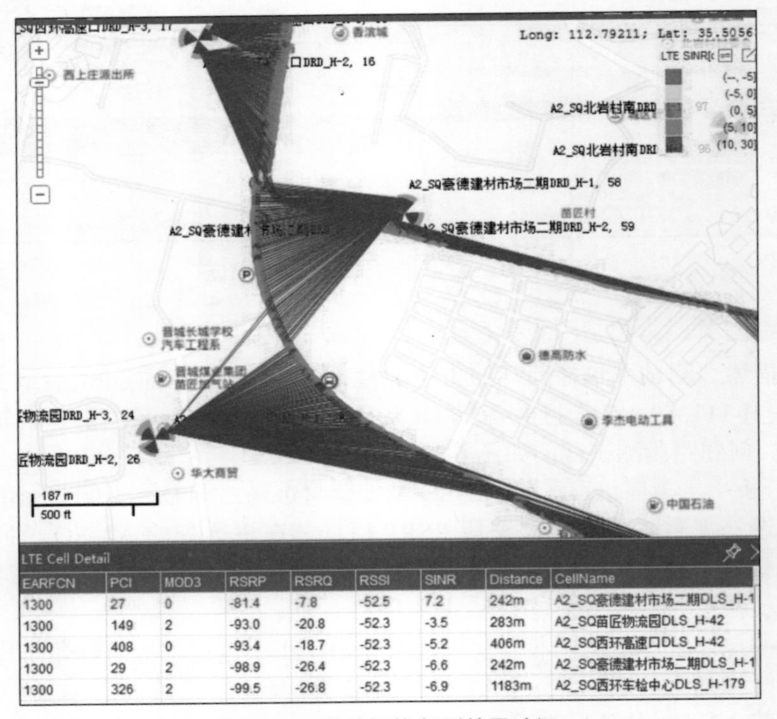

图 6-33 乒乓切换复测效果验证

案例 4 验证 5G 资源类性能提升（低速率验证案例）

（1）问题描述 测试车辆在晋春街自西向东往西环行驶，UE 占用 550m 外的 A2_SQ 岗头村北 DRD_H-1 小区，NR SS RSRP 均值低于 −95dBm，NR SS SINR 值为 6dB，之后切换至 540m 外的 A1_SQ 西环高速口 DRD_H-2 小区，与占用岗头村北 DRD_H-1 小区的 RSRP 和 SINR 值差不多。此时 FTP 平均下载速率低于 350Mbit/s，直至在西环路占用上 A1_SQ 苗匠物流园 DRD_H 站点，FTP 下载速率才恢复正常。问题路段测试截图如图 6-34 所示。

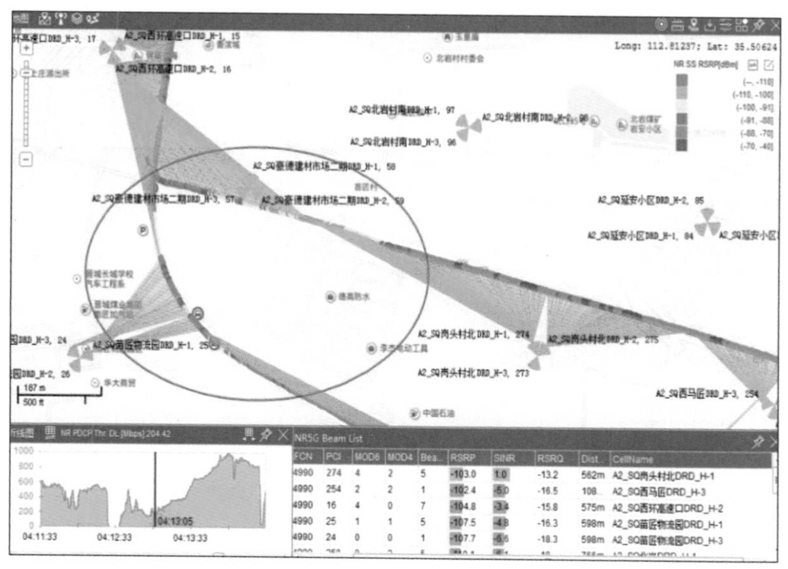

图 6-34 下载速率低测试图

（2）问题分析 该路段为三岔路口，距离周边站点距离均超过 500m，前期已规划 5G 站点：A2_SQ 豪德建材市场二期 DRD_H，但由于传输光缆未能及时布放，导致站点一直未能开通。该路段是工程建设进度慢导致弱覆盖从而引起低速率，需推动工程建设部门新站开通速度。

（3）优化方案验证 5G 站点 A2_SQ 豪德建材市场二期 DRD_H 开通入网并完成 RF 优化后，对该问题区域进行复测，DT 测试平均 RSRP 值为 −85dBm，平均 SINR 值为 25dBm，下载速率高于 600Mbit/s。复测结果如图 6-35 所示。

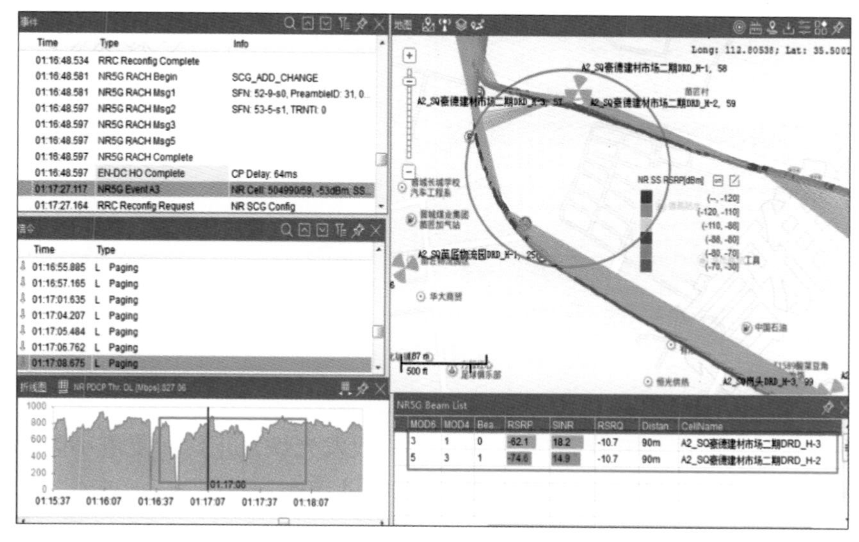

图 6-35 下载速率优化效果图

案例 5　验证 5G 可用类性能提升（故障处理验证案例）

（1）问题描述　测试车辆在书院西街上自东向西行驶，UE 占用 100m 内的：A2_SQ 西吕匠西 DRD_H-1 小区，NR SS RSRP 值 −93dBm，NR SS SINR 值为 9dB。此时同站邻区：A2_SQ 西吕匠西 DRD_H-3 的 RSRP 值为 −87dBm，UE 发起 A3 切换，但切换至 A2_SQ 西吕匠西 DRD_H-3 小区后，持续 msg1，5G 接入失败，FTP 速率掉零，直至行驶 300m 后占用信号更强的 A2_SQ 北岩 DRD_H-1 小区。问题路段测试如图 6-36 所示。

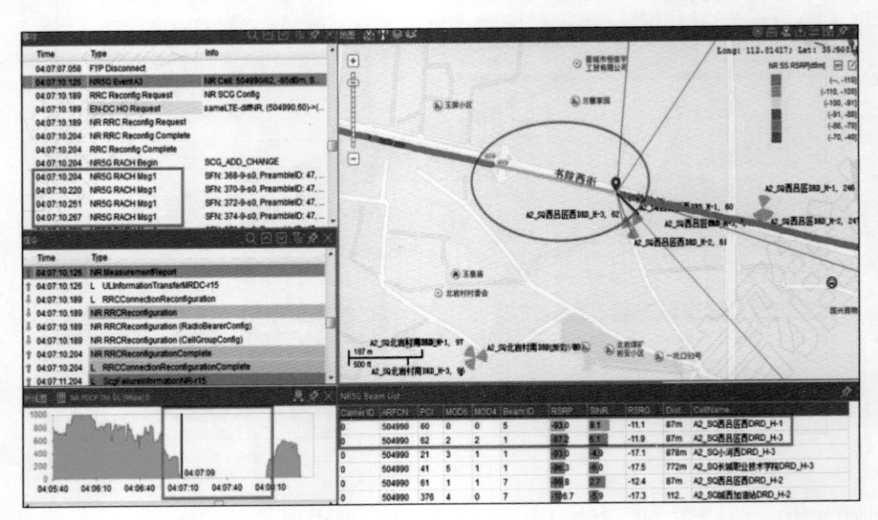

图 6-36　小区下载速率降为 0 测试图

（2）问题分析　打开信令详情窗口查看，如图 6-37 所示。

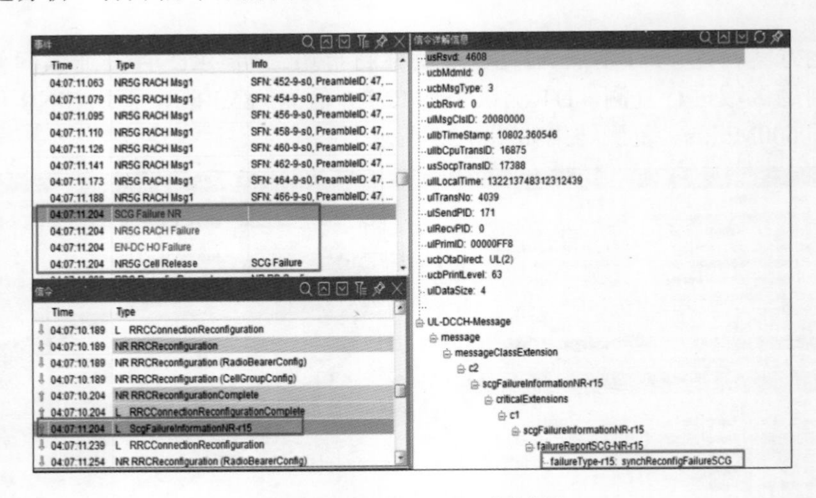

图 6-37　SCG Failure 测试图

（3）优化方案　光链路故障排查处理。

（4）优化方案验证　更换 BBU 侧的光模块后，收发光恢复正常，复测小区 5G 接入正常，问题路段下载速率高于 400Mbit/s，复测结果如图 6-38 所示。

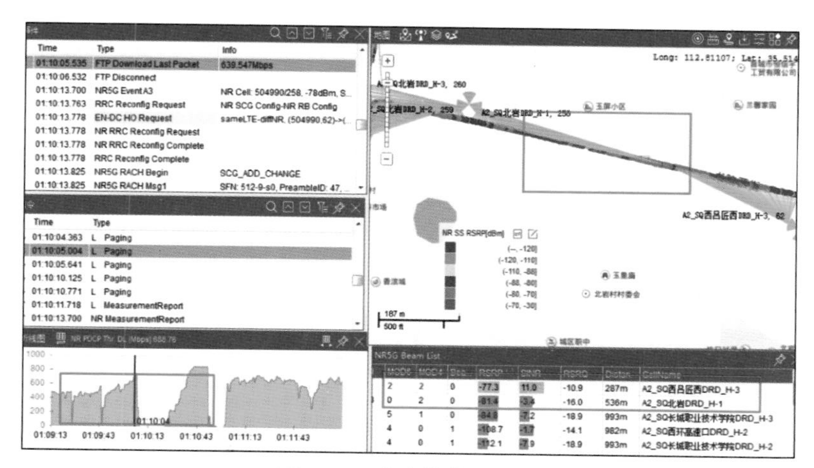

图 6-38 速率优化测试图

任务测验

（1）当 5G 最小接入电平为 −110dBm 和 −97dBm 时，分析 5G 基站覆盖半径变化情况。
（2）5G 站内任意两个邻小区 CIO 从 0 修改为 6 时，分析小区切换指标的变化情况。

项目总结

本项目介绍 5G 网络全网优化方案的实施方法，从全网性能质量提升的角度，重点讲解对全网性能指标分析、验证以及优化报告撰写的方法。

通过实训项目，学生能通过 5G 全网优化实践，对 5G 全网优化工作进行理解，并能根据 5G 网络优化中的问题，展开相应 5G 无线全网性能指标优化分析、完成优化报告等工作。学完本项目后，能独立对 5G 无线全网性能指标的接入类、移动性、保持类、资源类、可用类等专项指标进行优化，提升 5G 全网性能质量，增强运营网络竞争力。

本项目学习的重点：

- 5G 全网接入类、移动性、保持类、资源类、可用类等专项指标的概念；
- 5G 全网优化相关事件关联参数优化思路与方法；
- 5G 全网优化报告的撰写。

本项目学习的难点：

- 5G 全网优化相关事件关联参数优化思路与方法。

赛事模拟

【节选自“2022 年金砖国际职业技能大赛”的 5G 网络优化虚拟仿真实训系统赛项样题】

任务要求：

（1）告警分析。

（2）KPI 指标分析。

结果输出：

（1）告警处理。

（2）根据接入类、保持类、移动性、资源类、可用类场景进行后台参数修改，提升整网 KPI 指标。

练习题

1. 小区搜索是 UE 实现与 gNodeB 下行时频同步并获取服务小区 ID 的过程，小区搜索步骤是什么？
2. 简述随机接入的作用。
3. 触发 RA 的事件有几类？
4. 5G 资源类性能指标提升可从哪几个方面进行分析和优化？
5. 未接入流程中的注册过程，PDU 会话建立流程是怎样的？
6. 5G 接入类指标采集包括哪些？
7. UE 上下文建立成功率的指标公式有哪些？
8. RRC 连接建立成功率，接入类型包括哪些？
9. RRC 连接恢复成功率，恢复原因包括哪些？
10. NSA 组网切换信令流程有哪些？
11. 简述 SA 组网 5G 站内切换信令流程。
12. 导频污染影响有哪些？
13. 如何确认问题范围是 TOP 小区问题还是整网问题？
14. 简述 4G/5G 互操作类指标采集方法。
15. 5G 系统内干扰有哪些，请列举不少于三个 5G 系统内干扰。
16. 5G 系统外干扰有哪些？
17. 简述 5G 干扰类指标采集方法。
18. 重叠覆盖率高有哪些影响？
19. 如何制定性能提升方案？
20. 5G 接入类指标提升从哪些方面进行分段统计？
21. 覆盖优化主要是要消除 5G 无线网络中存在的哪五种问题？
22. 覆盖优化遵循的原则有哪些？
23. 覆盖空洞解决方案是什么？
24. 弱覆盖解决方案有哪些？
25. 简述越区覆盖解决方案。
26. 简述导频污染解决方案。
27. 简述重叠覆盖度高解决方案。

附录

5G 通信缩略语

英文缩写	英文全称	中文含义
3GPP	3rd Generation Partnership Project	第三代合作伙伴计划
5GC	5G Core	5G 核心网
5GS	5G System	5G 系统
AAU	Active Antenna Unit	有源天线单元
ARQ	Automatic Repeat reQuest	自动重传请求
AS	Access Stratum	接入层
AKA	Authentication and Key Agreement	鉴权和密钥协商
AM	Acknowledged Mode	确认模式
AMF	Access and Mobility Management Function	接入和移动性管理功能
ARFCN	Absolute Radio Frequency Channel Number	绝对无线频率信道号
ARP	Allocation and Retention Priority	分配和保留优先级
BBU	Base Band Unit	基带处理单元
CP	Control Plane	控制面
CP	Cylic Prefix	循环前缀
CQI	Channel Quality Indicator	信道质量指示
CRB	Common Resource Block	公共资源块
CRC	Cyclic Redundancy Check	循环冗余校验
CRI	CSI-RS Resource Indicator	CSI-RS 资源指示
C-RNTI	Cell Radio-Network Temporary Identifier	小区无线网络临时标识
CRS	Cell-specific Reference Signal	小区专用参考信号
CSI	Channel State Information	信道状态信息
CU	Centralized Unit	集中式单元
CW	Code Word	码字
D2D	Device -to-Device	终端直连
DC	Dual Connectivity	双连接
DU	Distributed Unit	分布式单元
eMBB	enhanced Mobile BroadBand	增强移动宽带
eMTC	enhanced Machine-Type Communications	增强型机器类通信
eNB/gNB	eNodeB gNodeB	4G 基站 /5G 基站
EPC	Evolved Packet Core	演进型分组核心网

续表

英文缩写	英文全称	中文含义
HARQ	Hybrid Automatic Repeat reQuest	混合自动重传请求
ICI	Inter-Carrier Interference	子载波间干扰
IE	Information Element	信息单元
IFFT	Inverse Fast Fourier Transform	反向快速傅里叶变换
ISI	Inter Symbol Interference	符号间干扰
I-UPF	Intermediate UPF	中间 UPF
MAC	Medium Access Control	媒体接入控制
MAC-I	Message Authentication Code for Integrity	用于完整性保护的消息验证码
MCG	Master Cell Group	主小区组
MCS	Modulation and Coding Scheme	调制编码方式
MEC	Mobile Edge Computing	移动边缘计算
MIB	Master Information Block	主消息块
MIMO	Multiple Input Multiple Output	多输入多输出
MME	Mobility Management Entity	移动性管理实体
mMTC	massive Machine Type Communications	海量机器类通信
MTC	Machine-Type Communications	机器类通信
NAS	Non-Access Stratum	非接入层
NBIT	Narrow Band Internet of Things	窄带物联网
NHCC	Next Hop Chaining Counter	下一跳（NH）链路计数器
NDI	New Data Indicator	新数据指示
NFV	Network Functions Vitualization	网络功能虚拟化
NGAP	NG Application Protocol	NG 应用层协议
NG-C	The Control-plane part of NG	NG 的控制面部分
ng-eNB	next generation eNodeB	下一代 eNodeB
NG-RAN	Next Generation-Radio Access Network	下一代无线接入网
NG-U	The User-plane part of NG	NG 的用户面部分
NR	New Radio	新空口
NR-ARFCN	NR Absolute Radio Frequency Channel Number	NR 绝对无线频率信道号
NSA	Non-Stand Alone	非独立组网
Numerology	Numerology	参数集
OCC	Orthogonal Cover Code	正交序列码
OFDM	Orthogonal Frequency Division Muliplexing	正交频分复用
OFDMA	Orthogonal Frequency Division Muliple Aces	正交频分多址
PCell	Primary Cell	主小区
PCH	Paging Channle	寻呼信道
PCI	Physical Cell Identifier	物理小区标识
PDCCH	Physical Downlink Control Channel	物理下行控制信道
PDCP	Packet Data Convergence Protocol	分组数据汇聚协议
PDR	Packet Detection Rule	包检测规则
PDSCH	Physical Downlink Shared Channel	物理下行共享信道
PDU	Protocol Data Unit	协议数据单元

续表

英文缩写	英文全称	中文含义
PEI	Permanent Equipment Identifier	永久设备识别号
PHY	Physical Layer	物理层
PMI	Precoding Matrix Indicator	预编码矩阵指示
RF	Radio Frequency	射频
RLC	Radio Link Control	无线链路控制
RLF	Radio Link Failure	无线链路失败
RMSI	Remaining Minimum System Information	剩余最少的系统消息
RNL	Radio Network Layer	无线网络层
RNTI	Radio-Network Temporary Identifier	无线网络临时标识
RRC	Radio Resource Control	无线资源控制
RRM	Radio Resource Management	无线资源管理
RSRP	Reference Signal Received Power	参考信号接收功率
SA	Standalone	独立组网
SCell	Secondary Cell	辅小区
SC-FDMA	Single Carrier-FDMA	单载波 FDMA
SCG	Secondary Cell Group	辅小区组
SCS	Sub-Carrier Spacing	子载波间隔
SCTP	Stream Control Transmission Protocol	流控制传输协议
SDL	Supplementary DownLink	补充下行
SDN	Software Defined Network	软件定义网络
SDU	Service Data Unit	服务数据单元
SEAF	SEcurity Anchor Function	安全锚定功能
SF	Spreading Factor	扩频因子
SFI	Slot Format Indication	时隙格式指示
SFI-RNTI	Slot format indicator RNTI	时隙格式指示 RNTI
SFI	Slot Format Indication	时隙格式指示
SFI-RNTI	Slot Format Indicator RNTI	时隙格式指示 RNTI
SFN	System Frame Number	系统帧号
SGSN	Serving GPRS Support Node	服务 GPRS 支撑节点
S-GW	Serving Gate Way	服务网关
SI	System Information	系统消息
SIB	System Information Block	系统消息块
SINR	Signal-to-Interference and Noise Ratio	信号干扰噪声比
SI-RNTI	System Information RNTI	系统消息 RNTI
SLIV	Start and Length Indicator Value	开始和长度指示值
SMF	Session Management function	会话管理功能
SN	Sequence Number	序列号
SR	Scheduling Request	调度请求
SRB	Signalling Radio Bearer	信令无线承载
SRS	Sounding Reference Signal	探测参考信号
SS	Synchronization Signal	同步信号

续表

英文缩写	英文全称	中文含义
SSB	Synchronization Signal Block	同步信号块
SSBRI	SS/PBCH Block Resource Indicator	SS/PBCH 块资源指示
SSC	Session and Service Continuity	会话和服务连续模式
SS-RSRP	SS Reference Signal Received Power	SS 参考信号接收功率
SSS	Secondary Synchronization Signal	辅同步信号
SUL	Supplementary UpLink	补充上行
SU-MIMO	Single-User MIMO	单用户 MIMO
TA	Timing Advance	定时提前
TAC	Trace Area Code	跟踪区编码
TB	Transport Block	传输块
TBS	Transport Block Size	传输块尺寸
TCO	Total Cost of Ownership	总拥有成本
TCP	Transmission Control Protocol	传输控制协议
TC-RNTI	Temporary C-RNTI	临时 C-RNTI
TM	Transparent Mode	透明模式
TNL	Transport Network Layer	传输网络层
TPC	Transmission Power Control	发射功率控制
TR	Technical Report	技术报告
TRS	Tracking Reference Signal	跟踪参考信号
TTI	Transmission Time Interval	传输时间间隔
UCI	Uplink Control Information	上行控制信息
UDN	Ultra-Density Network	超密集组网
UDP	User Datagram Protocol	用户数据报协议
UL-SCH	Uplink Shared Channel	上行共享信道
UM	Unacknowledged Mode	非确认模式
UP	User Plane	用户面
UPF	User Plane Function	用户面功能
uRLLC	ultra-Reliable and Low Latency Communications	超高可靠低时延通信
USS	UE-specific Search Space	UE 专用搜索空间
URSP	User equipment Routing Selection Policy	用户设备路由选择策略
V2V	Vehicle-to-Vehicle	车辆对车辆
VRB	Virtual Resource Block	虚拟资源块

参考文献

[1] 张守国，沈宝华，李曙海，等 . 5G 无线网络优化［M］. 北京：清华大学出版社，2021.

[2] 王强，刘海林 ，黄杰，等 . 5G 无线网络优化实践［M］. 北京：人民邮电出版社，2020.

[3] 王宵峻，曾嵘 . 5G 无线网络规划与优化：微课版［M］. 北京：人民邮电出版社，2020.

[4] 周圣君（小枣君）. 鲜枣课堂：5G 通识讲义［M］. 北京：人民邮电出版社，2021.

[5] 张守国，沈宝华，李曙海，等 . 5G 无线网络优化［M］. 北京：清华大学出版社，2021.

[6] 王强，刘海林，黄杰，等 . 5G 无线网络优化实践［M］. 北京：人民邮电出版社，2020.